高校土木工程专业规划教材

实用岩土计算软件基础教程

石　崇　王如宾　主编

中国建筑工业出版社

图书在版编目（CIP）数据

实用岩土计算软件基础教程/石崇、王如宾主编. —北
京：中国建筑工业出版社，2016.6
高校土木工程专业规划教材
ISBN 978-7-112-19301-1

Ⅰ. ①实… Ⅱ. ①石… ②王… Ⅲ. ①岩土工程-
工程计算-应用软件-高等学校-教材 Ⅳ. ①TU723.3-39

中国版本图书馆 CIP 数据核字（2016）第 064376 号

本书是河海大学岩土科学工程研究所的多位岩土专业的老师，在多年的理论教学和相
关学科实践的基础上编写而成。全书介绍了岩土软件及软件使用的基础知识，包括：绪
论、岩土计算条件分析与确定、岩体地质信息统计分析软件 Dips 使用、岩土强度分析软
件 RocPata 使用、二维边坡稳定分析软件 Slide 使用、表面楔形体稳定分析软件 Swedge 使
用、地下隧洞楔形体稳定分析软件 Unwedge 使用、软岩隧洞支护评价分析软件 RocSup-
port 使用、弹塑性有限元分析软件 Phase2 使用、岩土工程分析三维有限差分软件
FLAC3D 使用、计算成果集成方法与常见撰写格式等内容。在每章内容之后，还配有相关
习题，以便读者巩固所学的知识内容。

本书适合岩土工程专业的师（生）阅读使用。

* * *

责任编辑：张伯熙
责任校对：陈晶晶　刘梦然

高校土木工程专业规划教材
实用岩土计算软件基础教程
石　崇　王如宾　主编
*
中国建筑工业出版社出版、发行（北京西郊百万庄）
各地新华书店、建筑书店经销
霸州市顺浩图文科技发展有限公司制版
北京市书林印刷有限公司印刷
*
开本：787×1092 毫米　1/16　印张：22　字数：532 千字
2016 年 10 月第一版　2016 年 10 月第一次印刷
定价：**50.00** 元
ISBN 978-7-112-19301-1
（28511）

前　言

岩土工程是一门应用科学，涉及水电、土木、矿山、能源、交通、港航、国防等多种行业，研究对象涵盖边坡、隧洞、基础，具有工程类型多样、工程材料性质与所受荷载复杂、力学描述困难的特点，针对这些工程，实践中通常需要借助经验、半经验、数值方法进行设计与分析。

在岩土工程分析时不仅需要运用综合理论知识、室内外测试成果、还需要应用工程师的经验，才能获得满意的结果。在计算机飞速发展的今天，熟练掌握岩土工程领域常用的计算软件，对岩土方向的本科生、研究生而言，既可增加岩土工程设计与分析经验，在专业知识学习时也有助于加深对工程问题的思考。

本书作者经过多年的岩土工程理论教学和科研实践，在岩土工程计算分析方面积累了一定的经验和应用技巧。为了达到让学生们零起点入门、快速掌握岩土工程计算分析的技能，精选了简明易懂的教学内容和大量的应用实例，以期学生能够在较短时间内具备运用合理计算方法分析问题和解决问题的能力。

从内容上看，本书适用于岩土工程、采矿工程、隧道地下工程等专业领域的本科生、硕士研究生初步了解岩土计算与分析。如果在了解本书基础上再涉猎更为深入的计算方法，往往能获得事半功倍的学习效果。

本书由河海大学岩土工程科学研究所石崇统稿，王如宾校核。其中第 1、2、5、9、10 章由石崇编写，第 3 章由李凯平编写，第 4 章由刘苏乐编写，第 6 章由白金州编写，第 7 章由沈俊良编写，第 8 章由金成编写，第 11 章由王如宾编写。

本教材由江苏高校品牌专业建设工程一期项目（PPZY2015B142），国家自然科学基金（51309089），江苏省自然科学基金（BK20130846），中央高校基本科研业务费专项资金（编号 2015B06014）资助。

本书是基于常用软件的帮助文件进行编写，限于篇幅进行了大量简化，由于知识结构、认识水平与工程实践条件的限制，难免出现理解错误与表达不当之处，恳请有关同行及读者批评指正，提出宝贵意见，以便及时修订、更正和完善。联系邮箱：303813500@qq.com。

目 录

第1章 绪 论

1.1 岩土工程问题的基本特点

岩土工程是在工程建设中有关岩石或土的利用、整治或改造的科学技术，是以工程地质学、土力学、岩石力学及基础工程学为理论基础，解决和处理所有与岩体和土体相关的工程技术问题的综合性技术学科。岩石材料是一种天然形成的地质体，在漫长的历史进程中因各种外力营造而转化为土，土又因沉积作用等变成岩体，岩-土不断发生转化。长期以来人们以岩土体作为建筑物地基、建筑材料以及工程结构的载体，因此可以说人类的生产生活所经历的工程建筑史就是对岩土体开发利用的过程，岩土工程包括了工程勘察、设计、施工和监测，不仅要根据工程地质条件提出问题，而且要得出解决问题的办法。

岩土工程问题是多种多样的，其解决的方法也具有多样性和复杂性。

(1) 工程类型的多样性

城乡建设的快速发展，土木水利工程的功能化、城市立体化、交通高速化，以及改善综合环境的人性化是现代土木水利工程建设的特点。人们将不断拓展新的生存空间，水利水电、交通、矿山、能源、港口与航道、城乡建设、国防等领域都广泛应用岩土工程学科的相关成果。这些行业的建造工程可能出现在各种地点，遇到不同类型的地基或地质环境。针对不同工程和不同地质条件又会选择不同的基础或结构形式，例如开挖隧道、开挖深基坑和建设地下工程，以及筑坝、筑路，河岸与边坡治理等。

对于不同地质条件和工程类型，在了解岩土体的基本性质和工程要求基础上，设计施工时原则上都必须同时考虑稳定或平衡问题；应力变形与固结问题；地下水与渗流问题；水与土（岩）相互作用问题；土（岩）与结构相互作用问题；土（岩）的动力特性问题等。

(2) 材料性质的复杂性

岩土是组成地壳的任何一种岩石和土的统称。可细分为坚硬的（硬岩），次硬岩的（软岩），软弱联结的，松散无联结的和具有特殊成分、结构、状态和性质的五大类。在我国，习惯将前两类称为岩石，后三类称为土，统称之为"岩土"。其中，"土"包括自然形成的，也应包括人类生产活动所产生的人为土，例如，岩石开挖料、建筑垃圾、尾矿等。岩土既可能以松散堆积物的土体形式存在，也可能以相对完整的岩体存在。而天然岩体一般存在各种随机结构面，导致其力学行为异常复杂。当岩体"破碎"时，很难区分其属于岩体还是土体，需要根据地质体性质和经验作出判断和给予恰当描述。

现场岩土体大都是非均匀的、非连续介质，呈现出空间的不连续性、几何形状的随机性、矿物成分和结构组成的多样性以及水环境因素的复杂性，往往表现出强烈区域性（个性）特征。岩土材料往往呈现结构性和各向异性，岩土材料变形与强度还可能随时间变化，即流变性质等。因此，岩土材料的力学行为表现出强烈的非线性特征，一般不是线性材料，其应力应变关系远比单纯的线弹性关系复杂。

为了如实地表达不同区域的岩土工程问题，必须进行必要的勘察、实验，使用一些能够描述各种岩土体材料基本性质的非线性或弹塑性本构模型。至今人们建立的岩土体本构模型不下百种。当然，建立能适用于各类岩土工程的理想本构模型是不可能的，所以，一方面应努力建立用于针对实际工程问题的实用模型；另一方面应构建能够反映某岩土体应力应变特性的理论模型，以及相关的实验测试研究。

（3）荷载条件的复杂性

针对不同的使用目的，人们创造出多种多样的建筑物。不同工程因其形式、使用要求的不同，或者施工方式不同等，其荷载条件复杂多样，包括静力和动力荷载。例如，房屋建筑对地基的作用，以建筑物荷载、风荷载为主；基坑开挖、隧道开挖主要表现为应力卸载与解除、回弹等；土石坝施工时逐级加载以自重为主；而土石坝运行期则是以水压力和渗流为主；地震、爆炸则是突加动力荷载等。

（4）初始条件与边界条件的复杂性

工程地质和水文地质条件不同，周边环境不同，造成各种问题的初始条件和边界条件不同，有时甚至比较模糊。例如，土体的初始应力或初始变形往往很难准确确定。边界条件的确定有时也难以完全符合实际，需要进行适当的简化或近似处理。求解工程问题和进行数值模拟时应综合考虑各方面因素，尽可能确切反映各种复杂的初始条件与边界条件。

（5）相互作用问题

相互作用包括两种类型：一是土（岩）水相互作用，再是土（岩）与结构或颗粒（岩块）相互作用。岩土体中水的存在和流动对其性质将产生影响，有时这种影响是巨大的，不可忽视的。水的存在除了产生浮力、水压力等静水力学特征外，当发生渗流时将对岩土体产生超静孔隙水应力和渗流力。对于细粒土，含水率的变化会使土的物理力学性质发生变化，对于某些特殊土的影响则更为显著。对于粗粒土，适当的洒水可以增加土的压实性，土石坝初次浸水，会产生湿化变形。岩体中水的存在和渗流现象，除了影响应力变形外，还可能发生缓慢而持续的化学作用，进一步影响岩体的渗流和应力变形。

由于岩土体尤其是土体与结构的性质有很大的差异，在相互作用过程中通过力的传递并最终达到变形协调，因此存在岩土体与结构的相互作用问题。例如，地基、基础、上部结构相互作用；土石坝防渗墙与地基即坝体的相互作用；桩、挡土墙、锚杆、加筋材料等与土（岩）的相互作用。此外，裂隙岩体的岩块间的相互接触也是一种相互作用。

1.2 岩土工程分析方法与发展趋势

岩土体作为地质体，其天然状态、性质使得材料的本构关系异常复杂，其上建筑物的荷载条件、边界条件与初始条件、土（岩）水相互作用以及土（岩）与结构或颗粒（岩块）间相互作用的力学描述也非常困难。

在理论上，通过建立运动微分方程（动力或静力），几何方程（小应变或大应变）和本构方程，对于渗流固结问题还需运用有效应力原理并考虑连续方程，能够求得精确解析解。为尽可能求得问题的"精确"解答。人们的追求与选择大致有三个梯次：

建立严格的控制物理方程（微分方程或微分方程组），根据初始条件和边界条件求得问题在严密理论下的解析解。由于实际工程问题的复杂性，如愿的结果极少。某些问题定性解答尚且难以把握，较为精确的定量解答就更不易获得。

为了获得较为精确的理论解，人们不得不作一些必要的简化假设，建立控制物理方程，希望得到某种近似程度的"严密"解析解。其中一些解答与实际情况能够较好的近似，例如 Terzaghi 一维固结解答；有一些解答则部分符合实际，例如 Winkler 弹性地基上的梁和板解答，较为适用于极软弱黏土地基；而相当多的情况可能与实际有很大的出入。虽然有些问题具有相当的复杂性，但适当的简化假设也能够获得较为符合实际的解析表达式，例如 Biot 三维固结方程，但也只有少数特殊情况才能求得解析解。

既然严密解答难以获得，那么寻求解答的途径只有通过在简化假设的基础上得到的控制物理方程（微分方程或微分方程组）来寻求数值解。这是一个从定性到定量的过程。数学和力学理论的发展，计算技术和计算机的快速发展为解决复杂岩土工程问题提供了有效的数值分析方法和手段。近年来，许多数值方法应运而生并日趋完善，并得到广泛应用，从而解决了大量的工程问题。数值分析方法为进一步发展岩土工程学科提供了更广阔的空间，也为学者和工程师们提供了施展才华的舞台。

数值分析方法是随着工程问题的提出及计算机技术发展而形成的一类计算分析方法，目前已存在多种岩土工程数值分析方法。

各种数值方法都要遵循控制方程（微分方程或微分方程组），同时将计算域进行离散化的求解方法。数值分析方法总体上可以分为两大类：一类是连续介质力学方法；另一类则是非连续介质力学方法。期望研究者在学习与运用这些数值方法的基础上，能够有所完善与发展。从教学角度考虑，学生既要掌握一些常用的数值方法，也需了解一些新的数值方法，还要注意每种数值方法的适用范围及各自特点。

滑移线理论是在经典塑性力学的基础上发展起来的。它假定土体为理想刚塑性体，强度包络线为直线且服从正交流动规则的标准库仑材料。滑移线理论是基于平面应变状态的土体内当达到"无限"塑性流动时，塑性区内的应力和应变速度的偏微分方程是双曲线形这一事实，应用特征线理论求解平面应变问题极限解的一种方法，称为滑移线法（CLM）。滑移线的物理概念是：在塑性变形区内，剪切应力等于抗剪切强度的屈服轨迹线。达到塑性流动的区域，滑移线处处密集，称为滑移线场。

有限单元法（FEM）的理论基础是最小势能原理。有限单元法将计算的连续体对象离散化，成为由若干较小的单元组成的连续体，称为有限元。被离散的相邻单元彼此连接，保持原先的连续性质，单元边线的交点称为节点，一般情况以节点位移为未知量。有限单元法将有限个单元逐个分析处理，每个单元满足平衡方程、本构方程和几何方程，形成单元的几何矩阵、应力矩阵和刚度矩阵，然后根据位移模式、单元边线和节点处位移协调条件组合成整体刚度矩阵。再考虑初始条件、边界条件、荷载条件等进行求解。求得节点位移后，逐个计算单元应变、应力，最终得到整个计算对象的位移场、应变场和应力场。有限元法将计算对象视为连续体，该连续体可以是岩土材料，也可以是某些结构材料，以节点位移为未知量。此外，流体（例如水）流过岩土体，可将流体视为连续体，而以流体势（例如总水头）为未知量。有限单元法中所谓"连续体"概念，是指进行单元离散化时，不允许任何相邻单元重叠或出现"无单元空隙"，即必须保证相邻单元彼此连接，存在单元编号，并具有确定的物理力学性质的模型参数。若是"不连续"岩体，每个岩块之间本来就存在节理、裂隙等，当应用有限单元法时，这些节理、裂隙必须作为某类单元，即计算对象仍然是连续体。

离散单元法（DEM）应用于非连续性岩体有其独特优势。岩体中每个岩块之间存在节理、裂隙等，使得整个岩体成为不完全连续体。离散单元法的基本原理是基于牛顿第二定律，假设被节理裂隙切割的岩块是刚体，岩石块体按照整个岩体的节理裂隙互相镶嵌排列，在空间每个岩块有自己的位置并处于平衡状态。当外力或位移约束条件发生变化，块体在自重和外力作用下将产生位移（平移和转动），块体的空间位置就发生变化，这又导致相邻块体受力和位置的变化，甚至块体互相重叠。随着外力或约束条件的变化或时间的延续，有更多的块体发生位置的变化和互相重叠，从而模拟各个块体的移动和转动，直至岩体破坏。离散元法在边坡、危岩和矿井稳定等岩石力学问题中得到了广泛应用。此外，颗粒离散元还被广泛地应用于研究复杂物理场作用下粉体的动力学行为和多相混合材料介质或具有复杂结构材料的力学性质，如粉末加工、研磨技术、混合搅拌等工业加工领域和粮食等颗粒离散体的仓储和运输等实际生产领域。

非连续变形分析法，又称块体理论（DDA），其主要优势是求解具有节理面或断层等不连续面的非连续性岩体的大变形问题。它是在不连续体位移分析法的基础上推广而来的一种正分析方法，它可以根据块体结构的几何参数、力学参数、外荷载约束情况计算出块体的位移、变形、应力、应变以及块体间离合情况。非连续变形分析法视岩块为简单变形体，既有刚体运动也有常应变，无需保持节点处力的平衡与变形协调，可以在一定的约束下只单独满足每个块体的平衡并有自己的位移和变形。DDA法可求得块体系统最终达到平衡时的应力场及位移场等情况以及运动过程中各块体的相对位置及接触关系；可以模拟岩石块体之间在界面上的运动，包括移动、转动、张开、闭合等全部过程，据此可以判断岩体的破坏程度、破坏范围，从而对岩体的整体和局部的稳定性作出正确的评价。非连续变形分析法（DDA法）在隧道和矿井稳定等岩石力学问题中已得到广泛应用。

近年来，计算技术、测试技术都有了快速的发展。发展完善数值分析方法的同时，运用多种手段提高计算精度已成为工程技术人员的追求。运用比较符合工程实际的计算模型和参数是取得数值分析合理结果的重要影响因素之一。取得计算参数的方法有两种途径：一是室内模拟实验，建立相应的模型并确定参数；二是原位实验或现场观测，建立相应的模型并通过数值分析方法反演该模型参数，称为反演分析或反分析法。有多种反分析方法，例如逆反分析、正反分析、随机反分析、模糊反分析等。近年来人工神经网络算法、遗传算法等也相继应用于参数反分析研究。

岩土工程问题本身是一个高度复杂的不确定和不确知系统，其物理参数、本构模型、边界条件等通常无法准确确定。而从量测信息（位移、应力、温度等）出发，用反分析的方法来确定模型参数的反分析方法得到了迅速的发展，目前已成为解决复杂岩土力学问题的重要方法，在岩石坝基、高速公路路基、基坑、高边坡、地下洞室围岩和支护等诸多领域都有广泛应用。

反分析法越是广泛应用和发展，就越要强调实验研究（包括现场观测）的作用和地位。实验结果一方面能够提供数值分析所需要的参数或部分参数；另一方面又能够检验和评价各种解答的可行性、精度。理论分析、室内外测试和工程实践是岩土工程分析三个重要的方面。实验与实测是进一步完善理论的重要依据，能够推动本构模型理论的发展和研究的深入。实验与实测研究地位不可替代，特别是对于某些重要工程和特别工程环境。因此须根据原位测试和现场监测得到岩土工程施工过程中的各种信息进行反分析，根据反分析结果修正设计、指导施工。

当前，岩土工程计算方法正朝着图形化、智能化、专业化、不确定、非线性的方向飞速发展。

（1）图形化与智能化

随着计算机技术的进步，数据库、专家系统、AutoCAD、智能式计算机、GIS 等技术正逐步取代岩土工程师完成更多的工作，其中以数据库、专家系统及计算机编图发展最为迅速。

（2）通用化向专业化转变

大多数岩土介质均为非线性材料，其力学响应与金属、合金及聚合物的响应完全不同。这种差异主要是由岩土介质宏观和微观结构及地应力、流体等因素所致，因而研究岩土工程问题应充分考虑其多相构造、率性相关、路径相关、时间效应、温度效应、渗流、胶结特性、节理裂隙、各向异性等特殊性。

通过对岩土体本构关系、加固机理的认识，岩土工程数值计算出现了由通用化向专业化的转变。目前，不但出现了通用软件中专业化极强的功能模块，而且出现了某个专业或者用于某一类工程的专业计算软件。

（3）不确定性与非线性分析方法

岩土介质在工程设计、施工和使用过程中具有种种影响工程安全、使用、耐久的不确定性。包括岩土力学参数的离散性与随机性、安全系数的模糊性等，由于岩土工程计算结果的精确性很大程度上依赖于计算参数的选取，使得数值计算中参数确定成为计算中最关键的技术。

在这种大背景下，可靠性分析方法正成为一门迅速发展的新学科，借助该方法可对输入模型的参数、边界条件、初始条件等进行处理，得到结构破坏概率和可靠度，相对真实的表现结构的可靠性能。常用的可靠性分析方法有蒙特卡洛模拟法、一次二阶矩法、统计矩法和随机有限元法等。

在常用的岩土计算软件中，很多都内置了可靠性分析计算模块，如 ANSYS 可直接开展随机有限元计算；Slide 中可按不同分布输入参数分析边坡稳定性等。

1.3　岩土计算分析的流程

根据研究对象的大小，岩土工程的研究对象可分为三个尺度分析。

宏观尺度：工程尺寸几米～几百米，通常，研究工程一般都是宏观问题，比如某个边坡、基坑的稳定问题；

细观尺度：研究对象尺寸为毫米～米，比如边坡某局部块石与土颗粒相互作用对边坡稳定影响即为细观尺度；

微观尺度：研究对象以微米为单位，通常研究矿物构成及作用机理，需要借助显微设备进行。

在宏观研究领域，岩土计算分析可定义为：在试验或者反演获取力学参数基础上，采用合理的本构模型，按照工程的约束（变形、应力）条件，进行施工（构建）过程的仿真，辅助以监测资料，对变形、稳定进行预测，指导下一步工程实践。

具体内容可包括如下：

（1）参数或者某一条件论证（力学参数反分析、地应力反分析）；

（2）强度分析（包括各种工况下的刚体极限平衡、极限平衡有限元、承载力等分析）；

（3）变形分析（包括静态变形、动态变形、长期变形等）；

（4）支护参数优化（包括开挖顺序、开挖方案、支护方案等论证）。

采用的方法有刚体极限平衡分析、连续数值模拟方法（有限单元法、有限差分法等）、非连续数值模拟方法（块体离散单元法、颗粒离散单元法、DDA法等）。经过多年的发展，这些经验方法、半经验方法、数值模拟方法已经形成了相对完善的软件，供研究者与设计者使用。岩土工程设计分析步骤见图1.3-1。

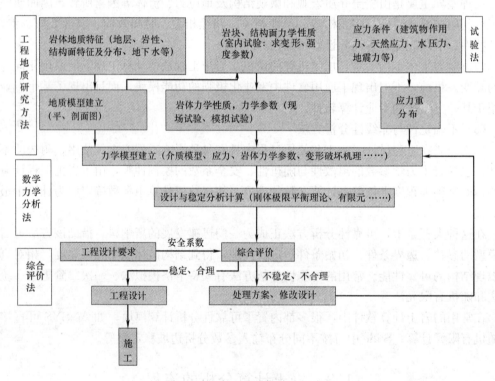

图1.3-1 岩土工程设计分析步骤

1.4 岩土工程中常用的计算软件

与岩土工程有关的软件可分为两类，一类是与计算有关的前后处理工具；一类为计算软件。有些计算分析软件带有相应的前后处理功能。从方法上讲可分确定性分析方法（有限单元法、有限差分法、边界元法、离散元法、颗粒元法、不连续变形法、流形元法、无单元法、混合法等）和非确定性方法（模糊数学方法、概率论可靠度分析方法、灰色系统理论、人工智能与专家系统、神经网络法、时间序列分析法）等。

针对这些岩土工程常用的分析方法，目前已经形成大量的计算软件（经验、半经验计算软件、数值计算软件、前后处理辅助软件等）。常见软件种类介绍如下：

1.4.1 网格划分系列软件

岩土数值计算前处理一般需要具有自下而上、自上而下的建模功能，可以通过拉伸、旋转、镜像、缩放、偏置等操作得到面、体；可以直接构造矩形、多边形、圆、球、圆柱、圆锥、棱柱、圆环等；可以通过体、面的布尔加、减、交等操作得到复杂模型。这一类的软件有：

（1）Hypermesh

在 CAE 工程技术领域，Hypermesh 最著名的特点是它强大的有限元网格划分前处理功能。在处理几何模型和有限元网格的效率和质量方面，Hypermesh 具有很好的速度、适应性和可定制性，并且模型规模不受软件限制。采用 Hypermesh，其强大的几何处理能力可以很快地读取结构非常复杂，规模非常大的模型数据，大大提高了 CAE 分析工程师的工作效率，也使得很多应用其他前后处理软件很难或者不能解决的问题变得迎刃而解。

（2）GID

可将结果写成各种常用的图形文件如：BMP、GIF、TPEG、PNG、TGA、TIFF、VRML 等格式，以及 AVI、MEPG 等动画格式。后处理支持的结果显示方式有：带状云图显示、等直线显示、切片显示、矢量显示、变形显示等。并且可以根据需要定制显示菜单。

1.4.2 有限元计算系列软件

有限元分析软件目前最流行的为 ANSYS、ADINA、ABAQUS、MIDAS 等比较知名公司的产品，常用的软件有：

（1）ANSYS

ANSYS 是一款融结构、流体、电场、磁场、声场分析于一体的大型通用有限元分析软件。它能与多数 CAD 软件接口，实现数据的共享和交换，是现代产品设计中的高级 CAE 工具之一。具有流畅优化功能的 CFD 软件，融合前后处理与分析求解；有强大的非线性分析功能，快速求解器，可并行计算。

（2）ABAQUS

ABAQUS 是一套功能强大的工程模拟有限元软件，其解决问题的范围从相对简单的线性分析到许多复杂的非线性问题。达索并购 ABAQUS 后，将 SIMULIA 作为其分析产品的新品牌。是一个协同、开放、集成的多物理场仿真平台。

（3）Femap＋NX Nastran

Femap＋NX Nastran 基于 Windows 的特性为用户提供了强大的功能，且易学易用。其广泛地应用于多种工程产品系统及过程之中，如：卫星、航空器、重型起重机、高真空密封器等。软件提供了高级梁建模、中面提取、六面体网格划分、CAD 输入和简化工具等功能。

（4）COMSOL Multiphysics

COMSOL Multiphysics 是一款大型的高级数值仿真软件，由 MATLAB 偏微分方程求解工具箱发展而成。其广泛应用于各个领域的科学研究以及工程计算，被称为"最专业的多物理场全耦合分析软件"。COMSOL Multiphysics 可模拟科学和工程领域的各种物理过程，以高效的计算性能和杰出的多场双向直接耦合分析能力实现了高度精确的数值仿真。

（5）FEPG

中国科学院数学与系统科学研究所梁国平研究员团队独创的有限元程序自动生成系统（FEPG）。FEPG 采用元件化思想和有限元语言，为各种领域、各方面问题的有限元求解提供了一个极其有力的工具，可快速地完成编程劳动。FEPG 是目前"幸存"下来的为数不多的 CAE 技术中发展最好的有限元软件。作为通用型的有限元软件，其能够解决固体力学、结构力学、流体力学、热传导、电磁场以及数学方面的有限元计算，在耦合方面具有优势，能够实现多物理场的任意耦合，在有限元并行计算方面处于领先地位。

（6）MIDAS

1989 年由韩国浦项集团成立的 CAD/CAE 研发机构，开始研发 MIDAS 软件，目前在韩国结构软件市场中，MIDAS Family Program 的市场占有率排第一位，在最满意的产品中也始终排在第一位。其主要模块如下：

建筑结构通用分析与设计系统：MIDAS/Gen；桥梁工程通用分析及设计系统：MIDAS/Civil；楼板与筏式基础分析与设计系统：MIDAS/SDS；有限元网格划分与建模系统：MIDAS/FX+；隧道工程通用分析及设计系统：MIDAS/GTS。

（7）Plaxis

Plaxis 由荷兰 Delft 技术大学研制，其采用了高级的土体本构模型，以模拟土体的非线性、时间相关性和各向异性；采用了独特的方法计算静水孔隙压力和超静水孔隙压力，因此可以用于分析非饱和土渗流问题；常用于土-结构相互作用问题的分析，程序界面友好。主要模块如下：

平面有限元分析程序 Plaxis；三维隧道分析程序 Plaxis 3D-Tunnel；三维基础工程分析程序 Plaxis 3D-Foundation；动力分析模块 Plaxis Dynamic；渗流模块 PlaxFlow。

Plaxis 在土方面的分析功能比较突出，操作起来很方便，学习门槛较低，是一门难得的入门级土工有限元分析软件。

（8）GEO-SLOPE

GEO-SLOPE 由以下几个模块构成：

SLOPE/W：边坡稳定性分析软件；SEEP/W：地下渗流分析软件；SIGMA/W：岩土工程应力应变分析软件；QUAKE/W：地震应力应变分析软件。

TEMP/W：温度场改变分析软件；CTRAN/W：污染物扩散过程分析软件。

AIR/W：空气流动分析软件；VADOSE/W：专业的模拟环境变化、蒸发、地表水、渗流及地下水对某个区或对象的影响分析软件；Seep3D：三维渗流分析软件。

1.4.3 Itasca 公司数值分析系列软件

Itasca 系列软件岩土工程专业软件，包括 FLAC2D、FLAC3D、UDEC、3DEC、PFC2D、和 PFC3D，这些程序的共同特点如下：

针对岩土体问题开发、但不限于岩土体问题；可以解决大变形、甚至几何形态破坏问题；可以追踪记录破坏过程、多种岩土本构、地质结构面模拟、真时间历程动力模拟、地下水模拟。内置外接程序语言满足特定要求。

FLAC2D/FLAC3D：岩土体工程高级连续介质力学分析的有限差分软件，建立在拉格朗日算法基础上，采用有限差分显示算法来获得模型全部运动方程的时间步长解，从而可以追踪材料的渐进破坏和垮落，特别适合模拟大变形和扭曲材料高度非线性（应变硬化/软化）/不可逆剪切破坏和压密、黏弹（蠕变）、孔隙介质的应力-渗流耦合、热-力耦合以及动力学问题等。

UDEC/3DEC：高级非连续力学分析软件，采用与 FLAC 一致的有限差分方法，力学上增加了对接触面的非连续力学行为的模拟，包括非连续介质（如节理岩体）沿离散滑面的滑移、裂隙张开、垮落等，因此普遍用来研究非连续面（地质结构面）占主导地位的岩土工程问题。

PFC2D/PFC3D：是利用显示差分算法和离散元理论开发形成的类岩土材料和粒状系统设计的 2D/3D 微观力学离散元分析软件。其来源于分子动力学，是从微观结构角度研究介质力学特性和行为的工具，它的基本构成为圆盘和圆球颗粒，然后利用边界墙（Wall）约束。计算时不需要给材料参数定义宏观本构关系和对应的参数，而是采用局部接触来反映宏观问题，因此只需要定义颗粒和黏结的几何和力学参数。PFC2D/3D 既可解决静态问题也可解决动态问题；既可用于参数预测，也可用于在原始资料详尽细致情况下的实际模拟，可以代替室内试验。

1.4.4　Rocscience 计算分析系列软件

Rocscience 系列软件的二维和三维分析主要应用在岩土工程和采矿工程领域，该软件使岩土工程师可以对岩质和土质的地表及地下结构进行快速、准确地分析，提高了工程的安全性并减少设计成本。Rocscience 系列软件在国内外岩土工程、矿山工程、水利水电工程、地质灾害评估、安全评价等领域得到了非常好的应用。

Rocscience 系列软件的使用在岩土工程分析和设计中都很方便，可以帮助工程师们得到快速、正确的解答。Rocscience 软件对于最新的项目都有高效的解算结果，软件操作界面是基于 WINDOWS 系统的交互式界面。Rocscience 软件自带了基于 CAD 的绘图操作界面，以随意输入多种格式的数据进行建模，可以快速定义模型的材料属性、边界条件等，并进行计算得到自己期望的结果。

目前为止，Rocscience 系列软件总共有多款专业软件模块，可将其分为三大类别：边坡稳定分析、开挖支护设计、岩土工具。

（1）二维边坡稳定分析软件-Slide

Slide 是一款应用二维极限平衡法分析土质边坡和岩质边坡稳定性的软件。它具备一系列全面广泛的分析特性。目前，Slide6.0 是唯一一款内置有限元分析稳态或瞬态条件下地下水渗流的边坡稳定分析软件。软件采用 Windows 交互界面，支持 CAD 底图建模，不论问题简单或复杂，都可轻松、直观地进行分析。

（2）地质数据的几何学和统计学分析软件-Dips

Dips 是用于描述节理和节理分布的统计分析软件，通过输入后的数据分析可以得出危险的节理面，并进行地质方位数据的交互式分析，用途广泛。它不仅适用于初学者，同样适用于经验丰富的工程人员，为地质方位数据的分析提供强大的支持和帮助。

（3）地下开挖三维楔体稳定性分析软件-Unwedge

Unwedge 是一款用于结构不连续及地下开挖所形成的三维楔体稳定性分析的交互式软件，用于分析岩体中存在不连续结构面的地下开挖问题。Unwedge 计算潜在不稳定楔体的安全系数，并可对支护系统对楔体稳定性的影响进行分析。Windows 的交互界面使得它易于分析和计算。

（4）开挖和边坡有限元分析软件-Phase2D

Phase2D 是一款功能强大的弹塑性有限元分析软件，用于地下及地表的岩土体开挖支护设计分析。其对于开挖产生的应力、应变均可进行详细的计算及结果输出；给定安全系数后，Phase2D 可以对基坑开挖的支护系统进行优化从而降低支护成本；Phase2D 还可以直接采用有限元强度折减法进行边坡稳定分析。

（5）软岩隧道支护评价软件-RocSupport

RocSupport 是一款适用于软弱岩层中圆形及近圆形隧道支护分析的交互式软件，可以直观地看到支护系统的作用。对于给定隧道半径、原岩应力、岩石参数和支护参数的软岩隧道，能够迅速计算围岩和支护作用曲线，由曲线的特征确定围岩支护系统的安全系数和失稳概率。

（6）岩质边坡楔体稳定性分析软件-Swedge

Swedge 是一款分析和评价岩质边坡楔体的形状及稳定性系数及失稳概率软件，它具有快速、交互性以及操作简单等特点，并且楔体可以三维视图直观地展示出来。

（7）岩土不连续强度分析软件-RocData

RocData 是一款分析岩土强度参数软件，它可以确定岩土强度包络线以及其他物理参数。RocData 还可以评估岩土材料参数，并形象地显示由于材料参数的改变而导致的破坏改变。RocData 与 RocLab 的结合并运用内置的岩土材料参数数据库可以提供更强大的分析能力。

（8）三维地下岩体开挖边界元法分析软件-Examine3D

Examine3D 是一款基于边界元法计算地下岩体开挖的应力和位移的工程软件。它的数据可视化工具还被广泛地应用在三维矿山和土木工程领域，例如，可视化微震数据集合（微震速度、源参数以及事件密度）。

（9）三维固结沉降分析软件-Settle3D

Settle3D 是一款计算固结沉降的分析软件，它可以分析三维基础、大坝和地表开挖等复杂的土体模型和荷载工况引起的固结沉降；可以模拟分步、时间依赖的固结分析，包括主固结和次固结（蠕变）分析；还可以分阶段模拟地下水位变化，可以指定水平和竖向的排水条件对任意时间的三维应力和地下水进行评价。

（10）岩质边坡倾倒分析和支护设计软件-RocTopple

RocTopple 是一款交互式工程软件工具，主要用来进行岩质边坡倾倒分析和支护设计。RocTopple 的主要理论依据为 Goodman 和 Bray 在 1976 年发表的"块体倾倒方法"。

（11）陡峭岩质边坡落石统计分析软件-RocFall

RocFall 是一款统计陡峭岩质边坡落石和评价其安全性的软件，它可以计算落石的动能、速率、弹起高度以及落点位置。工程人员通过运用落石的动能确定反弹高度和轨迹来确定保护系统的位置和保护措施。典型应用包括岩石掘进和露天边坡等。

（12）岩质边坡平面滑动稳定分析软件 RocPlane

RocPlane 是一款岩质边坡平面滑动分析设计软件，可以考虑地下水或地震荷载对边坡稳定性的影响。RocPlane 能够简单快速地建立平面模型并进行二维或三维展示，内置丰富有用的工具可以用于快速地建立、修改以及运行模型。

1.5　岩土分析应注意的问题

岩土工程是一门应用科学。在岩土工程分析时不仅需要运用综合理论知识、室内外测试成果，还需要应用工程师的经验，才能获得满意的结果。岩土工程数值分析更讲究应用，要求学生能够掌握每种方法的基本理论，弄清其来龙去脉以及各自特点和适用范围，熟练应用其中一两种方法，能够熟练使用相关软件或自编程序，当然加强实践和总结体会（哪怕是间接的）也是必不可少的。

针对某具体问题，能否得到计算结果取决于计算方法的选择和正确的实施，包括程序的正确实现。而能否得到合理的结果则取决于计算模型及其参数的选择，以及边界条件、初始条件、相互作用、耦合问题等的正确模拟，这常常是问题的核心。所谓正确模拟，首先必须定性正确，其次才能谈得上量化准确。因此，学习和应用数值分析方法时必须把握好如下几个方面的关键问题：

（1）弄清每种方法的数学力学原理，掌握基本假定和适用范围；

（2）弄清每种方法对岩土体材料模型及其参数的要求；

（3）弄清每种方法对岩土体材料与结构的相互作用模型及其参数的要求，包括岩石体之间的关联和相互作用模型与参数；

（4）分析初始条件、边界条件和荷载特征等，确定合理的模拟思路；

（5）分析岩土体是否存在渗流和与水的相互作用或其他耦合问题；

（6）对于反演分析，要研究和分析已知数据，明确待求未知量，选择恰当方法。

运用任一种分析方法，都必须先分析拟解决问题的关键所在，具体应用某岩土数值分析方法时应注意并理清如下几个主要环节：

（1）研究分析对象，明确计算目的和拟解决的关键问题，选择数值方法，确定建模方案；

（2）确定运用的本构模型，合理选择参数；

（3）确定边界条件与初始条件；

（4）模拟荷载及荷载的动态变化；

（5）确定计算的收敛评判依据；

（6）考察各环节简化的合理性，否则应调整建模，并审查有关计算模型与参数；

（7）确定后处理方法及成果整理的内容与分析方案。

应该指出，虽然岩土工程数值分析在多数情况下只能给出定性分析结果，但只要模型正确、参数合理，就能得到有价值的量化结果。岩土工程数值分析方法和应用范围很广且将不断扩大。

习题与思考题

1. 岩土计算的特点是什么？
2. 岩土工程分析方法的发展趋势？
3. 数值计算有哪些方法？其适用条件是什么？
4. 常见岩土计算软件有哪些？它们分别属于什么方法？

第2章 岩土计算条件分析与确定

岩土工程进行设计与稳定分析时，需要根据计算目的选择合理的方法，并采取一定的边界条件，包括岩土力学参数、岩土力学性质、数值模型的几何条件、应力场、锚固措施等。由于不同计算方法的限制，岩土计算的结果严重依赖于计算条件。必须在对计算条件进行深入分析基础上，对复杂的地质物理力学模型进行一定程度的简化，才能得到较为稳定、理想的结果。

2.1 岩土计算条件分析

2.1.1 计算模型需考虑的因素

（1）建模方法与范围

根据实际工程规划计算模型，主要包括如下几个方面的内容：

1）设计模型尺寸。计算模型范围的选取直接关系到计算结果的正确与否，模型范围大，浪费计算机资源；模型范围小，计算结果失真，不能给出实际工程指导性的意见。

在弹性力学的边值问题中，严格地说在面力给定的边界条件及位移给定的边界条件上应该是逐点满足的，但在数学上要给出完全满足边界条件的解答是非常困难的。另一方面，工程中人们往往只知道作用于物体表面某一部分区域上的合力和合力矩，并不知道面力的具体分布形式。因此，在弹性力学问题的求解过程中，一些边界条件可以通过某种等效形式提出。这种等效将带来数学上的某种近似，但人们在长期的实践中发现这种近似带来的误差是局部的，这是法国科学家圣维南首先提出的，称为圣维南原理。

在解决具体问题时，如果只关心远离荷载处的应力，可视计算或实验可以很方便或改变荷载的分布情况，不过须保持它们的合力和合力矩等于原先给定的值。圣维南原理是定性地说明弹性力学中一大批局部效应的第一个原理。

因此在数值模型的构建时，应该根据关注对象的范围，将数值模型向外延伸一定距离，这一距离的大小一般应超过该方向特征尺寸（图 2.1-1 中 L_x，L_y）的 2～3 倍。如此，可保证关心区域的力学特性不受边界条件的影响。

2）规划计算网格数目和分布。在岩土计算特别是数值计算时，一旦计算模型尺寸确定，计算网格的数目也确定。程序中所能容纳的网格数目和电子计算机 CPU 及内存有重要关系，因此一台配置较好的电子计算机是非常重要的。为了减少因为网格划分引起的误差，网格长宽比不

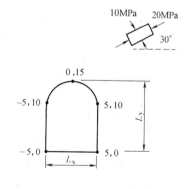

图 2.1-1 边界截断范围

应大于5,对于重点区域可以适当加密处理。

3) 安排工作对象(开挖、支护等)。对于需要开挖或者支护的工程,应该在建模过程中进行规划,调整网格特点,安排开挖以及支护的位置。

4) 给出材料的力学参数。在建模时应根据实际工程确定本构关系,给模型赋予相应的力学参数。力学参数往往来源于现场或室内试验、工程类比、反演分析、经验取值等。

5) 确定边界条件。模型的边界条件包括位移边界和力边界(内部初始应力、边界施加的构造应力等),在计算前应确定模型的边界状况。

(2) 结构面

针对岩体介质,只有岩体非常完整或者非常破碎,才可以将岩体假设为均匀介质。其他情况下的岩土介质均可视为岩石与结构面构成的地质体。L. Muller 认为,无论是静力学还是动力学,岩体力学行为主要受结构面,特别是大尺度结构面控制。因此在计算与分析模型中,控制性的结构面(断层、节理)需要设置特殊结构单元来考虑,而小尺度、大数量存在的结构面可通过参数等效(参数折减等)来考虑。

(3) 岩土本构

岩土本构关系是岩土介质的应力、应变、应变率、加载速率、应力历史、应力水平、加载途径及温度等之间的函数关系。

在岩土工程计算中,材料的本构关系十分重要,数值计算和分析的精度很大程度上取决于所采用材料本构模型的合理性。一种数值模拟方法能否在岩土工程问题的分析中得到较多应用,在很大程度上取决于该计算方法能否采用多种本构模型进行计算。目前流行的岩土工程计算软件绝大多数具备了采用多种本构模型进行计算的能力,另外往往还根据需求,专门开发了一些本构模型的动态链接库(DLL),用于特殊岩土工程问题的分析与计算。

值得注意的是,没有必要将所有复杂力学性质及其影响完全反映到一个力学模型中进行研究,因为随着研究对象所处的环境与条件变化,可以采用不同的力学模型去模拟。如岩石处于脆性断裂状态,就可以忽略延性,而作为弹性体研究。

岩土体本构关系的研究目前已经取得了长足进步与发展,现今已有数百个本构模型用来描述各种不同岩土体的应力-应变形状。常见的岩土体本构模型种类有:

1) 线弹性模型类。其特征是加载、卸载时应力-应变关系呈直线型。[图 2.1-2 (a)]满足该类条件的模型有虎克弹性模型(文克勒地基模型、弹性半无限体模型),横观各向同性体(沉积、固结分析)等。

2) 变弹性常数类。加载、卸载时应力-应变关系呈某种曲线形状,弹性常数随着应力水平不同而变化、卸载时或者按照加载路径恢复或者呈线弹性变化。[图 2.1-2 (b)]满足该条件的岩土模型有双线性模型、双曲线模型、邓肯-张模型等。

3) 弹塑性模型类。当加载时应力低于某一值时,应力-应变关系则呈直线形,而一旦应力达到该值时,则呈某种曲线变化或保持水平直线。其特点是加载后达到一定应力值才会出现塑性变形,小于该值时加载和卸载路径一致,塑性状态分为应变硬化、应变软化、理想塑性等[图 2.1-2 (c)]。满足该条件的模型有 Prandtl-Reuss 模型、Drucker-Prager 模型、Mohr-Coulomb 模型、Hoek-Brown 模型、Cambridge Clay 模型等,这是目前岩土工程各领域应用最广的一类模型。

4）黏弹（塑）性模型。该类模型在应力-应变关系中还包括时间因素。[图 2.1-2（d）]如果材料响应和载荷速率或变形速率无关，称材料为率无关，相反，与应变速率有关的塑性叫作率相关塑性。当应力不变时，应变会随着时间增加而增加（蠕变）；当应变不变时，应力随着时间会减少（松弛）。常用的有 Maxwell 模型、Kelvin 模型、Bingham 模型、西元模型等。

5）不连续岩体模型。针对不连续面、断层破碎带，采用专门的接触模型进行考虑。包括无拉应力模型、层间滑移模型、节理单元模型、软弱夹层模型等。

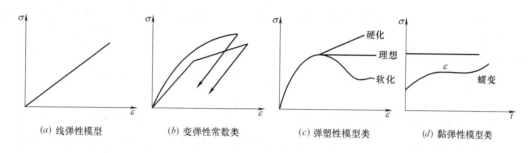

图 2.1-2　常见的应力应变曲线

2.1.2　应力场

在分析岩土开挖效应、山岩压力等问题时，开挖变形、应力重分布依赖于岩土中的原岩应力场。

原岩应力场亦称"天然应力"、"初始应力"、"地应力"。岩体处于天然产状条件下所具有的内应力包括：自重应力，构造应力，岩石遇水后引起的膨胀应力，温度变化引起的温度应力，结晶作用、变质作用、沉积作用、固结作用、脱水作用所引起的应力，岩体不连续引起的自重应力波动等，其中主要的是自重应力和构造应力。原岩应力直接影响地下洞室围岩的应力重分布、围岩的变形和稳定性、山岩压力的大小、岩坡和岩基的稳定性，是工程设计中必不可少的原始资料，一般应通过现场测量的方法（如应力解除法）来测定。工程中近似计算时，往往用自重应力代替。原岩应力在空间的分布状态称为原岩应力场或初始应力场。

自重应力是原岩应力的一种，指上部岩层或土层的自身重量在岩体或土体内所引起的应力。自重应力有垂直自重应力与水平自重应力之分。工程上可用下式近似计算：

$$\sigma_z = \gamma_z \tag{2.1.1}$$

$$\sigma_x = \sigma_y = \frac{\mu}{1-\mu} \gamma_z \tag{2.1.2}$$

式中，σ_z 为垂直自重应力（Pa）；σ_x、σ_y 为水平自重应力（Pa）；z 为所求应力的点离地表的距离（m）；γ 为岩体或土体的重度（N/m³）；μ 为岩体或土体的泊松比，一般为 0.2～0.4。自重应力的大小和方向在空间的分布状态称自重应力场，它对地下围岩的应力重分布、围岩变形和稳定以及计算建筑物的沉降量等都是不可缺少的资料。

构造应力是原岩应力的一种，是地质构造作用在岩体内积存的内应力。例如，由古造山运动、断层、褶皱等地质作用所引起的应力。在某些新的破坏性扰动下或经过相当长期的地质历史过程，或由于岩体的流变特性使构造应力全部或部分释放。构造应力的大小和方向在空间内的分布状态称为构造应力场，它直接影响到地下建筑洞室围岩的应力重分布、山岩压力的大小和方向、围岩的变形和稳定性、岩坡和岩基的稳定等。目前，构造应力既无法计算，也无法直接在现场测量，因为在现场测得的应力只是原岩应力，它包括构造应力和其他应力（如自重应力）。

原岩应力在不同埋深、应力场体现出不同的特征。通常距离地表一定距离，特别是土体或破碎岩体内，应力场可以视为体力场，自重应力为大主应力，而侧向两个方向应力大小接近。

$$\sigma_1 > \sigma_2 \approx \sigma_3 \qquad (2.1.3)$$

在这个深度以下，应力场由自重向构造场过渡，称为过渡场。此时三个方向主应力接近，接近静水压力状态。

$$\sigma_1 \approx \sigma_2 \approx \sigma_3 \qquad (2.1.4)$$

再下即为构造应力场，该区域通常水平方向主应力最大，且两个方向不同。

$$\sigma_1 < \sigma_2 \leqslant \sigma_3 \qquad (2.1.5)$$

体力场与过渡场的深度一般在 100m 以内，而构造应力场则与土层厚度有关系。

人们通常将平均水平应力与垂直应力的比值称为侧压比，其值随着深度的增大而减小。对于不同地区，侧压比略有差异，但其变化范围基本上介于下述不等式所圈定的范围。

$$\frac{100}{H} + 0.30 \leqslant \lambda \leqslant \frac{1500}{H} + 0.5 \qquad (2.1.6)$$

式中，H 为实测地应力的深度，以 m 为单位；λ 为侧压比，在深度不大的情况下，λ 值较为分散，随着深度增加，分散程度逐步变小。

如果三个主应力分别由 σ_1、σ_2、σ_3 表示，国内外专家通过孔深 500～1100m 进行应力场测量发现，大致有如下规律：

$$\sigma_1 : \sigma_2 : \sigma_3 \approx (1 : 0.83 : 1.14) - (1 : 0.97 : 1.61) \qquad (2.1.7)$$

式中，σ_1 为垂直方向应力。

地应力场受初始构造条件，如背斜、向斜、地堑、单斜、正断层、逆断层、地形、风化程度等影响非常明显，在岩土计算时必须具体情况具体分析。

由于地质体的形变特征并不取决于岩体的泊松比，而是受控于侧向形变约束条件，这一约束条件是确定自然形变场总体轮廓的基础。因此在岩土计算中如何考虑地应力场对认识工程实践中的变形、稳定至关重要。

2.1.3 地下水

水普遍存在于岩土介质中，当有水力坡降存在时，水就会产生流动，称为渗流。因此水是促使岩土性质发生变化的主要因素，也是岩土工程发生失稳破坏的主要原因。岩土介质受水的影响非常复杂，可以通过水力学的、物理的、化学的作用实现，造成岩土呈现渗透性、膨胀性、崩解性、软化性等特点。了解岩土介质的水理特性及力学作用机理，是分析岩体稳定性问题的重要指标。水对岩土工程的影响可以总结如下：

（1）软化作用

岩石软化性是岩石浸水后力学强度降低的特性。它主要取决于岩石的矿物成分和孔隙性。其定量指标是软化系数，软化系数愈小，软化性愈强。软化系数指岩石在饱水状态下的单轴极限抗压强度 R'_c 与干燥状态下的单轴极限抗压强度 R_c 的比值。它是判定岩石抗风化、抗水浸能力的指标之一。软化系数用 $\alpha = R'_c / R_c$ 表示，α 为岩石软化系数，在 $0 \sim 1$ 之间。一般认为，小于 0.75 的岩石为软化岩石。岩石的软化系数主要与岩性、矿物成分、裂隙发育程度、颗粒胶结程度和结构有关。亲水性和可溶性矿物多的岩石，裂隙发育、胶结不好的岩石，软化系数小，反之则大。

（2）对变形、强度的影响

某些岩石（土）受水影响而使性质变坏主要是由胶结物的破坏所致，例如砂岩在接近饱和时可以损失 15% 的强度。在极端情况下，如蒙脱石黏土页岩在水饱和时可能全部破坏。然而大多数情况下，岩石中的裂隙水对岩土影响更为明显，如果饱和岩石在荷载作用下不易排水或不能排水，那么孔隙或裂隙中就有孔隙水压力，固体颗粒所能承受的压力将会相应减少，强度相应较低。

（3）水力学效应

水力学效应指在流体（通常指地下水）压力作用下，岩体孔隙和裂隙透过流体的能力。岩体渗流对岩土力学性质有重要的影响，它会改变岩石的受力情况，引起岩石变形、破裂、软化、泥化或溶蚀，从而危及岩土体的稳定性。

如库区边坡在泄洪、排空等工况条件下，边坡内地下水将会自坡体向库区渗流，形成动水压力，极容易造成边坡失稳。

2.1.4 工程措施

（1）开挖措施

实际边坡在开挖过程中，受开挖卸荷、岩体结构、构造应力的共同影响，其应力分布与采用自重应力场往往有很大差别。在确定的荷载条件下寻找一个应力场、相应的位移场及应变场，它们满足边界条件下的静力平衡方程、变形协调条件和适当的本构关系以及一定的强度准则。因此，岩土工程在开挖过程中，其应力场是随施工进度不断演变，受岩土体力学性能、岩体结构、施工工艺控制，并非一成不变的。目前，国内外已经开发了多个二维、三维有限元分析程序，用于求解弹性、弹塑性、黏塑性、黏弹塑性岩土体介质的开挖问题。在这些数值方法中，分级开挖模拟一般采用节点等效荷载法考虑。设开挖区域初始应力场为 σ_0，第 i 级开挖时的应力场为 σ_i，$\Delta\sigma_k$ 为第 k 级开挖引起的应力增量，则：

$$\sigma_i = \sigma_0 + \sum_{k=1}^{i-1} \Delta\sigma_k \qquad (2.1.8)$$

第 i 级开挖时的开挖释放荷载与开挖单元的节点力及开挖单元所受的各种外荷载有关，存在以下关系：

$$P_i = \sum_{j=1}^{M} \int v_j B^T \sigma_i \mathrm{d}v - \sum_{j=1}^{M} \int v_j N^T \gamma \mathrm{d}v \qquad (2.1.9)$$

式中，B 为单元应变矩阵；N 为形函数矩阵；γ 为开挖岩体的重度；M 为第 j 级开挖单元总数；v 为体积。

（2）工程治理措施

利用被动抗力承受岩土破坏和变形而产生的荷载，以保证工程安全的工程设施，统称为工程治理措施。如地下隧洞施工中采用的钢筋混凝土衬砌、钢衬砌、砖衬砌或钢柱、木柱等，边坡工程中的抗滑桩、锚索、锚杆等。工程处理措施可从绕避、排水、力学平衡和滑带改良等方面进行防治技术分类。排水包括地表排水、地下排水等；力学平衡方面的工程措施包括削方减载、坡脚回填反压、抗滑支挡等；滑带改良包括置换、化学改良等。

在岩土计算中，如何考虑这些加固措施的作用，是精确预测工程稳定的必要条件。

2.2　岩土几何模型的构建

实体建模有两种思路：自下向上的构造模型和自上向下的构造模型。前者是指在构造几何模型时首先定义几何模型中最低级的图元-关键点，然后再利用这些关键点定义较高级的图元（即线、面和体）。后者是指通过汇集线、面、体等几何体素的方法构造模型，当生成一种体素时，程序会自动生成所有从属于该体素的低级图元。在实际建模时可以根据需要自由组合使用。对于建立的实体模型还可以通过布尔运算对其进行操作以生成更为复杂的形体。布尔运算对于采用自下向上和自上向下两种方法构成的图元均有效。

同时，在构造和修改模型时，弄清图元的层次关系是十分有必要的。不能删除依附在高级图元上的低级图元，如不能删除依附在体上的面等。但是可以在删除高级图元的同时连同低级图元一起删除，比如删除面时可以选择将组成此面的线和关键点删除。图元间的层次关系如下：

(1) 节点（包括节点荷载）；

(2) 实体（包括实体荷载）；

(3) 面（包括面荷载）；

(4) 线（包括线荷载）；

(5) 关键点（包括点荷载）。

2.2.1　自下而上建模策略

自下向上建立实体模型时，首先要定义关键点，再利用这些已有的关键点定义较高级的图元（线、面或体），这样由点到线，由线到面，由面到体，由低级到高级。下面分别对最基本的图元元素关键点、线、面、体的创建、修改和显示作一些简单介绍。

(1) 关键点

自下向上的方法构造几何模型时，首先要定义最低级的图元：关键点。关键点可以被直接定义，也可以通过已有的关键点来生成另外的关键点（许多布尔运算也可以生成关键点）。已经定义的关键点可以被修改和删除（前提是没有依附于其他高级图元）。

(2) 线

线主要用于表示模型的边，它包括直线、弧线和样条曲线。值得注意的是，在不同激活坐标系下用相同的命令创建的线不一定是相同的，因为各定义变量在不同坐标系中所代表的意义不同。比如说在笛卡尔坐标系下，$dx/d1$、$dy/d1$、$dz/d1$ 均为常量时，则生成一条真正的直线；而在柱坐标系下，$dx/d1$、$dy/d1$、$dz/d1$ 均为常量且都为非零值时则会生成螺旋线。

线还可以进一步被修改，如将一条直线分成几小段、延长等，创建几何体素和布尔运算也可生成线。

(3) 面

平面可以用于表示二维实体（如平板和轴对称实体）。曲面和表面都可以用于表示三维的面，如壳、三维实体的面等。用到面单元（如板单元）或由面生成体时才需要定义面。生成的面命令也将自动地生成依附于该面的线和关键点。同样，面也可以在定义体时自动生成。

（4）体

体用于描述三维实体，仅当需要用到体单元时才必须建立体。生成体的命令会自动生成低级的图元。生成体的方式有多种，可由顶点定义体，也可以由边界定义体，也可将面沿一定路径拖拉生成。

值得注意的是，用一系列表面定义体，最少要拾取4个面才能生成一个体，拾取顺序无限制。而用关键点创建体的时候，关键点的个数必须是4、6、8个，而且要按照连续的顺序拾取，即首先沿体下部依次选取一圈连续的关键点，再沿着上部依次选取一圈连续的关键点。

如图2.2-1所示：以ANSYS软件建模为例，采用自下而上的建模策略建立一个四棱锥。

具体建模步骤如下：

（1）依次选择Main Menu＞Preprocessor＞Modeling＞Creat＞Keypoints＞In Active CS，弹出"Creat Keypoints in Active Coordinate System"窗口。在"X，Y，Z Location in actives CS"后面的三个方框中依次输入"0"、"0"、"0"，单击"Apply"按钮生成第一个关键点，再次弹出"Creat Keypoints in Active Coordinate System"窗口（图2.2-1）。

（2）继续在"X，Y，Z Location in active CS"后面的三个方框中依次输入"0.2"、"0"、"0"，单击"Apply"按钮生成第二个关键点，再次弹出"Creat Keypoints in Active Coordinate System"窗口。

（3）继续在"X，Y，Z Location in active CS"后面的三个方框中依次输入"0"、"0.2"、"0"，单击

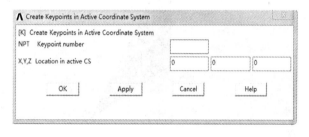

图2.2-1　创建关键点窗口

"Apply"按钮生成第三个关键点，再次弹出"Creat Keypoints in Active Coordinate System"窗口。

（4）继续在"X，Y，Z Location in actives CS"后面的三个方框中依次输入"0"、"0"、"0.2"，单击"OK"按钮生成第四个关键点（图2.2-2）。

（5）单击操作界面右侧视图工具条上的"Isometric View"按钮，将视图转为轴测图。

（6）Main Menu＞Preprocessor＞Modeling＞Creat＞Areas＞Arbitrary＞Through KPs，弹出"Creat Are..."窗口（图2.2-3）。

（7）依次用鼠标单击关键点1、2、3，单击"Creat Are..."上的"Apply"按钮生成第一个面，见图2.2-4。

（8）继续用鼠标单击关键点1、2、4，单击"Creat Are..."上的"Apply"按钮生成第二个面，见图2.2-5。

（9）依次用鼠标单击关键点1、3、4，单击"Creat Are..."上的"Apply"按钮生成第三个面，见图2.2-6。

（10）依次用鼠标单击关键点2、3、4，单击"Creat Are..."上的"OK"按钮生成

第四个面，见图 2.2-7。

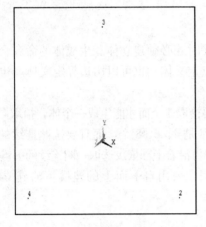

图 2.2-2　生成的四个关键点

图 2.2-3　Creat Are thuKPs 窗口

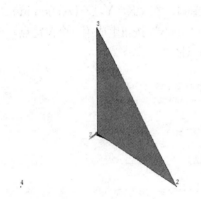

图 2.2-4　生成第一个面

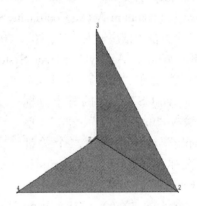

图 2.2-5　生成第二个面

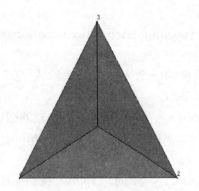

图 2.2-6　生成第三个面

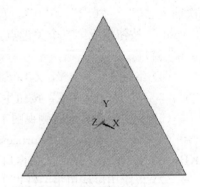

图 2.2-7　生成第四个面

　　(11) 用 Ctrl＋鼠标右键转动视图，得到一个便于观看的视角，建立的面消失，出现关键点。

　　(12) 依次选择 Utility Menu＞Plot＞Areas，消失的面重新出现。然后依次选择 Utility Menu＞Preprocessor＞Modeling＞Creat＞Volumes＞Arbitrary＞By Areas，弹出

"Volume by Areas"窗口。

（13）用鼠标左键逐一单击刚才生成的四个面，然后单击"Creat Vol..."窗口上的"OK"按钮生成体。

2.2.2 自上而下建模策略

当建立高级模型（如体、面等）时，将自动产生低维的图元，这种一开始就从较高级图元开始建模的方法就叫做自上向下建模。自上向下建模就是通过建立图元直接生成实体及其以下图元，对这些实体按照一定规则组合得到最终需要的形状。因为几何体素是高级图元，当生成一个几何体素时，程序会自动生成所有必要的低级图元，包括关键点。

如图 2.2-8 所示，以 ANSYS 建模为例，按照自上而下的建模策略建立一个上端开口的长方形盒子模型（面模型）。

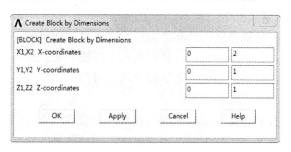

图 2.2-8　Creat Block by Dimensions 窗口

具体步骤如下：

（1）依次选择 Main Menu＞Preprocessor＞Modeling＞Volumes＞Block＞By Dimensions，弹出"Creat Block by Dimensions"窗口（图 2.2-8）。

（2）在"Creat Block By Dimensions"窗口中"X1，X2 X-coordinates"后面两个方框中依次输入"0"、"2"；在"Y1，Y2 Y-coordinates"后面两个方框中依次输入"0"、"1"；在"Z1，Z2 Z-coordinates"后面两个方框中依次输入"0"、"1"，单击"OK"按钮生成长方体（图 2.2-9）。

（3）单击操作界面右侧视图工具条上的"Isometric View"按钮，将视图转为轴测图。

（4）依次选择 Utiliy Menu＞Preprocessor＞Modeling＞Delete＞Volume Only，弹出"Delete Vol..."窗口，用鼠标左键单击长方体，然后单击"Delete Vol..."窗口上的"OK"按钮，体模型消失（图 2.2-10）。

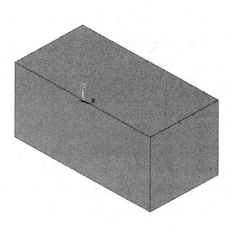

图 2.2-9　生成的长方体

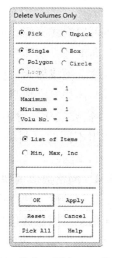

图 2.2-10　Delete Volumes Only 窗口

（5）依次选择 Utility Menu＞Plot＞Areas，面模型显示。

（6）依次选择 Main Menu＞Preprocessor＞Modeling＞Delete＞Areas Only，弹出"Delete Area.."窗口，用鼠标左键单击长方体的上表面，然后单击"Delete Area.."窗口中的"OK"按钮，上端开口的长方体盒子建成。

2.2.3 布尔运算

布尔运算通过对两个或多个对象执行布尔操作将它们组合起来，从而形成复杂的空间结构体。布尔操作是各类数值几何模型必备的功能。对于几何体，常见的布尔运算功能有：

（1）分割

分割是利用已有的图形元素或坐标面将另一些图形元素切割开。被分割的元素可以是线、面、体。比如，要得到一个圆缺，可以将一个整圆用一个坐标面分隔开，得到两个圆缺。然后再删去不需要的圆缺就可以了。

（2）相加（并集）

加运算可以将单独存在的一些模型连成一个整体，因此可以用加运算构建复杂的模型。面、体都可以进行加运算，但只能是同级的图形元素之间的相互运算，如面只能和面相加。

（3）相减（差）

减运算可以用于从一个图形元素中除去某一部分或者将一个图形元素分割成多个部分。如从一个实体中挖孔等。

（4）胶结

胶结运算可以将单独存在的一些模型连成一个整体，因此可以用胶结运算构建复杂的模型。线、面、体都可以进行胶结运算，但只能是同层级图形元素之间的相互运算，如面只能和面相胶结。

（5）重叠

两个或多个原始对象共用的体积（或面积）。重叠可以对线、面、体进行运算。只有同层级的图形元素可以进行重叠运算。

（6）分离

分离可以对线、面、体进行同层级运算。

自底向上建立实体模型时，首先要定义关键点，再利用这些已有的关键点定义较高级的图元（线、面或体），这样由点到线，由线到面，由面到体，由低级到高级。

在几何体构建完成后，材料分界面、重要的结构面、分步开挖面、需要填筑的材料（材料属性需要变化）等需要十分清楚。为了在计算时便于控制加载，需要对不同部位的体或面利用不同的材料编号（如 part、mat、group 等）进行区分后，再进行网格剖分，如图 2.2-11 所示。

2.2.4 网格数值模型的转换

不论是何种软件建立的数值模型，在几何模型建好后，需要进行网格划分，获得节点、单元信息。而这些信息可以方便地为各类数值软件调用并进行计算。以常用的数值建模软件 Ansys 与岩土数值计算软件 Flac3d 为例，数值网格相互转化的命令流文件可如下所示：

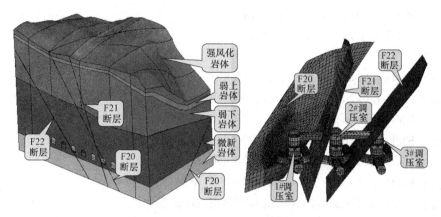

图 2.2-11　利用 Ansys 软件建立的复杂岩土几何模型

首先将 Ansys 建立的数值模型数据导出为文件（六面体 8 节点单元），Ansys 软件交互式操作非常方便，同时也可直接采用命令流模式进行操作。如采用下列命令，即可将软件建立的数值网格输出为 01＿node. dat 和 02＿ele. dat 文件。

```
/prep7
＊MSG,ui
ANSYS to FLAC3D，Geohohai201，Haitang，version＝060501！
NUMMRG,NODE，，，LOW
NUMMRG,ELEM，，，LOW
nsel,all
esel,all
node_1＝1
node_2＝2
node_3＝3
node_4＝4
node_5＝5
node_6＝6
node_7＝7
node_8＝8
ACLEAR,all！删除面单元,只保留体单元
NUMCMP,ALL！压缩节点号和单元号以及材料号
＊get,NodeNum,node,,NUM,MAX
＊get,EleNum,elem,,NUM,MAX
＊dim,NodeData,array,NodeNum,3
＊dim,EleData,array,EleNum,8
＊Dim,EleMat,array,EleNum,1,1
＊do,i,1,NodeNum
＊get,NodeData(i,1),node,i,LOC,x
```

```
*get,NodeData(i,2),node,i,LOC,y
*get,NodeData(i,3),node,i,LOC,z
*enddo
*vget,EleData(1,node_1),elem,1,NODE,node_1
*vget,EleData(1,node_2),elem,1,NODE,node_2
*vget,EleData(1,node_3),elem,1,NODE,node_3
*vget,EleData(1,node_4),elem,1,NODE,node_4
*vget,EleData(1,node_5),elem,1,NODE,node_5
*vget,EleData(1,node_6),elem,1,NODE,node_6
*vget,EleData(1,node_7),elem,1,NODE,node_7
*vget,EleData(1,node_8),elem,1,NODE,node_8
*vget,EleMat(1),ELEM,1,ATTR,MAT
! 写节点数据到文件
*CFOPEN,01_node,dat,d:\
*vwrite,
(';The node information file from ANSYS')
*vwrite, nodenum
%I
*vwrite,sequ,NodeData(1,1),NodeData(1,2),NodeData(1,3)
%I , %G , %G , %G
*cfclos
! 写单元数据到文件
*CFOPEN,02_ele,dat,d:\
*vwrite,
(';The element information file from ANSYS')
*vwrite, elenum
%I
*vwrite,sequ,EleData(1,1),EleData(1,2),EleData(1,3),EleData(1,4),EleData(1,
5),EleData(1,6),EleData(1,7),EleData(1,8), EleMat(1)
%I , %I , %I , %I , %I , %I , %I , %I , %I , %I
*cfclos
*MSG,ui
File is created in d:/ , Any question , please contact with shi chong !
```

然后，将得到的节点坐标文件与单元结构文件利用编程语言写成 FLAC3D（3.1 版本）的文件格式，如下所示为一个边长为 1 的六面体单元写成 FLAC3D 文件格式。

```
* FLAC3D grid produced by FLAC3D
* GRIDPOINTS
G     1    0    0    0      ;节点编号,节点坐标
G     2    1    0    0
```

```
G      3      1      1      0
G      4      0      1      0
G      5      0      0      1
G      6      1      0      1
G      7      1      1      1
G      8      0      1      1
* ZONES
Z B8     1  1  2  4  5  3  8  6  7   ;单元类型,单元编号,节点列表
ZGROUP   1         ;单元分组编号
           1         ;隶属改组的单元
```

如果将所建复杂模型的单元均按如上格式书写,即可利用 FLAC3D 打开并运行。在此基础上进行边界条件、物理力学参数、荷载施加,即可开展力学计算与分析。

当然,如果已经具有 FLAC3D 模型,同样可写入 ANSYS 软件,如上一个单元写成 ANSYS 默认的格式如下:

```
/PREP7            !进入前处理器
SHPP,MODIFY,1,5000
ET,1,SOLID45       !设定单元类型
ET,2,SOLID62
MP,EX,1,10.0E9
MP,PRXY,1,0.25
MP,DENS,1,2700
btol,0.1e-6
n,    1,       0.0000,        0.0000,        0.0000
n,    2,       1.0000,        0.0000,        0.0000
n,    3,       1.0000,        1.0000,        0.0000
n,    4,       0.0000,        1.0000,        0.0000
n,    5,       0.0000,        0.0000,        1.0000
n,    6,       1.0000,        0.0000,        1.0000
n,    7,       1.0000,        1.0000,        1.0000
n,    8,       0.0000,        1.0000,        1.0000
TYPE,  1
MAT,              1
REAL,
ESYS,         0
SECNUM,
e,    1,    2,    3,    4,    5,    6,    7,    8
```

由此可见,数值模型的建立与采用何种软件关系不大。只要了解数值网格的基本格式,熟悉不同软件默认的数据格式,即可方便地实现数值模型的转化。

不同计算软件功能不同,模型可导入导出,可为多种力学响应分析提供方便。如已有

数值模型为 FLAC3D，此时需要进行模型反应谱分析，可采用 Ansys 软件，此时利用上述方法即可方便地实现该功能。

2.3 利用 AUTOCAD 提取图元

DXF 文件是 AUTOCAD（Drawing Interchange Format 或者 Drawing Exchange Format）绘图交换文件。DXF 是 Autodesk 公司开发的用于 AUTOCAD 与其他软件之间进行 CAD 数据交换的 CAD 数据文件格式。许多岩土计算软件均可借助 DXF 文件进行建模与分析。因此了解该文件的基本结构，对于进行复杂岩土计算非常必要。

2.3.1 DXF 文件结构

DXF 是一种开放的矢量数据格式，可以分为两类：ASCII 格式和二进制格式。ASCII 具有可读性好的特点，但占有空间较大；二进制格式则占有空间小、读取速度快。由于 AUTOCAD 是现在最流行的 CAD 系统，DXF 也被广泛使用，成为事实上的标准。绝大多数 CAD 系统都能读入或输出 DXF 文件。

DXF 文件是由很多的"代码"和"值"组成的"数据对"构造而成，这里的代码称为"组码"（group code），指定其后的值的类型和用途。每个组码和值必须为单独一行的。

DXF 文件被组织成为多个"段"（section），每个段以组码"0"和字符串"SECTION"开头，紧接着是组码"2"和表示段名的字符串（如 HEADER）。段的中间，可以使用组码和值定义段中的元素。段的结尾使用组码"0"和字符串"ENDSEC"来定义。

ASCII 格式的 DXF 可以用文本编辑器进行查看。DXF 文件的基本组成如下所示：

（1）HEADER 部分：图的总体信息，每个参数都有一个变量名和相应的值。

（2）CLASSES 部分：包括应用程序定义的类的信息，这些实例将显示在 BLOCKS、ENTITIES 以及 OBJECTS 部分。通常不包括用于充分与其他应用程序交互的信息。

（3）TABLES 部分：这部分包括命名条目的定义。

1）Application ID（APPID）表；

2）Block Record（BLOCK_RECORD）表；

3）Dimension Style（DIMSTYPE）表；

4）Layer（LAYER）表；

5）Linetype（LTYPE）表；

6）Text style（STYLE）表；

7）User Coordinate System（UCS）表；

8）View（VIEW）表；

9）Viewport configuration（VPORT）表。

（4）BLOCKS 部分：包括 Block Definition 实体用于定义每个 Block 的组成。

（5）ENTITIES 部分：绘图实体，包括 Block References 在内。

（6）OBJECTS 部分：包括非图形对象的数据，供 AutoLISP 以及 ObjectARX 应用程序所使用。

（7）THUMBNAILIMAGE 部分：包括 DXF 文件的预览图。

（8）END OF FILE。

而针对实体部分（ENTITIES），该部分内容包含了所绘制图形的所有数据。如定义圆的数据为圆心坐标和半径，其格式如下：

```
0                 !!!!!  表明下面一行为实体的名称
CIRCLE            !!!!!  实体名称
8                 !!!!!  下一行为图层
0                 !!!!!  图层号
10                    !!!!  下一行为圆心 x 坐标
2.467817617883346     !!!!  圆心 x 坐标
20                    !!!!  下一行为圆心 y 坐标
3.4045150281189129    !!!!  圆心 y 坐标
30                    !!!!  下一行为圆心 z 坐标
0.0                   !!!!  圆心 z 坐标
40                    !!!!  下一行为半径
0.9800830368085204    !!!!  半径值
```

类似地，可以定义圆弧、直线、3DFACE、POLYLINE 等数据。这些图元的基本要素可在 AUTOCAD 中建立一个实体图元，然后存储为 R12 格式的 DXF 文件，采用文本或者 Ultredit 格式打开，即可深入了解实体内部要素构成。

总之，这些数据可以通过编程将其提取出来用于其他用途，利用图形的数据用来生成加工代码，以进行数控系统的开发。

2.3.2 DXF 文件写入函数库

为了方便地将 Auto CAD 图元与数值模型几何元素建立联系，采用 Fortran6.5 编制了常用 DXF 文件图元的写入代码如下：

其中任意的 R12 格式 DXF 文件，必须以头文件开始，尾文件结束，其调用形式如下：

Open(n_file,file='＊＊＊.＊＊＊',status='unknown')   !!!! 打开文件，＊＊＊.＊＊＊为文件名与后缀

Call head1(n_file)   !!!!! 文件头

………图元输出……（可以是直线、圆、多段线、3DFACE 面等）

Call endfile1(n_file)   !!!!! 文件尾

为了说明这一过程,采用 Fortran 语言编写常见的书写子函数如下:

```
subroutine head1(n_file)              !!!!! AUTOCAD DXF 文件 头文件书写子函数
    WRITE(n_file,'(a3/A7)')'0','SECTION'
    WRITE(n_file,'(a3/A8)')'2','ENTITIES'
    RETURN
ENDsubroutine
SUBROUTINE ENDFILE1(n_file)                                    !!!!!! 尾文件
integer n_file
    WRITE(n_file,'(a3/A6)')'0','ENDSEC'
    WRITE(n_file,'(a3/a3)')'0','EOF'
```

```
       CLOSE(n_file)
       RETURN
ENDsubroutine
subroutine circle(x0,y0,z0,r,m_color,JJ,n_file)        !!!!!! 在 cad 中输出一个圆
implicit none
integer n_file,m_color,jj,nnnn,mc
real x0,y0,z0,r
       nnnn＝m_color/250
mc＝m_color-nnnn*250
       WRITE(n_file,'(A3/A6)')'0','CIRCLE'
IF(jj. LT. 10) WRITE(n_file,'(a3/i1)')'8',jj
IF(jj. GE. 10. AND. jj. LT. 100) WRITE(n_file,'(a3/i2)')'8',jj
IF(jj. GE. 100. AND. jj. LT. 1000) WRITE(n_file,'(a3/i3)')'8',jj
IF(jj. GE. 1000. AND. jj. LT. 10000) WRITE(n_file,'(a3/i4)')'8',jj
       if(mc. lt. 10)WRITE(n_file,'(a3/i1)')'62',mc
IF(mc. GE. 10. AND. mc. LT. 100) WRITE(n_file,'(a3/i2)')'62',mc
IF(mc. GE. 100. AND. mc. LT. 1000) WRITE(n_file,'(a3/i3)')'62',mc
IF(mc. GE. 1000. AND. mc. LT. 10000) WRITE(n_file,'(a3/i4)')'62',mc
WRITE(n_file,'(A3/F11. 4)')'10',X0
WRITE(n_file,'(A3/F11. 4)')'20',Y0
WRITE(n_file,'(A3/F11. 4)')'30',Z0
WRITE(n_file,'(A3/F11. 4)')'40',r
endsubroutine circle
```

2.3.3　DXF 文件读出

在 AUTOCAD DXF 文件中的图元,也可借助程序将数据传递到数组中,以用于数值模型的构建。在此以读取 AUTOCAD 中的等高线为例,其子函数可为如下所示:

```
subroutine read_pline3d(npl,np,mat,xyz,filename) ! 读取 filename 文件中的 poly-
line
    real,intent(in out)::xyz(:,:,:)
    integer,intent(in out)::npl,np(:),mat(:)
    character*20,intent(in)::filename
    Character*20 aa0,aa1,aa3
800     FORMAT (A20)
npl＝0
np(:)＝0
OPEN (10,FILE=filename,STATUS='OLD') !!!!
801     read(10,800,end=900)aa1
if(aa1(1：8). ne. 'POLYLINE') goto 801
802     if(aa1(1：8). eq. 'POLYLINE')then
```

28

```fortran
      npl=npl+1                          !!!!!!!! 多段线计数
803   read(10,800,end=900)aa0
      if(aa0(1:3).ne.'  8') goto 803
      if(aa0(1:3).eq.'  8') read(10,*,end=900)nnn
      mat(npl)=nnn      !!!!!!!!!!!!!!!!!!!!!!!!!!!! 围成的区域--材料号
!     write(*,*)npl,nnn
804   read(10,800,end=900)aa1
      if(aa1(1:8).eq.'POLYLINE') goto 802      !!!! 若为新线
      if(aa1(1:6).ne.'VERTEX')   goto 804      !!!! 若不是点继续读取
      if(aa1(1:6).eq.'VERTEX') then            !!!! 读点
      np(npl)=np(npl)+1                    !!!! 该线点数目增加1
805   read(10,800,end=900)aa0!
        if(aa0(1:3).eq.'10') then
          read(10,*)x0
          else
          goto 805
          write(*,*) 'erro...x coordination is wrong......!'
        endif
        read(10,800,end=900)aa0
        if(aa0(1:3).eq.'20') then
          read(10,*)y0
        else
          write(*,*) 'erro...y coordination is wrong....!'
        endif
        read(10,800,end=900)aa0
        if(aa0(1:3).eq.'30') then
          read(10,*)z0
        else
          write(*,*) 'erro...z coordination is wrong......!'
        endif
        xyz(np(npl),1,npl)=x0       !!!! 该线点数目增加1
        xyz(np(npl),2,npl)=y0
        xyz(np(npl),3,npl)=z0
        goto 804
      endif
      endif    !!!!!!!!!!!!!!!!!!! 多段线判断结束
      if (np(npl).gt.1000)write(*,*)'单条等高线点数目超出'
      goto 801
900   write(*,*)'------------等高线读取完毕,共',npl,'条----------'
```

```
do i=1,npl
x1=xyz(np(i),1,i);y1=xyz(np(i),2,i)
x0=xyz(1,1,i);y0=xyz(1,2,i)
dd=sqrt((x1-x0)**2+(y1-y0)**2)
if (dd. lt. 1e-4)np(i)=np(i)-1
enddo
close(10)
return
endsubroutine
```

其他图元也可采用类似的方法进行，如直线、圆、等值线、多段线、三维面等。如果对相应图元的数据格式不熟悉，可在 AUTOCAD 中绘制一个图元，然后存储为 DXF 文件，用文本格式打开，即可了解该图元的书写格式。

应注意的是，以上图元书写格式，在不同的版本的 DXF 文件中是有差异的，在程序实现时应统一版本。

2.3.4 利用 AUTOCAD 进行模型展示实例

利用前述写入 AUTOCAD 子函数，在平面内采用栅格控制，每个栅格点的高程利用插值得到，然后利用高程控制栅格点所围面域（3DFACE）颜色，则可方便地将地形写成 DXF 文件。利用 AUTOCAD 打开后，进行着色渲染处理，即可形成如图 2.3-1 所示空间边坡模型图。

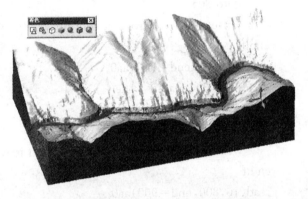

图 2.3-1 利用 AUTOCAD 进行边坡地表显示

由于 AUTOCAD 是工科学生最为熟悉的绘图工具，掌握简单的图元提取与书写格式，即可方便地进行编程实现，从而为岩土计算、数值分析提供必要的几何模型构建条件。

2.4 网格模型构建

将低级图元导入 Ansys/Hypermesh 等，然后利用软件辅助建立数值网格，再导入不同软件，即可进行计算。

2.4.1 数值网格

有限单元法、有限差分法等连续数值计算是复杂土木工程分析的重要工具，在力学计算与分析中有举足轻重的作用。数值网格剖分是将工作环境下复杂物体离散成简单单元的过程。常用的简单单元包括：一维杆元及集中质量元、二维三角形、四边形元、三维四面体元、五面体元、六面体元。它们的边界形状主要有直线形、曲线形和曲面形。对于边界为曲线（面）形的单元，要求各边或面上有若干点，以保证单元的形状，同时又可以提高求解精度、准确性及加快收敛速度。单元最佳形状是正多边形或正多面体，良好的剖分之间应有良好的过渡性，单元之间过渡应相对平稳，否则将会影响结果的准确性或导致计算不下去。在几何尖角、应力温度变化大的位置网格应密集，其他部位应较稀疏，这样可保证计算结果较为精确。

2.4.2 模型正确性验证思想

在复杂条件下如大坝坝肩、大型地下洞室、复杂构件的模型构建中，由于构筑物的复杂几何条件、结构面空间交切关系影响，人为操作过程中稍有不慎即可能导致模型出现错误，使计算结果失真，甚至无法计算。

为了搞清错误的来源，普通的方法是从点-线-面建模历程中进行检查，且要按照一定的顺序进行检查，如沿着模型的坐标轴方向逐点、逐线、逐面检查。若模型存在多处错误需逐项排除，多次反复，对于简单的有限元模型相对容易。若有限元几何图元较多，模型节点、单元数目上万甚至几十万、上百万，采用人工遍历的模型查错方法就显得力不从心，不仅耗费大量的时间，多次的返工还会造成研究工作者失去耐心。

对于复杂几何模型，将这些由于操作失误导致的错误显示出来以便于修改与纠错，是十分困难的事情。因此本节基于六面体连续数值模型，通过数据索引结构，建立了一种快速寻找错误，并利用 AUTOCAD 进行错误显示的方法。并通过案例进行了有效性验证，是现有连续数值模型前处理的有效补充。

2.4.3 连续数值模型的数据索引结构

连续数值模型（三维）是将复杂的几何地质体通过共用二维图元（二维问题为一维图元）划分为多个区域，然后对每个区域进行有限网格划分，赋予不同属性后模拟外力作用下的系统响应。本节基于已划分好的有限网格信息，对地质体采用六面体（或退化的六面体、四面体）进行网格剖分。

对已剖分网格的数值模型信息进行归类，得到节点信息和单元结构信息，包括节点（np）和单元数目（ne）、节点坐标、单元结构形状、由节点编号构筑成的单元索引信息等。

连续数值模型通过节点坐标，单元索引信息，使得各单元间进行力的传递与作用。其中如图 2.4-1 所示六面体单元是最常见的一种单元形式，每个 6 面体 8 节点有限元网格对象可画出如图 2.4-2 所示空间单元体。规定编号顺序遵循先下后上和逆时针顺序，则单元结构由局部节点编号构筑可写为：12345678，并由单元节点的全局编号得其空间位置。该单元可以有多种退化形式，退化单元通过重复节点仍由 8 节点构成，如图 2.4-2 所示三棱柱单元 3-4，7-8 共节点，因此网格结构可退化为 12335677。图 2.4-3 为四面体单元 3、4 节点重合，5678 四点重合，其网格结构退化为 12335555。其他类型的六面体退化单元以此类推。

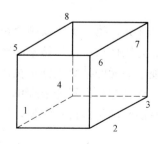

图 2.4-1 六面体单元

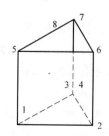

图 2.4-2 三棱柱单元

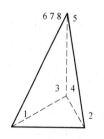

图 2.4-3 四面体单元

每个体单元可视作由 6 个面元构成，对图 2.4-1 中 6 面体单元结构进行拆分可得 6 个空间面元结构。对每个面元按照顺序编号可写为：①1234、②1562、③2673、④1485、⑤3784、⑥5876，逆时针或顺时针顺序均可。图 2.4-2 和图 2.4-3 为退化三棱柱单元、四面体单元等形式，也可采用以上方法表示。则 ne 个单元可划分为 6 ∗ ne 个面元。

在 6 ∗ ne 个面元中首先进行面积检索，找到面积为零的面元（即退化为直线或点的面元），设为 n0 个，标记不参加查错。

根据空间节点坐标矩阵，搜索出 x 方向最小、最大边界坐标 xmin、xmax；y 向最小、最大边界坐标 ymin、ymax；z 向最小最大边界坐标 zmin、zmax。设置一较小容差（tol≈0.01），在 6 ∗ ne-n0 个剩余面元中进行检查，若面元上 4 个节点的坐标与 xmin 之差小于容差，表明该面元为模型左边界。相似得出右边界、前边界、后边界及模型底边界，若 z 向正方向非自由表面也可得出上边界。设符合边界检索的面元数目为 n1 个，标记不参加查错。

在剩余的 6 ∗ ne-n0-n1 个面元中，若某一面元被两个及以上单元公用，如图 2.4-4 (a) 所示，2376 面元为两单元公用，则该面元为单元间正常连接，不需参与下一步查错。若某一四边形面元与两三角形面元属性相同，如图 2.4-4 (b) 所示，则也可视为正常连接（这在数值模拟中是允许的）。分析每个面元的属性，若该属性为两个及以上单元共有，则该面元的属性无错误，不需参与查错。

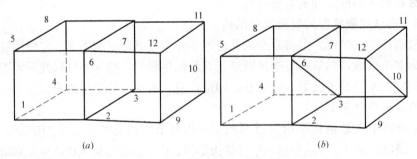

图 2.4-4 正确的单元联结关系

面元检查完成后，所有公用面元与独享面元即被区分开。检查独享面元的分布并输出到 AUTOCAD 中，对错误进行归类、定位，依据错误修改模型。

2.4.4 错误几何索引特征与显示

通常，在数值建模过程中，最容易出现的错误可分为如下五类：

①建模时块体和块体之间不共面；②某一块体未划分网格；③模型单元手动编号时，单元节点编号不合有限元规则；④边界条件不一致；⑤非节理位置出现类似节理面分布的面元。

在这些错误中，第一类错误将会在各自面间产生一系列独享面元；第二类错误则会在未划分体的边界上产生独享面元；第三类错误由于规则不同，面元属性与正常连接不同产生独享面元；第四类错误则会造成部分边界面元缺失，或部分独享面元的某个坐标不在边界上；而第五类错误会在相邻几何体接触边界上产生独享面元，如其非预设置的节理单元应视为错误。以上五类问题均会产生独享面元，因此只要将独享面元的位置进行定位，根据这些独享面元属性，提示单元错误原因，即可进行归类。

完整的独享面元搜索技术路线如图 2.4-5 所示。

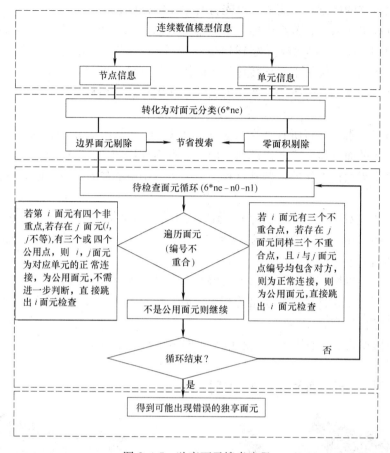

图 2.4-5　独享面元搜索流程

2.4.5　正确图元输出案例分析

某水电站调压井工程区复杂结构三维有限元模型查错分析，模型包括微新岩体、弱风化下层岩体、弱风化上层岩体、强风化岩体、断层 F20、F21、F22 等岩层。地下构（建）筑物包括 3 个调压井、3 条尾水隧道、9 条尾水隧洞、连通上室等，示意图如图 2.4-6 所示。在初次建模完成后采用数值软件试算无法通过，系统提示局部变形过大，疑似模型存在问题。

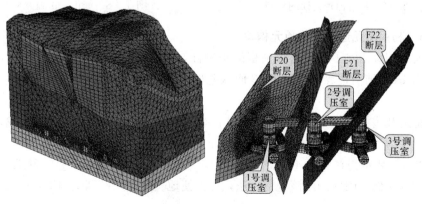

图 2.4-6　拟建数值模型

采用以上建立的模型查错流程，首先将有限元网格信息归类为节点信息和单元结构信息，包括节点和单元数目、节点坐标、单元结构形状、由节点编号构筑单元结构的信息。总节点数目为38954，总单元数目为184336。

将四面体单元、三棱柱单元均转化为6面体8节点单元形式。将每个6面体8节点单元拆分为6个空间面元，分析每个面元的属性，并剔除具有明显特征的面元（零面积及边界面元）。

进行网格自检索。并将所有独享的面元写到CAD文件中3DFACE中。为方便显示，隐去前后边界上的面，显示模型内部独享面元信息出现如图2.4-7所示独享面元。经检查为建模时材料交界面存在误差，两种材料间产生了0.1m左右的孔隙，由划分网格时不共面引起。

对模型修改，对原模型产生独享面元位置的空间面坐标进行校核，使交界面网格共面。修改后重新采用本文所提方法进行查错，得到无错误信息的检查结果如图2.4-8所示。查错共耗时35min。

经检查无错误的网格，在计算后不会因几何模型错误造成计算结果失真，保证了力学分析计算与材料力学特性、网格质量等相关，而不受人工建模误差影响。采用该方法对连续数值模型查错的优点在于：

（1）对地质模型进行有限分割，然后基于网格结构信息自动检索，克服了人工查错费时费力的困难；

（2）节约时间，模型越复杂，节约时间越多。

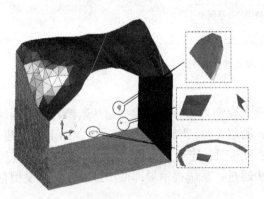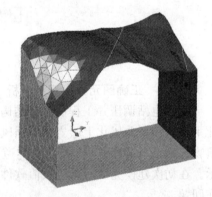

图2.4-7　检查出现错误的模型　　　　　　图2.4-8　修正后正确模型查错信息

2.4.6　利用图元进行结构单元构建

以上模型的查错除了验证连续模型的正确性，同时也将数值模型的边界条件显示出来，见图2.4-8（前后边界图元隐去）。而这些图元正是构成边界条件的三角形（或四边形）面。

如果将这些边界面在AUTOCAD内进行显示，获取空间点与数值模型的对应关系，即可利用这些边界面进行水压力的施加、锚杆索单元的施加。

如图2.4-9所示为在图2.4-6模型基础上，搜索出地下洞室的边界，分别施加衬砌、锚杆、锚索的实例。因此利用该查错方法，可方便地实现复杂模型结构单元的构建及计算进程的控制。

注释：二维数值模型也可采用同样原理进行实现，只是其图元要小一维度。

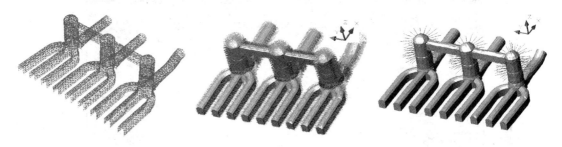

(a) 利用模型控制边界
施加衬砌结构单元

(b) 利用图元施加系统锚杆

(c) 利用图元施加锚索

图 2.4-9　利用图元控制添加结构单元示例

2.5　计算结果的前后处理

虽然目前的岩土计算软件均带有一定的后处理功能，但是对复杂的计算结果，有时软件功能不完善，无法得到想要的结果（如等值线、云图、趋势图的组合展示等），这就需要借助后处理软件进行。另一方面，了解了后处理数据的结构，也有利于自编程序及分析数据的美化展示。

2.5.1　利用 Tecplot 处理数据

Tecplot 是 Amtec 公司推出的一个功能强大的科学绘图软件。它提供了丰富的绘图格式，包括 x-y 曲线图、多种格式的 2-D 和 3-D 面绘图格式。软件易学易用，界面友好。

（1）界面使用

在 windows 操作系统中启动 Tecplot 软件极为简单，可以从开始按钮或者直接从桌面的快捷图标直接启动。

从开始按钮启动步骤如下：

① 单击开始按钮，并选择程序；

② 选择 Tecplot 文件夹；

③ 单击 Tecplot。

随着启动标志的加载完成，Tecplot 窗口出现，窗口如图 2.5-1 所示：

图 2.5-1 为没有加载任何数据的情况下 Tecplot 的开始界面。界面共可以分成四个区：菜单条、工具栏、工作区和状态栏。

1）菜单栏

菜单栏如图 2.5-1 所示，通过它可以使用绝大多数 Tecplot 的功能，它的使用方式类似于一般的 windows 程序是通过对话框，或者二级窗口来完成的。

Tecplot 的功能都包含在如下菜单中：

① File：进行文件的读写、打印、输出曲线、记录宏、设定记录配置、退出。

② Edit：进行剪切、复制、黏贴、清除、上提与下压显示顺序修改数据点等功能。

③ Tecplot 的剪切、复制和黏贴只在 Tecplot 内部有用。如果想和 windows 的其他程

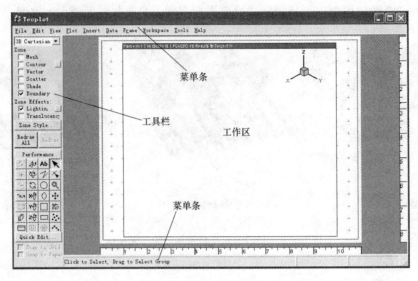

图 2.5-1　Tecplot 运行界面

序交换图形，可以用 copy plot to clipboard 功能。

④ View：用来控制观察数据位置，包括比例、范围、3-D 旋转，还可以用来进行帧之间的黏贴。

⑤ Axis：控制 XY、2D、3D 帧模式。

⑥ Field：用来控制 XY、2D、3D 帧模式中的网格，等值线、矢量、阴影、流线、3-D 等值面、3-D 切片、边界曲线等。

⑦ XY：控制 X-Y 曲线绘制。

⑧ Style：控制文本，几何体（多线、圆、矩形、椭圆、正方形），数据标签，空格等功能。

⑨ Data：用来创建、操纵、检查数据。在 Tecplot 中可以进行的数据操作包括：创建区域、插值、三角测量以及创建和修改由类似 Fortran 公式所创建的数据。

⑩ Frame：用来创建、编辑、控制帧。

⑪ Workspace：用来控制工作区的属性，包括色彩图例、页面网格、显示选项和标尺。

⑫ Tools：用来快速运行宏，可以定义、创建或者创建简单的动画。

⑬ Help：用来打开帮助文档。

2）工具栏

通过 Tecplot 的工具栏，可以进行经常用到的画图控制。许多工具的外形类似于要进行工作的性质。另外还可以控制帧的模式，活动帧和快照模式。

① 帧模式

帧模式决定了当前帧显示的图形格式。包括 3D、2D、XY line 等。

② 区域/图形层

该选项决定了帧显示数据的格式。完全的绘图内容包括所有的图层、文字、几何形状，以及添加于图形基本数据其他因素。

③ Mesh（网格）：网格区域层用线连接数据点。

④ Contour（云图/等值线）：等值线区域层绘制等值线，可以是线或者常值或线间的区域或者两者都有。

⑤ Vector（矢量）：绘制数值方向与大小。

⑥ Scatter（散点）：在每一个数据点绘制符号。

⑦ Shade（阴影）：用指定的固体颜色对指定区域进行着色，或者对 3D 绘图添加光源。

⑧Boundary（边界）：对于指定区域绘制边界。

3）重画按钮

Tecplot 并不在每次图表更新后都自动重画，除非选择自动重画。用 redraw 按钮可以手动更新。

4）工具按钮

每一个工具按钮都有相应的鼠标形状。共有 28 种，12 类。如图 2.5-2 和图 2.5-3 所示。

5）状态栏

Tecplot 窗口底部的状态栏，在鼠标移动过工具栏时会给出帮助提示。工具栏的设定可以在 file->preferences 中设定。

6）工作区

工作区是进行绘图工作的区域。绘图工作都是在帧中完成的，类似于操作一个窗口。在默认情况下，Tecplot 显示网格和标尺。所有的操作都是在当前帧中完成的（图 2.5-4）。

（2）2D 和 3D 图形的绘制

在数据文件的文件头中，Tecplot 文本框头显示一个题头，可以以"Title＝＊＊＊"来开头，然后以双引号括住题头名。也可以为每一个变量重新定义一个名字，一般格式以"Variables＝"来开头，然后以双引号括住每个变量名。引用的变量名之间应以空格符隔开，再分别对有限元点的个数，有限元的个数进行定义，例如：

Title＝"Simple mesh"

Variables＝"X"，"Y"，"Z"

Zone I＝5　J＝4　F＝POINT

对于有限元数据，必须用有限元点或有限元块的格式，以大量的数值来进行描述。以"I＝点的个数"这个参数来描述点的数目，而以"J＝元的个数"这一参数来描述有限元的个数。可以用 ET 参数来规定有限元的形状，例如三角形或四边形。

Tecplot 可以识别几种不同的数据格式，包括有结构的、无结构的、一维的图形。Tecplot 用一种叫做"preplot"的程序把 ASCII 码文件转化成为二进制文件。Tecplot 对于曾用 preplot 或程序转化过的二进制文件是可以识别的。数据域被划分成两个逻辑区，其中一个区是点数据，用来定义每一个变量参数在数据点上的值；第二个逻辑区是一个连通的列表，用来定义这些点是如何衔接形成有限元的，在这一区中的行数必须符合之前定义的有限元的个数值，且每一行用来定义一个单元，每一行点的个数取决于在 ET 参数中设置的有限元的形状。现分别讨论有结构数据和无结构数据：

1）有结构数据

有结构数据可以是一维、二维或三维的，以二维的数据格式为例，其他的类似。

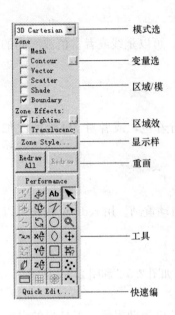

图 2.5-2 工具栏

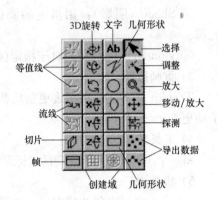

图 2.5-3 工具栏与鼠标模式

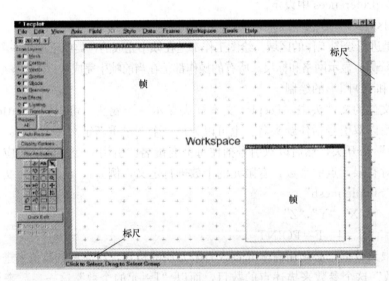

图 2.5-4 工作区界面

Title="sample mesh"

Variables="x","y","z"

Zone I=5,j=4, DATAPACKING=point

2.000000 5.000000 −19.178485

4.000000 7.000000 26.279464

6.000000 9.000000 24.727109

8.000000 11.000000 −79.999217

10.000000 13.000000 42.016704

2.000000 8.000000 19.787165

4. 000000 10. 0000000 −21. 760844

6. 000000 12. 000000 −32. 194375

8. 000000 14. 000000 79. 248588

10. 000000 16. 000000 −28. 790332

2. 000000 11. 000000 −19. 999804

4. 0000000 13. 000000 16. 806681

6. 000000 15. 000000 39. 017270

8. 000000 17. 000000 −76. 911799

10. 000000 19. 000000 14. 987721

2. 000000 14. 000000 19. 812147

4. 000000 16. 000000 −11. 516133

6. 000000 18. 000000 −45. 059235

8. 000000 20. 000000 73. 035620

10. 000000 22. 000000 −0. 885131

文件头中"zone I＝5，j＝4，DATAPACKING＝point"表示在这个网格图中共有20个点（5＊4）。第一行表示第一个点对应的 x，y，z 的值。如果把"f＝point"改成"f＝block"，那么 Tecplot 会先期待所有关于 x 的值，接着是 y、z。以下是关于"f＝block"的数据格式：

title＝"sample mesh"

variables＝"x"，"y"，"z"

zone I＝5,j＝4，DATAPACKING ＝block

2. 000000 4. 000000 6. 000000 8. 000000 10. 000000

2. 000000 4. 000000 6. 000000 8. 000000 10. 00000

2. 000000 4. 000000 6. 000000 8. 000000 10. 000000

2. 000000 4. 000000 6. 000000 8. 000000 10. 000000

5. 000000 7. 000000 9. 000000 11. 000000 13. 000000

8. 000000 10. 000000 12. 000000 14. 000000 16. 000000

11. 000000 13. 000000 15. 000000 17. 000000 19. 000000

14. 000000 16. 000000 18. 000000 20. 000000 22. 000000

-19. 178485 26. 279464 24. 727109 −79. 999217 42. 016704

19. 787165 −21. 760844 −32. 194375 79. 248588 −28. 790332

-19. 999804 16. 806681 39. 017270 −76. 911799 14. 987721

19. 812147 −11. 516133 −45. 059235 73. 035620 −0. 885131

2）无结构数据

Tecplot 可以读入无结构 ASCII 码数据。此数据可以是二维的或三维的。以下是一个简单的数据文件：

Title＝"sample finite-element data"

Variables＝"x"，"y"，"a"，"b"

Zone n＝5,e＝4，DATAPACKING＝point，ZONETYPE＝FETRIANGLE

```
0.0 0.0 1.0 2.0
-1.0 -1.0 0.0 2.2
-1.0 1.0 0.0 3.0
1.0 1.0 0.0 3.4
1.0 -1.0 0.0 1.1
1 2 3
1 3 4
1 4 5
1 5 2
```

在这个例子中，有限元是三角形，也可以设置成其他的形状。"n＝5，e＝4"表示有5个点和4个三角形。对每个点都有与之相关的4个数字。"DATAPACKING＝point"意味着数据文件中的点是如下排列的：

x y a b

x y a b

x y a b

这表示用一行来描述一个点，且每行包含4个数值。如果用"DATAPACKING＝block"来代之，那么Tecplot会先期望关于x的值，然后是y和z的，如下所示：

x x x x...x

y y y y...y

a a a a...a

b b b b...b

其中可用于定义有限元单元的ZONETYPE关键字有FELINESEG（线单元）、FE-TRIANGLE（三角形）、FEQUADRILATERA（四边形）、FETETRAHEDRON（四面体）与FEBRICK（六面体）。

（3）图形显示

某边坡数值模型导入Tecplot后如图所示。它可在左侧工具栏中勾选显示的选项，如网格（mesh）、云图（contour）、变形矢量（vector）、散点（scatter）、阴影（shade）、边界（Boundary）及显示效果等。其中Contour右侧的选项可设置见图2.5-5（a）设置工作栏中显示的变量。

选择显示样式（zone style），可设置显示的云图类型，如图2.5-5（b）所示。可选择等值线、云图、等值线＋云图等。然后在工具栏下方的工具选项中选择等值线按钮，点击位于工具栏下方的Tool details按钮，则进入详细样式设置界面（图2.5-6），在该界面可设置数值等值线水平、颜色、等值线、等值线标注、云图示例等。

其中通过levels可设置显示数据的范围，Legend显示不同颜色代表的数值范围。图2.5-6左侧图labels可设置字体大小，右侧可设置示例图水平还是垂直。设置后调整显示的角度，可得如图2.5-7所示云图，等值线＋云图。

Tecplot可方便地进行切面显示，如图2.5-8所示。在Data下拉菜单中选择slice from plane，通过利用x、y、z坐标或三点定面来确定切面的位置。可方便地把整体和截面的数据以单元形式存于列表中，可自由选择和组合多个单元出图（如图2.5-9所示）。

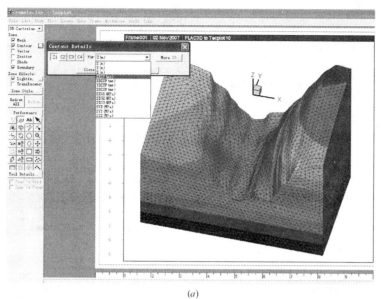

(a)

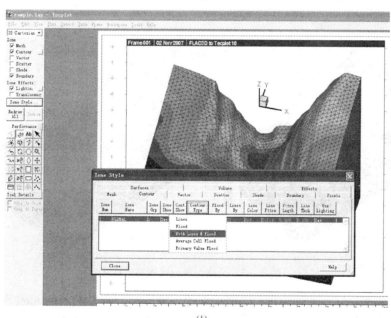

(b)

图 2.5-5 导入的数值模型

2.5.2 利用 surfer 处理数据

（1）软件简介

Golden Software Surfer 8.0 是美国 GOLDEN 软件公司在 Windows 操作环境下开发的二维和三维图形绘制软件。具有强大的绘图能力，能将离散数据经过插值生成规则的格网数据，能够绘制丰富多彩的等值线图、3D 立体图、矢量图、影像图、阴影地貌图、地貌云渲图等，而且能很方便标注、修改绘制好的图件。其具有简单的数学运算、数据统计、平滑、滤波、微分、积分、傅立叶和谱分析等多种数据分析功能。它也具有趋势面分

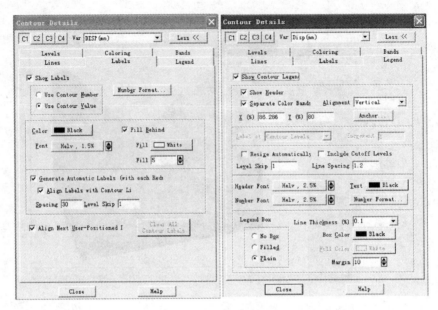

图 2.5-6　显示效果设置

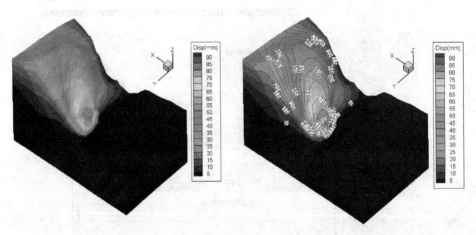

图 2.5-7　云图与等值线图显示样式

析、体积、面积计算、地形分析、剖面计算等三维空间分析功能。Golden Software Surfer 8.0 是科技工作者特别是地学研究人员必备的软件。

软件对中、小离散数据进行插值处理具有绝对的优势。正是因为其强大的插值功能，已经使它成为用来处理数据首选的软件，它能迅速地将离散点的测量数据通过插值转换为连续的数据曲面。软件提供了 12 种插值方法：反距离加权插值法、克里金插值法、最小曲率法、改进谢别德法、自然邻点插值法、最近邻点插值法、多元回归法、径向基函数法、线性插值三角网法、移动平均法、局部多项式法和数据度量法（图 2.5-10）。

（2）软件使用

1）软件界面

Surfer 软件具有两种工作界面：Worksheet 界面和 plot 界面。Worksheet 界面包括数

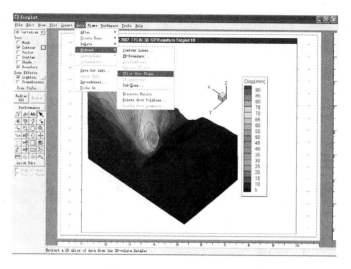

图 2.5-8　Tecplot 切片设置

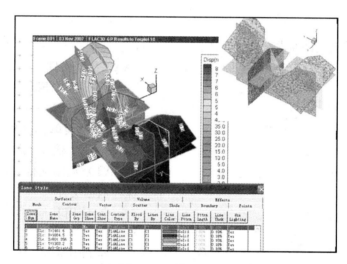

图 2.5-9　剖面图显示

据文件的建立、打开、保存、统计等。plot 界面包括网格文件处理和图形绘制。

软件运行后进入默认的 Plot 界面（图 2.5-11）。

2）建立 XYZ 数据文件

一个 XYZ 数据文件至少包含三列数据：其中两列数据为数据点的 X 坐标和 Y 坐标值，第三列数据为对应数据点的 Z 值。Z 值一般代表具有特定意义的数值，为分析处理和绘制可视化图形的数据列，例如数据点的高程值或者降水量、温度、化学元素浓度等。

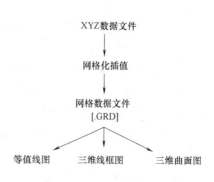

图 2.5-10　利用 surfer 处理数据与绘图基本流程

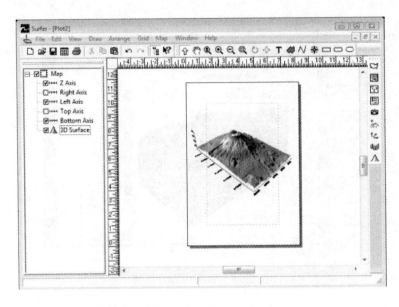

图 2.5-11　Plot 界面

建立 XYZ 数据文件通常有两种方法：

① 使用 Surfer 软件中 Worksheet 电子表单建立 XYZ 数据文件（图 2.5-12）

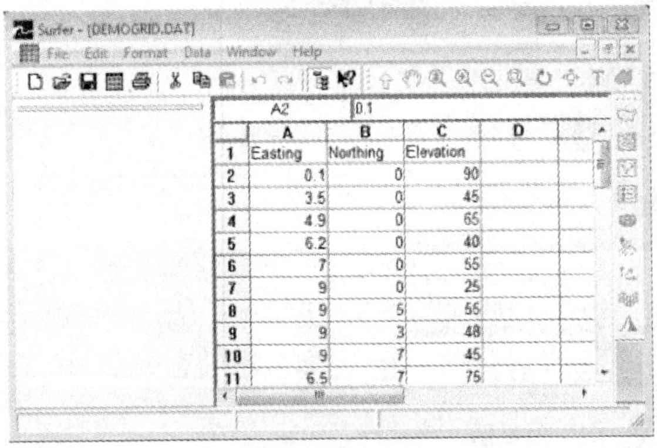

点击菜单 File＞New，在弹出对话框中选择 Worksheet，进入 Worksheet 电子表单。在 Worksheet 电子表单中可以输入数据、建立 XYZ（.DAT）数据文件、也打开、编辑和保存数据文件。

图 2.5-12　数据格式

② 使用其他办公软件（如 Office Excel）

在 Office Excel 软件中导入和编辑数据，将编辑后的数据保存为 ASCII 文本文件格式即可。

注意：数据文件中每一行数据为一个数据点数据，其中第一行为文本标识。同一行数据间可用逗号或空格间隔。

3）建立 GRID 网格文件

Surfer 由 GRID 网格数据文件绘制等高线图和三维曲面图。获取的原始数据通常为非均匀网格分布的离散数据。Surfer 重要的一个功能就是处理原始 XYZ 数据文件，通过插值算法，生成绘图所需的 GRID 网格数据文件。

点击菜单 Grid＞Data，打开 XYZ 数据文件（.DAT 或者 .TXT 文件），打开 Grid Data 对话框（图 2.5-13）。其中：

① "Data Columns" 为选择要进行网格化插值的数据列。在 X 和 Y 选择框中分别选择 X 坐标和 Y 坐标数据列；Z 选择框中选择需要网格化插值和绘制图形的数据列。

②"Griding Method"为选择插值方法。可用选择距离平方反比法（inverse distance to a power）或 Kriging 等 12 种插值方法。通过插值计算，生成均匀网格化的数据。

③"Output Grid File"为生成的 GRID 网格数据文件的保存路径及文件名。

④"Grid Line Geometry"为设置生成网格数据的数据范围及网格间距。通过调整"Spacing"可获得更加密的网格数据。可设置"X Direction"和"Y Direction"的最小值和最大值。可以获得所需要的范围内的网格数据。例如，将图中的数据范围设置为 0～50 的范围。

⑤"Filter Data"为通过设置过滤条件，可过滤掉原始 XYZ 数据文件中不需要的异常数据。

⑥"View Data"为查看原始 XYZ 数据。

⑦"Statistics"为查看原始 XYZ 数据的统计信息。例如每一列数据的最大、最小值，平均值及方差等。

4）绘制等高线

点击菜单 Map＞Contour Map＞New Contour Map，在文件框中选择先前创建的 GRID 网数据文件（.GRD）。点击"OK"创建等高线图（图 2.5-14）。

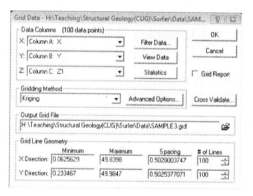

图 2.5-13　数据导入　　　　　　　图 2.5-14　等高线绘制

在 Plot 软件界面左侧的对象管理器中，鼠标双击等高线图或坐标轴名，弹出相应的属性对话框，并设置绘图属性。勾选选择框则改变该对象显示或隐藏属性。

设置等高线圆滑度：鼠标双击等高线对象，则弹出"Contours Properties"属性设置对话框（图 2.5-15）。在"General"选项卡中勾选"Smooth Contours"，"Amount"选项框中选择"High"，点击"Apply"。

设置等高线填充属性：打开"Contours Properties"属性对话框中"General"选项卡，勾选"Fill Contours"，"Color Scale"，点击"Apply"，则绘制填充色彩的等高线。点击"Levels"选项卡，设置等高线绘制间距、线条属性、填充色彩和等高线标注（图 2.5-16）。

点击"Levels"选项卡中"Level"标签，设置等高线数值范围和等高线间距（图 2.5-17）。

点击"Levels"选项卡中"Line"标签，设置等高线线条属性；点击"Levels"选项卡中"Label"标签，设置等高线需要标注数值的间隔及字体属性。在"Label"列中，双击"Yes"或"No"，设置该数值的等高线是否标注。然后点击"Fill"标签，在弹出的

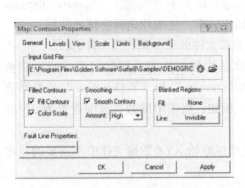

图 2.5-15　云图属性设置对话框

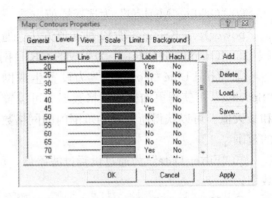

图 2.5-16　Level 属性设置对话框

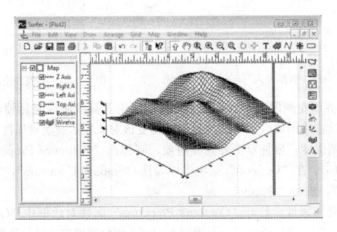

图 2.5-17　Level 等高线数量设置

"Fill"属性框中，点击"Foreground Color"色彩框，弹出等值线填充色彩属性对话框。设置之（此处过程略）。

5）绘制网格图

点击菜单 Map＞Wireframe，在文件框中选择先前创建的 GRID 网格数据文件（.GRD）。点击"OK"创建三维网格图（图 2.5-18）。

鼠标双击坐标轴，则弹出相应坐标轴的属性对话框，设置各坐标轴的属性。

双击所绘制的三维网格，在弹出的"Wireframe Properties"对话框中设置三维网格绘制属性。

图 2.5-18　三维网格图

其中，在"View"选项卡中，通过调整滑块位置，设置三维视角（图 2.5-19）。

6）绘制三维渲染曲面图（三维地貌图）

点击菜单 Map＞Surface，在文件框中选择先前创建的 GRID 网格数据文件（.GRD）。点击"OK"创建三维渲染曲面图（图 2.5-20）。

双击曲面图，在弹出的"3D Surface Properties"对话框中设置属性，编辑"Material

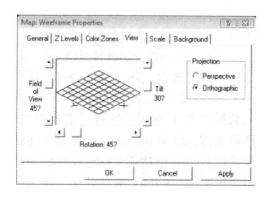

图 2.5-19　视角设置

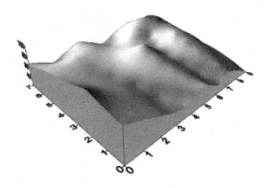

图 2.5-20　三维渲染曲面图

Color"色彩条。通过设置不同高程的表现色彩，绘制更加生动的三维地貌渲染图（图2.5-21）。

利用示例网格文件 HELENS2. GRD，绘制三维地貌渲染图（图 2.5-22）。

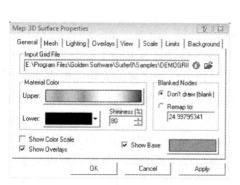

图 2.5-21　曲面色彩设置对话框

图 2.5-22　精细的三维地貌图

7）绘制矢量图

矢量图一般表示为等高线的坡向及陡缓程度。矢量图可以与等高线图、三维曲面图叠加。

点击菜单 Map＞Vector Map＞New 1-Grid Vector Map，在文件框中选择先前创建的GRID 网格数据文件（. GRD）。点击"OK"创建矢量图。

同时选取创建的矢量图和先前绘制的三维曲面图，选择菜单 Map＞Overlay Maps，将矢量图和三维曲面图叠加（图 2.5-23）。

8）总结

Surfer 可用于岩土数值计算数据的前后处理，如边坡地表地貌的插值、等高线的输出；如绘制地面等高线图、向量图和三维曲面图；如将边坡地表数据导出，作为其他建模的基本数据；如应力应变等数据的云图、等值线输出（需结合 ＊.bln 文件选择显示区域）。

2.5.3　其他软件处理

当前在工程领域还存在大量的前后处理软件，它们的功能各有千秋，既可满足科技工

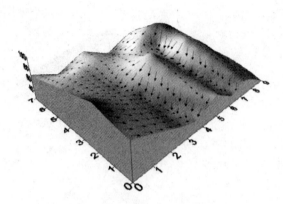

图 2.5-23　三维曲面与矢量叠加图

作中的许多需要，使用者也可以充分根据自己需求选择。常见的软件如下：

（1）专业函数绘图软件（Origin）

经典的数据绘图工具，Origin 具有两大主要功能：数据分析和绘图。Origin 的数据分析主要包括统计、信号处理、图像处理、峰值分析和曲线拟合等各种完善的数学分析功能。Origin 的绘图是基于模板的，Origin 本身提供了几十种二维和三维绘图模板而且允许自己定制模板。绘图时，只要选择所需要的模板就行。可以自定义数学函数、图形样式和绘图模板；可以很方便地和各种数据库软件、办公软件、图像处理软件等进行连接。

Origin 可以导入包括 ASCII、Excel、pClamp 在内的多种数据。另外，它可以把 Origin 图形输出到多种格式的图像文件，比如 JPEG、GIF、EPS、TIFF 等。

（2）MATLAB

MATLAB 是美国 MathWorks 公司出品的商业数学软件，由美国 mathworks 公司发布的主要面对科学计算、可视化以及交互式程序设计的高科技计算环境。它将数值分析、矩阵计算、科学数据可视化以及非线性动态系统的建模和仿真等诸多强大功能集成在一个易于使用的视窗环境中，为科学研究、工程设计以及必须进行有效数值计算的众多科学领域提供了一种全面的解决方案。

MATLAB 在数学类科技应用软件中在数值计算方面首屈一指。它可以进行矩阵运算、绘制函数和数据、实现算法、创建界面、连接其他编程语言的程序等，主要应用于工程计算、控制设计、信号处理与通信、图像处理、信号检测、金融建模设计与分析等领域。

（3）Mathematica

Mathematica 是一款科学计算软件，它很好地结合了数值和符号计算引擎、图形系统、编程语言、文本系统和与其他应用程序的高级连接。很多功能在相应领域内处于世界领先地位，它也是使用最广泛的数学软件之一。

（4）Maple

在数学和科学领域享有盛誉，有"数学家的软件"之称的 Maple 系统内置高级技术来解决建模和仿真中的数学问题，包括世界上最强大的符号计算、无限精度数值计算、创新的互联网连接、强大的 4GL 语言等。其内置超过 5000 个计算命令，数学和分析功能覆盖几乎所有的数学分支，如微积分、微分方程、特殊函数、线性代数、图像声音处理、统计、动力系统等。

（5）Mathcad

Mathcad 是一种交互式数值计算系统，当输入一个数学公式、方程组、矩阵等，计算机将直接给出计算结果，而无须去考虑中间计算过程。

Mathcad 有五个扩展库，分别是求解与优化、数据分析、信号处理、图像处理和小波分析。Mathcad 从 20 年前早期的简单有限功能发展到现在的代数运算，线性及非线性方程求解与优化、常微分方程、偏微分方程、统计、金融、信号处理、图像处理等许多方面。并提供丰富的接口可以调用第三方软件的功能，利于自行扩展和利用别的软件扩展功能。Mathcad 集编程、计算、显示、文档记录于一体。

（6）ParaView

ParaView 是对二维和三维数据进行分析和可视化的程序，开源、跨平台，它既是一个应用程序框架，也可以直接使用（Turn-Key）。

2.6　小　　结

对于不同的工程类型，设计施工时在需要了解岩土体的基本性质和工程要求的基础上、原则上都必须同时考虑到：稳定或平衡问题；应力变形与固结问题；地下水与渗流问题；水与土（岩）相互作用问题；土（岩）与结构相互作用问题；土（岩）的动力特性问题等。尽管不同的地质环境、不同的工程类型的侧重点不同。

但是岩土体影响因素众多，作用机理非常复杂，计算分析不可能面面俱到。此时需要对计算条件进行分析，对力学模型进行简化，抓住主要矛盾，忽略次要细节。在建模过程中，需要分清哪些结构面重要，需要在模型中加以考虑；而对一些不重要或者对结果影响不大的断层，或者尺度非常小的断层则可以忽略不计。

岩土设计计算需要考虑的条件有：岩土体物理力学参数，岩体结构，水文地质条件（地下水、承压水、动水等），加固措施，开挖方案与顺序，监测资料等。由于岩土介质的复杂性，最终的设计结果需要多种手段、多个角度分析，以相互对照与验证。

习题与思考题

1. 岩土计算前需要做哪些准备工作？

2. 自下而上与自上而下建模的区别是什么？

3. 如何验证一个连续数值模型网格的正确连接与否？

4. 利用 Ansys 建立简单的数值模型，并尝试转化为 Flac3d 模型，结果利用 Tecplot 与 surfer 分别显示。

第 3 章 岩体地质信息统计分析软件 Dips 使用

Dips 软件采用向量分析手段对地质信息进行交互式分析。该软件工具箱具有多种用途，适合初学者和专业地质人员利用赤平投影技术对地质信息进行高级分析。

Dips 软件使用与常规手工操作相同的投影方法来表现和分析结构面信息。除此之外还能提供多种计算辅助功能，如绘制等密度云图、计算平均产状，以及用定性或定量的方法对地质属性进行分析。

3.1 基本概况

首先快速了解 Dips 使用流程，熟悉 Dips 文件的创建，以及用 Dips 进行各种分析的方法，然后利用 Dips 分析倾倒、平面滑动、楔体滑动等问题。

3.1.1 操作界面

Dips 的安装目录中包含几个实例文档。本节将用到 Example. dip。按以下步骤打开该文件。

首先点击图标 进入 Dips 操作界面。然后点击图标 或者依次点击 Files→Open，打开安装目录 Examples 文件夹中的 Example. dip，选中后将之导入为当前操作数据。则程序将会显示如图 3.1-1 所示的操作界面。

打开一个 Dips 文件时总是先出现电子表格视图。Dips 的这种电子表格也叫做表格视图（Grid View），将其最大化。留意该表格包含 40 行及以下列：

(1) 2 个产状（Orientation）列；

(2) 一个数量（Quantity）列；

(3) 一个测线（Traverse）列；

(4) 三个额外列。

在程序中，常会看到如图 3.1-2 所示的表示方法。其作用是指示菜单的分级导航。如果其左边有一个图标，表示 Dips 软件的工具栏设置了相应的按钮。可采用点击按钮这一最快捷方法进行操作。

双击 Dips 图标或从开始菜单启动 Dips 软件，并将其窗口最大化。Dips 绘图界面如图 3.1-3 所示。

3.1.2 常用图形绘制

(1) 极点图（Pole Plot）绘制

每个极点代表一个结构面，其几何信息与表格视图中的前两列中的数据相对应。通过使用极点图的符号显示操作，Dips 可把表格视图中的任何一列数据代表的属性显示在极点图中。

在工具栏或者 View 菜单中选择显示极点图命令：

图 3.1-1　Dips 输入导入界面

选择菜单：View→Pole Plot 或者在快捷菜单栏点击图标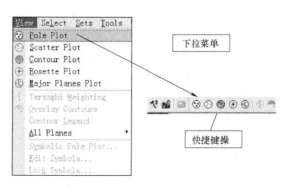即可生成如图 3.1-4 所示的极点图。

1）约定（Convention）

在投影图上移动鼠标，鼠标指针所在位置的产状会即时地显示在状态栏中。产状格式可在 Setup 菜单中的约定（Convention）选项中选择。如果约定为极点矢量（Pole Vector），坐标格式为走向/倾角格式（Trend/Plunge），坐

图 3.1-2　工具栏与快捷键

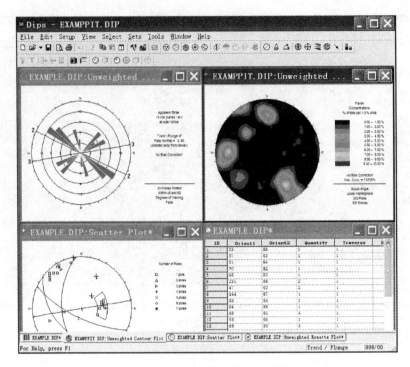

图 3.1-3　Dips 的基本界面

标代表指针（极点）的直接位置，这是缺省的设置；如果约定为平面矢量（Plane Vector），产状格式将与当前文档的全局产状格式一致（如倾角/倾向 Dip/DipDirection、走向/倾角（右手定则）Strike/DipRight、走向/倾角（左手定则）Strike/DipLeft 等），坐标代表与极点对应的平面的几何产状。

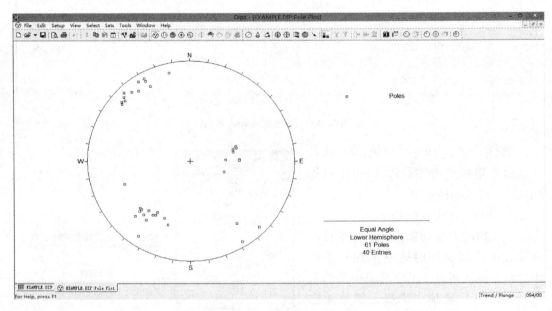

图 3.1-4　Example. dip 文件数据的极点图

约定的设置会影响到 Dips 中数据显示格式（如主平面图例、平面编辑和集合编辑对话框）以及在一些操作（如增加平面和集合对话框）中输入数据的格式。

注意：极点的坐标只可用参考球的极点矢量格式，即走向/倾角（Trend/Plunge），约定的参数对此没有影响。任何情况下改变约定的设置都不会改变数据图形和原始表格中的数据。

2）图例（Legend）

极点图（包括 Dips 中其他投影图）的图例可以表达以下信息：

① 投影方法（有等角度和等面积投影两种，缺省采用等角度投影）；

② 半球投影方式（有上半球和下半球投影两种，缺省是下半球投影）。

这些设置可以在 Setup 菜单中的 Stereonet options 中修改，可设定为等面积上半球投影。此处使用缺省设置，图例显示"61 个极点，40 个条目"（61 Poles，40 Entries），含义是：

① Example.dip 文件含有 40 行，所以有"40 个条目"；

② 数据表格中的数量列（Quantity Column）允许在同一行中输入有相同特性的构造的数量。在本例中 40 行的数据实际上代表了 61 个构造，所以有"61 个极点"。

（2）散点图（Scatter Plot）绘制

在散点图表示构造的几何产状信息时，一个散点实际上可能代表几个产状相似的构造。在工具栏或 View 菜单中选择散点图绘制（Scatter Plot）命令，快捷图标为 ⊗ 。也可选择菜单：View→Scatter Plot 打开。

散点图把产状一致或相近的构造集中起来用一个象征符号表示，并在图例中显示其数量，可以帮助了解构造产状与数量的对应情况，如图 3.1-5 所示。

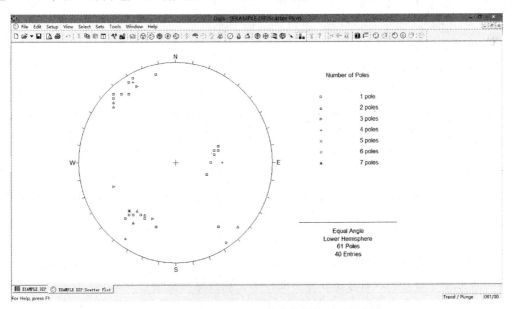

图 3.1-5　Example.dip 文件中数据绘制的散点图

（3）等密度云图（Contour Plot）绘制

在工具栏或 View 菜单中选择等密度云图（Contour Plot）命令。快捷图标为 ◉ ，也

53

可以选择菜单：View→Contour Plot 打开，即可生成如图 3.1-6 所示的等密度云图。

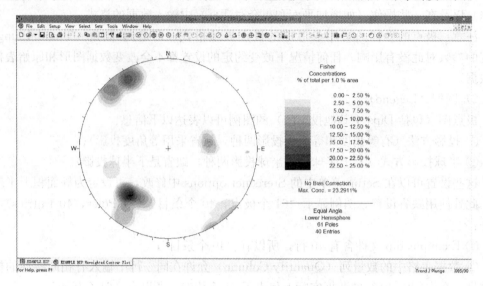

图 3.1-6　Example.dip 文件的等密度云图

　　等密度云图清晰地显示了极点的集中程度。从图 3.1-6 中可以看出 Example.dip 文件中有 3 个集中区，其中一个区域包括的 2 个部分分别位于投影球的两端（根据赤平投影的定义，可以发现这两部分极点的产状实际上十分接近）。

　　由于该例子只包含 40 个条目，即使在极点图中也能明显地看出数据分布的集中程度。但是，大的 Dips 文件可能包含成百甚至上千个条目，这时极点图或散点图就不那么直观了。所以有必要采用等密度云图去识别数据的密度。

　　1）修正的等密度云图（Weighted Contour Plot）

　　考虑到数据文件包含测线（Traverse）信息，可以对等密度云图进行太沙基（Terzaghi）修正，以弥补由于测线布置上的人为差异造成的量测偏差。

　　选择菜单：View→Terzaghi Weightingh 或者点击快捷栏按钮 ✍。在操作中留意等密度云图发生的变化。使用 Terzaghi 修正可能揭示一些在未修正时没有发现的重要特征。当然，不同的文件采用 Terzaghi 修正的效果是不同的，它取决于收集到的数据特点和测线的产状，需具体情况具体分析。在不了解 Terzaghi 修正局限性的情况下不要轻易使用它。

　　如果想重新得到未经 Terzaghi 修正的密度图，只需要再点击一下 ✍ 按钮，或再次选择菜单：View→Terzaghi Weighting。

　　2）等密度云图选项（Contour Options）

　　等密度云图有很多选项可以自定义显示风格、范围以及密度级差。等密度云图界面可在 Setup 菜单中打开，或者直接在等密度云图上点击鼠标右键打开 Contour Options 选项进行设置，图 3.1-7 为选择 16 色图的显示结果。

　　3）投影选项（Stereonet Options）

　　投影选项对话框如图 3.1-8 所示，该对话框可设定等密度云图或 Dips 中所有其他投影图的基本投影参数。

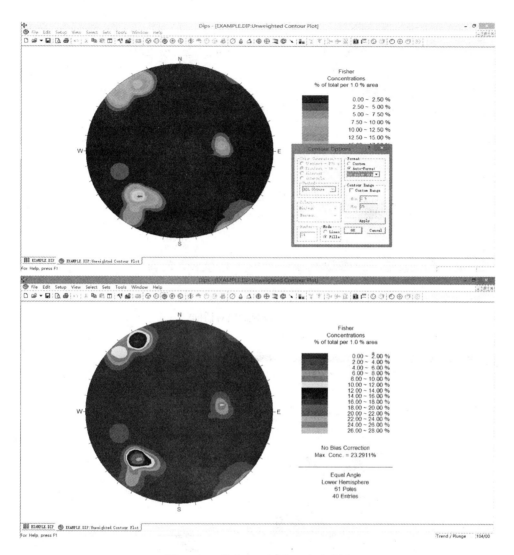

图 3.1-7　等密度云图设置选项示例

打开方式：在等密度云图中点击鼠标右键，选择投影选项，或者在 Setup 菜单中选择投影选项命令。

如果查看图例，会发现它显示了所有投影选项的当前设置，包括分布计算方法（本例是 Fisher）和计数环尺寸（Count Circle size，此处设置为 1%）等。点击 Cancel 回到等密度视图。

（4）玫瑰图（Rosette Plot）绘制

玫瑰图是表示构造几何特征的常用方法。一般画玫瑰图要先确定一个水平参考面（取赤道平面），然后在水平参考面上绘制放射状的柱状图（用圆环代替条），表示构造与水平参考面相交的密度。柱状图的径向边界代表构造或构造组的走向范围。换言之，玫瑰图是用径向柱状图来表示构造走向的密度或频率。

绘制玫瑰图的具体步骤为：选择菜单：View→Rosette Plot 或者点击图标⊛，绘制的玫瑰图如图 3.1-9 所示。

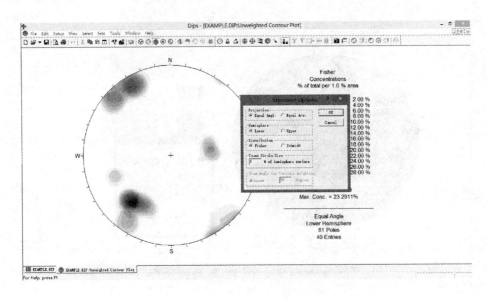

图 3.1-8　投影选项对话框

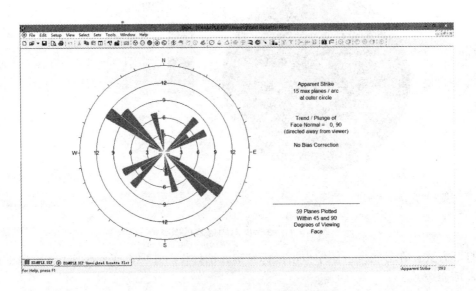

图 3.1-9　Example. DIP 文件的玫瑰图

　　注意：玫瑰图缺省时使用水平参考面，在选项对话框中也可指定任意产状的平面作为参考面。对于非水平参考面的情况，玫瑰图表示的是参考平面与 Dips 文件中的结构面间的相对产状。

　　1）玫瑰图的应用

　　玫瑰图传达信息没有赤平投影图多，它不能表达构造的倾角。某些分析了解构造的二维信息就足够了（如分析一个楔体），三维信息并非必要。如，开挖一个直立的台阶，陡倾角节理发育，导致坡面岩体破碎，此时可利用对水平面的玫瑰投影图进行爆破设计；当平行于导槽或者隧洞走向的构造发育时，对垂直于导槽或隧洞轴线的平面进行玫瑰投影可以简化楔体支护分析；当构造走向平行于开挖坡面的情况下对边坡的竖直向纵断面进行玫瑰投影，可进行简单、粗略的滑动或倾倒分析。

当岩体构造简单到可以用二维表达，从直观表达地质信息的需要出发，采用玫瑰图更为合适，特别是对于那些不熟悉立体投影方法的研究者。

2）修正的玫瑰图

像等密度云图一样，Terzaghi 修正也可应用于玫瑰图，以弥补由于测线的布置不同造成的量测偏差。如果不使用 Terzaghi 修正，玫瑰图代表每个集合内的构造的真实数量；使用 Terzaghi 修正时，玫瑰图则代表每个集合内修正后的构造数量。

（5）增加平面（Add Plane option）

增加平面操作可以在极点图、散点图、等密度云图或主平面图上以绘图的方式增加极点或平面。在玫瑰图上不能增加平面，因此需要先把视图切换到等密度云图。

选择菜单：View→Contour Plot 或者点击快捷图标 。

在工具栏或菜单中选择增加平面操作，选择菜单：Select→Add Plane 或者点击快捷键图标 ，如图 3.1-10 所示。

1）在等密度云图上移动鼠标，当指针处于投影图之内时，一个代表"大圆"（Great circle）的圆弧会随之移动，其产状与指针所在极点的产状是一致的。在投影图内移动鼠标，可观察平面位置的变化。

2）鼠标指针所处位置的坐标可动态地显示在状态栏中，当极点或大圆的位置与设想吻合时，在投影图内单击鼠标左键，显示约定可以在状态栏中切换。

3）此时会出现 Add Plane 对话框，必要时可以在对话框中编辑产状，也可以定制编号（ID）、标签（Labeling）以及其他可选显示信息。

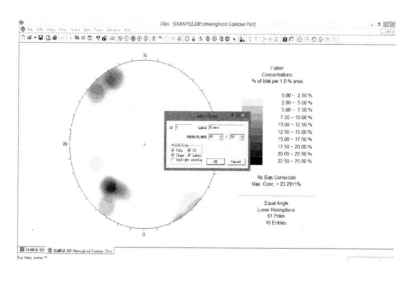

图 3.1-10　增加平面对话框

此处输入 ID=1，Label＝Plane1，其他参数按缺省设置，点击 OK 按钮。添加的平面如图 3.1-11 所示。对话框中的可选显示项可以在以后任何时刻在编辑平面（Edit Plane）对话框中进行设置。

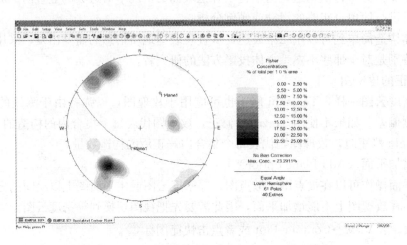

图 3.1-11　等密度云图中显示的增加的平面和极点

注意：为了与平均平面（Mean Planes）的概念区分，用 Add Plane 操作增加的平面归于已添加平面（Added Planes）一类。

（6）创建集合（Creating Sets）

Dips 中集合（Sets）的定义是：用添加集合窗口操作（Add Set Window）增加的一组数据。添加集合窗口操作（Add Set Window）可以围绕投影图上的极点群绘制一个窗口，并生成该极点群的平均平面（Mean Plane）。

还需注意以下几点：

① 添加集合窗所生成的窗口是一个曲边四边形，由 2 个对角的走向和倾角（Trend/Plunge）定义。

② 由于窗口总是沿顺时针方向生成，因此应该先选定逆时针方向的对角点。

首先对投影图右边的一小组极点群生成一个窗口。选择菜单：Sets→Add Sets Window 或者点击快捷图标 。

① 将鼠标指针大致定位到走向/倾角（Trend/Plunge＝55/65）的位置，点击左键。此时可以在状态栏中看到指针的坐标。

② 沿顺时针方向移动鼠标，会发现有一个曲边的四边形窗口随之展开。

③ 将鼠标指针大致定位到走向/倾角（Trend/Plunge＝115/20）的位置，点击左键，会出现一个添加集合窗口（Add Set Window）的对话框（图 3.1-12）。

④ 即使对话框中显示的坐标与上图不一样，只要窗口包含了预期的所有极点群即可。当然也可以编辑对话框中的坐标值。

⑤ 这里选用缺省的集合 ID（ID＝1）和显示选项，点击 OK 按钮，一个集合就创建好了（图 3.1-13）。

1）显示平均平面（Mean Plane Display）

创建一个集合后，在投影图上会显示如下信息：

① 定义集合的窗口。

② 平均平面的显示将遵循 Add Set Window 对话框中的设置，本例中显示的是未经修

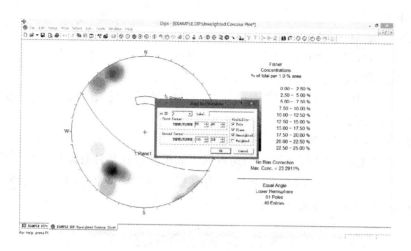

图 3.1-12　Add Set Window 对话框

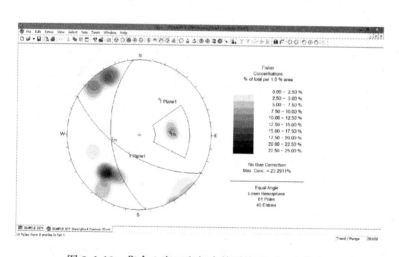

图 3.1-13　集合 1 窗口和相应的平均平面（未修正）

正的平均平面和极点矢量。

③ 如果平均平面未经修正，在它的 ID 边上会显示一个"m"，如果经过了修正，则显示"w"。

2）状态栏（Status Bar Display）

创建了一个集合后，在状态栏上会显示该集合中所包含的极点数量。本例中状态栏显示的是"集合 1 中包含来自 8 个条目的 10 个极点"。

> 10 poles from 8 entries in Set 1

"8 entries"代表集合中包含的条目数（即数据表格的行数）。因为在数据表中包含一个"数量（Quantity）"列，每个条目可以代表多个极点，这里 8 个条目代表了 10 个极点。

3）集合列（Set Column）

当第一个集合被创建后，程序会自动在数据表中增加一个集合列。集合列记录了条目隶属的集合编号（ID）。

回到表格视图（Grid View），验证一下：

① 观察集合列，位于测线（Traverse）列的右侧。

② 注意集合列中标记的集合编号（ID）=1。

回到等密度视图（Contour Plot view），创建另外一个集合，这次让窗口"反卷（Wraps around）"投影圆的周边。

4）反卷的集合窗口（Wrapped Set Windows）

当在添加集合窗口中选择了第一个角点后，如果把鼠标指针移动到投影圆的边界外面时，窗口会发生"反卷（Wraps around）"，并在投影圆的对角重新出现。这种操作允许把投影圆周边及其对角的极点选入一个集合，如图 3.1-14 所示。

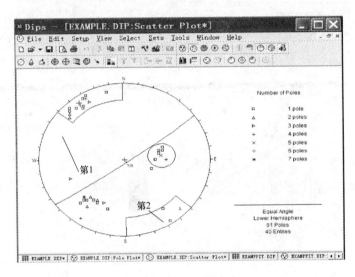

图 3.1-14　反卷的集合窗口

Dips 自动计算出跨越赤道对角集合的平均平面产状，因为仅针对下半球的投影参数计算平均平面的产状是不正确的。计算平均产状时，在反卷窗口中的极点的产状被当作负值考虑，即计算所用倾角为负投影倾角，计算所用倾向＝投影倾向＋180。这个功能很实用。

下面用反卷窗口创建另外一个集合：

点击图标 或者选择菜单：Sets→Add Sets Window。

① 将鼠标指针大致定位在走向/倾角＝300/20 的位置，单击左键，注意指针所在的坐标会显示在状态栏中。

② 将指针移向投影圆的外边，会发现集合窗口出现在投影圆的对面。

③ 反卷的窗口可能会让人不习惯，但掌握了诀窍后操作十分简单。

④ 将鼠标指针大致移动到走向/倾角＝170/20 的位置，单击左键，会出现添加集合对话框。

⑤ 即使对话框中显示的坐标与上图不一样，只要窗口包含了预期的所有极点群即可，此时还可以编辑对话框中的坐标值。

⑥ 这里采用缺省的集合 ID（2）和显示选项，点击 OK，一个集合就创建好了（图 3.1-15）。

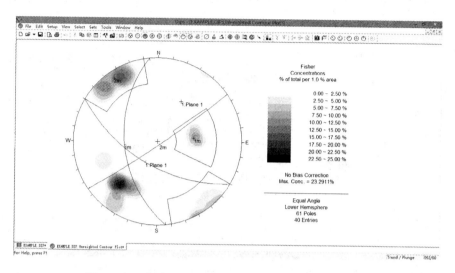

图 3.1-15　集合 1、2 的窗口和未修正的平均极点/平面

和创建第一个集合时一样，新创建的集合窗口、未修正的集合平均极点/平面显示在状态栏中，状态栏应该显示：

22 poles from 15 entries in set 2

数据表格中的集合（set）列中的信息也得到了更新。注意当构造不属于任何集合时，集合列中相应的位置空白。

现在围绕云图的数据集中区创建第三个集合（集合窗口对角点的坐标大致是走向/倾角（Trend/Plunge＝190/40）和走向/倾角（Trend/Plunge＝235/3））（图 3.1-16）。

（7）集合信息（Set Information）

信息浏览器提供了一个 DIPS 文件的总结性文本，包括所有添加的平面和集合信息（图 3.1-17）。

点击图标或者选择菜单：Files→Infor Viewer。滚动显示信息浏览器，会看到：

1）当前 DIPS 文件的设置（Setup）信息；

2）全局的平均产状（所有平面的平均产状）；

3）已添加的平面清单，会找到先前添加的平面。

如果添加了集合，还会显示如下信息：

1）一个显示了所有集合对应的修正、不修正平均平面产状的清单，显示的格式既有极点格式（走向/倾角），也有平面格式。

2）所有集合的统计学清单（Fisher 系数以及 1～3 个标准差下的置信和变异区间）。

3）集合窗口的界限（即每个集合窗口对顶角点的坐标，以走向/倾角格式显示）。

在信息浏览器中显示的清单可以打印、拷贝到剪贴板等等。操作选项和其他窗口一样（可以平铺、最大化、最小化等），而且信息浏览器的内容是即时更新的。完成浏览后，点击右上角的 X 关闭窗口。

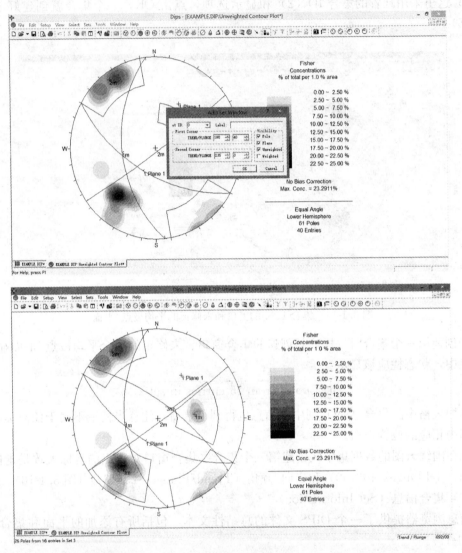

图 3.1-16　集合 1、2、3 的窗口和未修正的平均极点/平面

（8）主平面视图（Major Planes Plot）

主平面视图操作的功能是在投影图上只显示平面大圆，不显示极点和等密度云图（图 3.1-18）。此外，在图例中还可按当前约定的格式（走向/倾角或平面矢量）显示所有平面的产状。

点击图标 或者选择菜单：View→Major Planes 打开主平面视图。主平面视图显示下列平面：

1）所有用添加平面命令创建的平面。

2）所有集合对应的平均平面。

只有在编辑平面（Edit Planes）和编辑集合（Edit Sets）对话框中的平面/极点显示开关打开的情况下，主平面视图才会显示相应的信息。

在图 3.1-19 中，集合窗口的显示开关被关闭了。可通过 Sets 菜单的显示窗口（Show

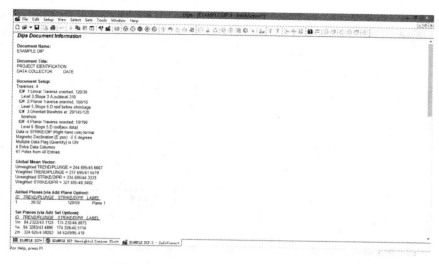

图 3.1-17　信息浏览器中显示的集合信息

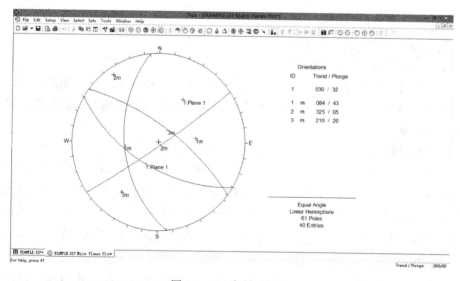

图 3.1-18　主平面视图

Windows）命令加以切换。点击图标或者选择菜单：Sets→Show Windows。

1）主平面图例（Major）

主平面图例按约定（Convention）的格式显示平面的产状。显示约定可以在任何时候通过状态栏上的开关切换，主平面图例也会随之及时更新。需要注意的是：

① 集合平均平面编号边上的字母"m"表示该集合平面未做修正。

② 集合平均平面编号边上的字母"w"表示该集合平面已做修正。

③ 编号边不带字母则表示该平面是通过添加平面命令创建的。

在本例中，创建了一个平面（图例总是先显示创建的平面），在其后还显示有 3 个集合的平均平面。

2）平面颜色（Planes Colours）

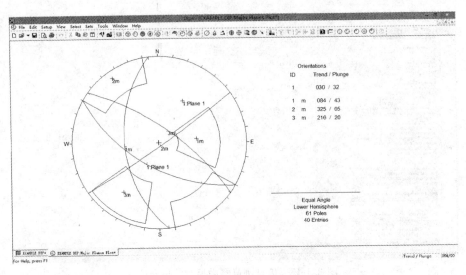

图 3.1-19　打开 show windows 后的主平面视图

Dips 中关于平面颜色的缺省设置是：

① 所有添加的平面以绿色表示。

② 集合的平均平面以红色表示。

添加平面和平均平面的颜色分别可以在编辑平面（Edit Planes）和编辑集合（Edit sets）对话框中修改。平面颜色的修改或者可视选项的切换会影响所有的视图，但在单色情况下不可更改。

（9）多视图显示（Working with Multiple Views）

点击 Windows 菜单中的新视图命令（New Plot View），随即可以生成新的投影图。下面再生成 2 个新的视图，并把这些视图同时显示出来。选择菜单：Windows→New Plot View。缺省情况下，会首先生成一个极点图。下面再生成一个新的视图。选择菜单：Windows→New Plot View，然后选择窗口并行。点击图标█或者选择菜单：Windows→Tile Vertically。

屏幕上显示两张极点图、一张主平面图和一张表格视图，点击其中一个视图并激活它，然后显示玫瑰图。

点击图标⊛或者选择菜单：View→Rosette Plot。点击激活主平面视图，然后显示等密度云图。点击图标◉或者选择菜单：View→Contour Plot。屏幕上会显示类似于图3.1-20的界面：

下面示范对每一个视图自定义显示选项。

1）自定义视图（Customizing Views）

首先隐藏极点视图中的平面和集合窗口。

① 显示平面（Show Planes）

显示平面操作可在一个视图中切换显示或隐藏平面。单击激活极点视图，选择显示平面命令。点击图标◐或者选择菜单：Select→Show Planes，发现极点视图中的所有平面

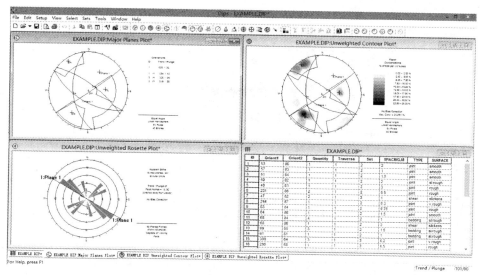

图 3.1-20 平铺的四个视图（Example. dip 文件）

被隐藏了，而集合窗口仍然可见。

② 显示集合窗口（Show Windows）

点击图标 ⊘ 或者选择菜单：Sets→Show Windows。极点视图中的集合窗口被隐藏了。

以上示范了如何在当前视图中隐藏和显示平面和集合窗口。

③ 显示选项（Display Options）

在极点图上点击鼠标右键，出现显示选项对话框。在 Display Options 对话框中，将投影图改变单色，选择 OK 按钮。在节理玫瑰图中点击右键选择显示选项。在 Display Options 对话框中，将背景颜色改为黑色，图例字体改为白色，选择 OK 按钮。

注意：在 Setup 菜单中可以打开自动选项（Auto Options），这样所有的自定义设定（包括所有的显示设定、投影设定和密度云图设定）都可以保存下来，可以在下次启动软件时使用这些设定，也可以把这些设定存为 Dips 的缺省设置。

（10）符号极点图（Symbolic Pole Plot）

首先最大化极点图窗口：

1）在极点图上点击鼠标右键，选择符号极点图 Symbolic Pole Plot（也可通过 View 菜单选择该命令）。

2）在符号极点图对话框中，将极点图样式改为符号极点图。

3）在下拉列表中，选择想要符号显示的列，例如，选择"TYPE"（图 3.1-21）。

4）列"TYPE"中的数据是定性的，所以不用去修改数据类型（Data Type），如果数据是定量的，如数字类的，就必须要选择定量的数据类型。

5）注意 TYPE 列的所有字段出现在分配列表中（Allocated List）。

6）选择 OK 按钮，则生成了一个符号极点图（图 3.1-22）。显示的符号与 TYPE 列中的字段相对应。

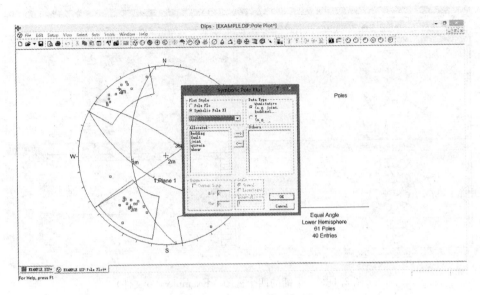

图 3.1-21　符号极点图对话框

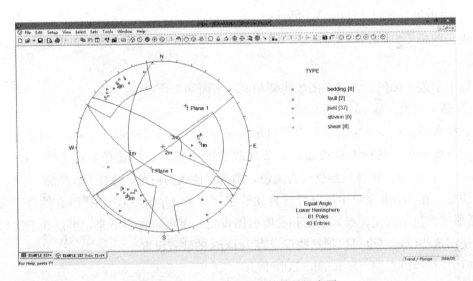

图 3.1-22　TYPE 列对应的符号极点图

注意：

① 符号极点图图例（Symbolic Pole Plot Legend）

在符号极点图的图例中，会看到每个标签边上的方括号内有一个数字，这表示该标签对应的极点总数（即数量列中对应的数值）。所有标签旁括号内数字的和等于视图底部显示的极点数量。

② 符号极点图生成图表（Creating a Chart from a Symbolic Plot）

在上面的符号极点图的基础上可生成一个柱状图（图 3.1-23）：在符号极点图中点击右键，选择创建柱状图（Creating a Corresponding Chart）。会自动生成一个新的图表，该图表对应的数据和设置与符号极点图是一致的。如果在图表中点击鼠标右键，选择图表属性命令（Chart Properties），还可以进行自定义设置（如把柱状图转换为饼图和线图）。当然，图表也可以直接通过在 Select 菜单中选择 Chart 操作生成。上面的示范仅是从符号极点图生成图表的一个捷径。

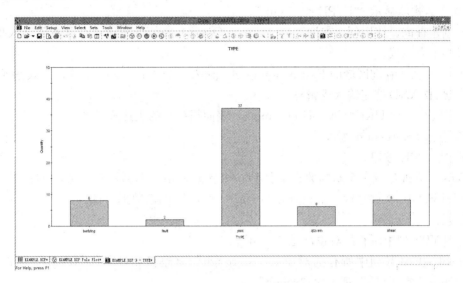

图 3.1-23　符号极点图对应的柱状图

（11）建立查询 Query Data

使用查询功能创建一个子集文件（Subset Files）。点击图标 或者选择菜单：Select→Query Data，会出现查询对话框（图 3.1-24）。

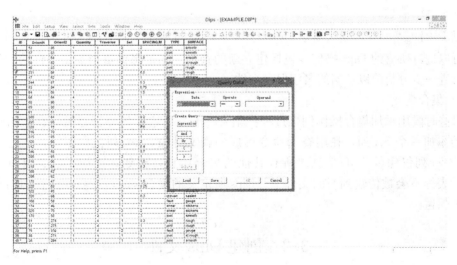

图 3.1-24　数据查询对话框

数据查询功能可创建任何类型的逻辑表达式来查询任何列中的数据，或者数据文件中任何列的组合。先创建一个简单的查询，搜索所有具有粗糙（Rough）表面的节理（Jonits），即："TYPE==joint && SURFACE Includes rough"。

1）首先建立查询的第一步，即建立一个表达式，正如在查询对话框中所见，一个表达式由数据（Data）、算子（Operator）和操作数（Operand）组成。

① 在查询对话框中，点击位于表达式左侧区域的 Data 下拉菜单，选择 Type。

② 点击操作数（Operand）下拉菜单，选择 joint。

③ 表达式应显示"TYPE==joint"。

要创建查询，使用创建查询区域（Create Query）左侧的按钮可在其右侧输入想要的一个或多个表达式。

④ 点击创建查询区域的 Expression 按钮，输入一个"TYPE==joint"表达式。

⑤ 点击 AND 按钮输入逻辑算子 &&。

⑥ 创建一个 SURFACE Include rough（表面粗糙）的表达式。

⑦ 点击 Expression 按钮。

⑧ 选择 OK 按钮。

Dips 会立即生成一个新的数据文件和一个新的表格视图显示符合要求的数据。对于 EXAMPLE. DIP 文件来说，上述查询会生成一个 13 行的新数据文件。

注意：

① TYPE 列中所有的对象都是"joint"。

② SURFACE 列中所有的对象如"sl. rough"（略微粗糙），"rough（粗糙）"和"v. rough（非常粗糙）"都包含"rough"。

这个例子也示范了算子"Include"的用法，该方法将在选定的操作数（Operand）中搜索"包含"输入字符的所有条目。

2）新文件（The New File）

使用查询生成的数据文件也是一个 Dips 格式的文件，该文件与母文件具有相同的参数设置和测线信息。

点击图标👹或者选择菜单：View→Pole Plot，可以生成新数据文件的极点图。对新文件可以进行所有的 Dips 操作，包括建立新的查询。如果想保留当前新文件的信息，可在进行进一步分析前以适当的名字保存文件。

3）集合变化

早些时候用添加集合操作创建过一些集合 Sets。当这些集合创建后，在表格视图中会自动添加一个 Set 列，在用查询命令形成的新文件里，Set 列被保留了。但是，新文件中的 set 列仅保留了 ID 信息。所有其他的集合信息，比如，平均平面、窗口和集合的统计表等不会被传输到新的文件里。Dips 所定义的集合 sets，不会在由查询创建的新文件中保留。

3.2　创建 Dips 文件

双击 Dips 图标或者在 Windows 开始菜单选择 Dips 命令，运行 Dips 程序，并将窗口最大化。在 Dips 安装目录中找到 Examples 文件夹，打开 EXAMPLE. DIP 文件。打开一个 Dips 文件时总是先出现表格视图（Spreadsheet），将其最大化（图 3.2-1）。

该表格包括以下列：2 个产状（Orientation）列、一个数量（Quantity）列、一个测线（Traverse）列和三个额外列。

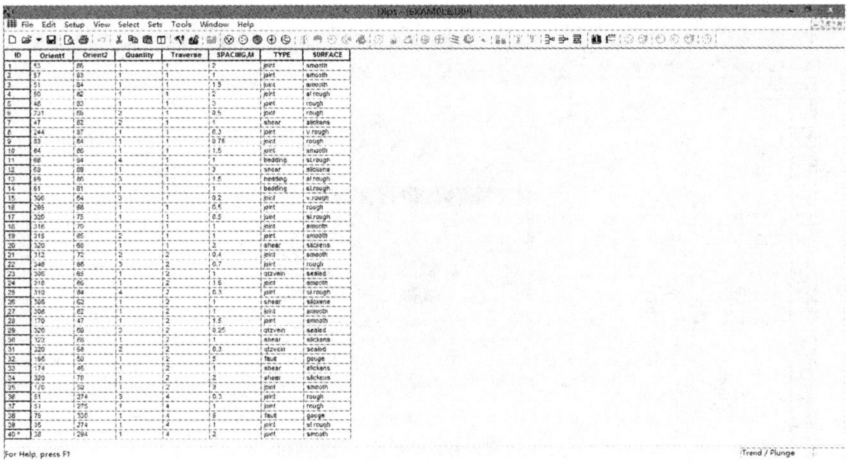

图 3.2-1　EXAMPLE. DIP 文件的表格视图

查看完毕后，关闭 EXAMPLE. DIP。下面讨论如何在地质数据的基础上创建新文件。

3.2.1　创建新文件

在文件菜单或者工具栏选择 New 命令，点击图标□或者选择菜单：File→New。则会出现一个空白的 DIPS 数据表，该表包括 2 个产状（Orientation）列和 100 行（Rows）。

图 3.2-2　新文件的表格视图

正如在 2 个产状列的标题上显示的那样，对新文件，缺省情况下全局产状格式是倾角/倾向（DIP/DIPDIRECTION）。在本例中，需要将其改为走向/倾角格式（右手定则）。可在控制面板（Job Control）中进行相关操作。

3.2.2　控制面板

创建一个新文件时，在开始输入数据前，一般需要用控制面板（Job Control）进行一些设置。点击图标或者选择菜单：Setup→Job Control（图 3.2-3）。

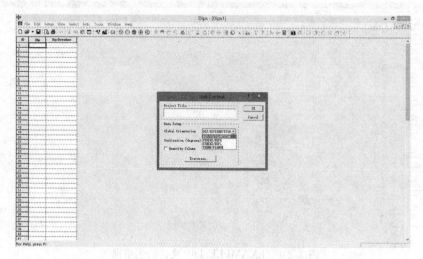

图 3.2-3　控制面板对话框

对于本例来说，需要设置以下几项：全局产状格式、偏差和数量列。

（1）全局产状格式（Global Orientation Format）

控制面板中，全局产状格式（Global Orientation Format）设置项决定了 Dips 数据文件中两个产状列的数据格式。本例中大部分的数据都为走向/倾角格式（右手定则）STRIKE/DIP，因此将全局产状格式改为 STRIKE/DIP。

注意：通过定义测线的产状格式（Traverse Orientation），可在一个 Dips 数据文件中组合使用多种产状格式。

（2）偏差（Declination）

输入偏差值−5.5。标准情况下偏差值用于校正磁偏差（Magnetic Declination），也可校对网格北向（Grid north）。注意偏差将被叠加到所有的方向数据中，即正值用于修正东向偏差，负值用于修正西向偏差（本例即属于这种情况）。

（3）数量列（Quantity Column）

在数量列（Quantity Column）输入数值型字段，用于记录具有同样产状构造的数量。在控制面板对话框中点击数量列 Quantity Column 复选框。

现在已完成控制面板对话框的设置，选择 OK 会发现：

1）两个产状列的标题已变成 STRIKE/DIP（右手走向/倾角格式）。

2）增加了一个数量列（Quantity Column）。为方便使用，创建时数量列被自动赋予初值 1，必要时可以将其改为更大的值（如：2，3，4……）（图 3.2-4）。

3.2.3　测线

测线（Traverse）在 Dips 中用于对数据分组，同时也用于修正由于测线布置的原因造成的量测偏差。要定义测线参数，选择菜单：Setup→Traverse。则会出现测线信息对话框（Traverse Information dialog），EXAMPLE.DIP 文件用到了 4 条测线，所以点击增加按钮（Add button）4 次（图 3.2-5）。

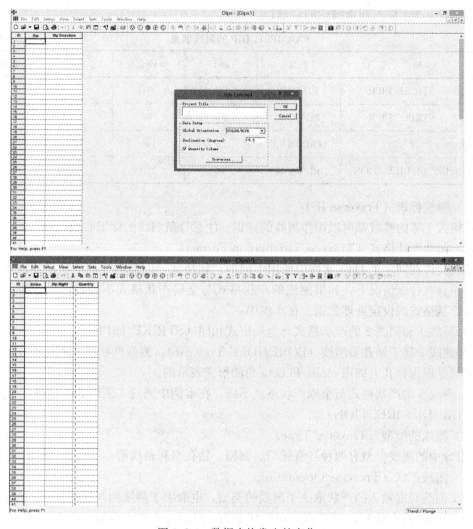

图 3.2-4　数据表格发生的变化

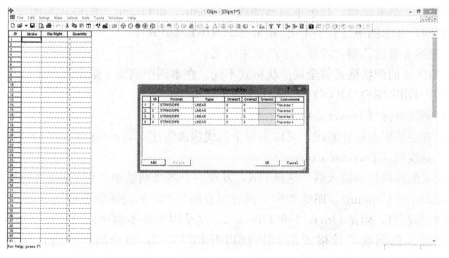

图 3.2-5　测线信息对话框

按照表 3.2-1 输入四条测线的信息：

EXAMPLE. DIP 的测线信息 表 3.2-1

编号	格　　式	类型	Or1	Or2	Or3	注释
1	STRIKE/DIPR	LINEAR	120	30		Traverse1
2	STRIKE/DIPR	PLANAR	100	10		Traverse2
3		BOREHOLE	20	145	120	Traverse3
4	DIP/DIPDIERCTION	PLANAR	10	190		Traverse4

（1）测线标识（Traverse ID）

任何大于零的整数都可以用作测线的标识。注意每条测线的标识必须是唯一的。

（2）测线产状格式（Traverse Orientation Format）

测线允许在同一个 Dips 文件中使用不同的产状格式，因而测线的产状格式设置非常重要。不管在什么情况下，如果测线的产状格式与全局产状格式不一致，Dips 都将优先按测线产状格式的设定处理数据。在本例中：

1）测线 1 和测线 2 的产状格式与全局格式相同（STRIKE/DIPR）。

2）测线 3 属于钻孔型测线（BOREHOLE Traverse），测线产状格式不可改变，因为此时产状是根据钻孔方向用 alpha 和 beta 角的形式表示的。

3）测线 4 的产状格式与全局产状格式不同。在本例中测线 4 采用的产状格式是倾角/倾向（DIP/DIPDIRECTION）。

（3）测线的类型（Traverse Type）

DIPS 中的测线类型有四种：直线型、面型、钻孔型和斜线型。

（4）测线产状（Traverse Orientation）

定义测线时需输入的产状取决于测线的类型，也取决于测线的产状格式。

1）测线 1 是直线型，对于直线型测线而言，Orient 1 和 Orient 2 总是以走向/倾角（TREND/PLUNGE）的格式来表示的。

2）测线 2 是平面型，对于平面型测线，Orient 1 和 Orient 2 的格式与测线产状格式的设定相同，在本例中是右手走向/倾角（STRIKE/DIPR）。

3）测线 3 是钻孔型，需要 3 个产状来定义。

4）测线 4 的产状格式与全局产状格式不同。在本例中测线 4 采用的产状格式是倾角/倾向（DIP/DIPDIRECTION）。

（5）测线备注（Traverse Comment）

为了方便鉴别和描述测线，可以为每个测线添加备注（Traverse Comment）。

（6）测线列（Traverse Column）

完成了测线信息的输入后，选择 OK，发现一个测线列被加入到了数据表中，紧邻数量列（Quantity Column）（图 3.2-6）。同时留意两个产状列的标题不再是 Strike R 和 Dip（右手走向/倾角），而是 Orient 1 和 Orient 2，这是因为在本例中同时使用了不同的产状格式（测线 4 的测线产状格式是 DIP/DIPDIRECTION，而全局产状格式是 STRIKE/DIPR）。为了防止混淆，产状列的标题自动改为简单的 Orient 1 和 Orient 2。

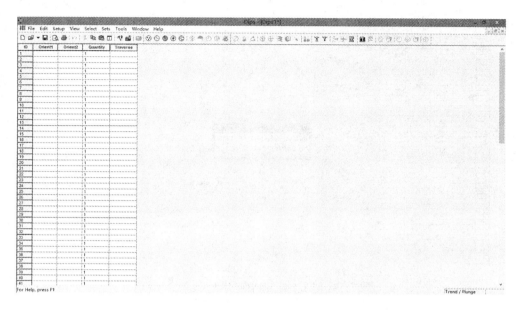

图 3.2-6　加入到数据表中的测线列

3.2.4　额外的列

在 Dips 中，除了不可变动的两个产状列以及可选添加的数量和测线列之外，其他任何列及后续列都被归诸额外的列（Extra Columns）。额外的列可用于记录任何定性或定量的数据。

回顾一下 EXAMPLE.DIP 文件，它包含 3 个额外的列：

（1）节理间距（SPACING）。

（2）构造类型（TYPE）。

（3）表面特性（SURFACE）。

选择 Edit 菜单中的 Add Column（添加列）菜单进行添加额外列操作。

（1）添加列 Add Column

额外列必须位于产状列、数量列和测线列的后面，所以在进行添加操作时，活动单元格应该符合下列条件之一：

1）位于额外列中；

2）位于产状列及可能的数量列或测线列中的最后一列中。

在本例中，尚未添加任何额外列，所以用鼠标单击测线列，可使添加列操作处于可用状态。点击图标 或者选择菜单：Edit→Add Column，将会出现添加列对话框，在列名称中输入：SPACING.M（图 3.2-7）。

选择 OK，完成额外列的添加，注意不论在对话框中用什么格式输入，额外列的英文名称都是大写的。

（2）添加额外列 TYPE 和 SURFACE

除了上面示范的方法，还可以在已添加的额外列（或者产状列、数量列和测线列的最后一列）的标题上单击鼠标右键进行操作，具体示例如下：

73

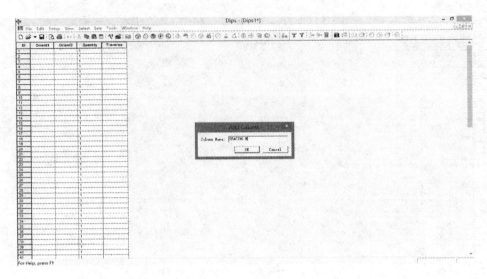

图 3.2-7 添加列对话框

1）在刚刚添加的 SPACING. M 列的标题上单击鼠标右键。

2）从右键菜单中选择 Add Column 命令。

3）在对话框中输入名称"TYPE"，选择 OK，名为"TYPE"的额外列就添加到了数据表中。

4）在 TYPE 列标题上单击右键。

5）从右键菜单中选择 Add Column 命令。

6）在对话框中输入名称"SURFACE"，选择 OK，名为"SURFACE"的额外列就被添加到了数据表中（图 3.2-8）。

3.2.5 输入数据

打开 EXAMPLE. DIP 文件，把数据拷贝到新建的文件中。在两个文件中生成极点图，点击图标 或者选择菜单：File→Open。在 Dips 安装目录的 Example 文件夹中打开 EXAMPLE. DIP，将两个窗口水平并联。具体操作为选择菜单：Windows→Tile Horizontally。

在 EXAMPLE. DIP 数据表中点击左上角的 ID 按钮，选择整个数据表。在 EXAMPLE. DIP 任何一个地方点击鼠标右键，选择 Copy。在新建的数据表中单击第一个单元格（即处于第一行、第一列的单元格）。点击鼠标右键，选择 Paste。EXAMPLE. DIP 应该被复制到了新文件中。

下面检验一下是否正确地重建了 EXAMPLE. DIP 文件。选择菜单：View→Pole Plot，将基于新建文件生成极点图。点击 EXAMPLE. DIP 数据表并且激活它。选择菜单：View→Pole Plot，将生成 EXAMPLE. DIP 文件的极点图。选择菜单：Windows→Tile Vertically，将两个窗口垂直并联。比较两图，它们应该完全一致。如果有差异，检查新建文件的控制面板和测线信息，保证设置与 EXAMPLE. DIP 相同，同时检查新文件的数据是否和 EXAMPLE. DIP 同样包含 40 行数据。

74

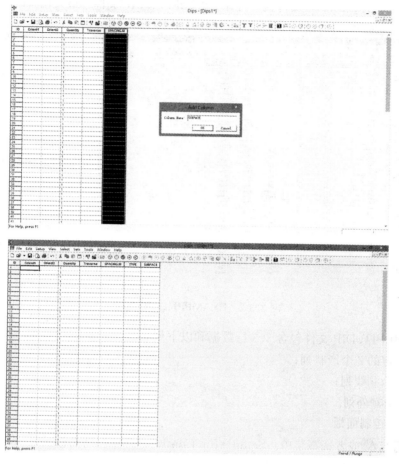

图 3.2-8　添加完成的 3 个额外列

3.3　倾倒、平面滑动、楔体滑动分析

采用范例 EXAMPPIT.DIP 进行说明，其文件可以在 DIPS 安装目录的 Examples 目录中找到。

3.3.1　实例说明

文件中的数据由一名地质学者收集，工程背景是一个刚开挖了一个台阶的矿山岩质边坡。

如图 3.3-1 所示，岩坡的综合倾角 45°，倾向 135°，计划以 45°的倾角向下继续开挖，由于需要设置马道，局部边坡的开挖坡度更陡。马道高差 16m，宽度 4m。

点击图标 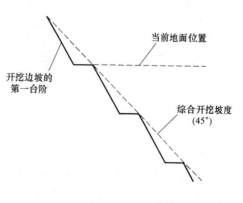 或者选择菜单：File→Open，打开 EXAMPPIT.DIP 文件。进入

图 3.3-1　算例分析

Dips 安装目录下的 Examples 文件夹，打开 EXAMPPIT. DIP 文件，最大化窗口（图 3.3-2）。

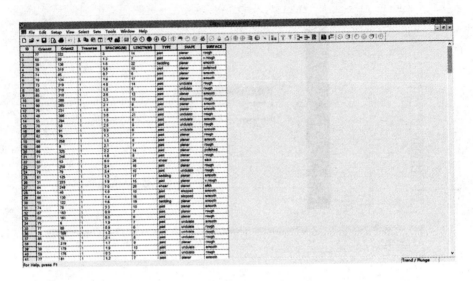

图 3.3-2 EXAMPPIT. DIP 数据

EXAMPPIT. DIP 文件包含 303 行数据和以下列：

（1）固定的 2 个产状列；

（2）一个测线列；

（3）5 个额外列。

3.3.2 控制面板

点击图标 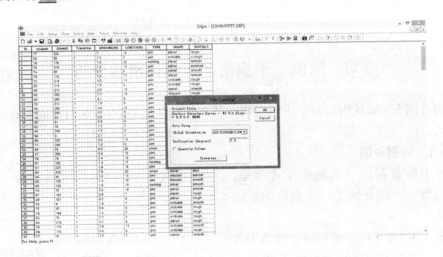 或者选择菜单：Setup→Job Control，打开控制面板。

图 3.3-3 EXAMPPIT. DIP 文件的控制面板

注意以下信息：

（1）全局产状格式是 DIP/DIPDIRECTION（倾角/倾向）；

（2）偏差值是 7.5°，这意味着所有倾向都会被加上 7.5°，用于修正磁偏差；

（3）数据文件未设数量列，所以每行数据仅代表一个构造。

接下来查看一下测线信息。可直接在控制面板对话框中选择 Traverse 按钮（也可直接在 Setup 菜单中选择 Traverse 命令）。本文件仅包含一个测线：

1）测线是平面类型，倾角 45°，倾向 135°（即第一台阶上的坡面，这些信息包含在测线备注中）。

2）测线产状格式（Traverse Orientation Format）与全局产状格式（Global Orientation Format）一致，都是 DIP/DIPDIRECTION（倾角/倾向），当文件只包含一个测线时必然会这样。

最后在测线信息对话框中选择 Cancel 命令。在控制面板对话框中选择 Cancel 命令。

3.3.3 极点图

点击图标 或者选择菜单：View→Pole Plot 生成极点图。符号极点图（Symbolic Pole Plot）可用来进行构造的属性分析。现在基于结构面的类型（即 TYPE 列对应的数据）生成一个符号极点图。在极点图上单击鼠标右键，选择符号极点图。在符号极点图对话框中：

（1）将图样式改为符号极点图（Symbolic Pole Plot），在下拉菜单中选择 TYPE 列。

（2）TYPE 列的数据类型是定性的，也是缺省的设置，只要选择 OK 就可以生成符号极点图。

（3）仔细观察数据点和 TYPE 数据。注意到图 3.3-4 中显示存在一组层理型（bedding）构造和 2 组剪切型（shear）构造，它们的行为特征与产状相似的节理或张性断裂有很大的区别，应该分别加以考虑。

图中的大圆为事先添加，代表开挖坡面。平面由 Add Plane 操作添加，叙述如下：

（1）添加平面（Add Plane）

添加平面前，先改变约定（Convention）。在 DIPS 中，产状既能以极点矢量格式（走向/倾角 Trend/Plunge）表示，也能以平面矢量格式表示。在此希望使用平面矢量格式（即 Dip/DipDirection），因为全局格式是 Dip/DipDirection。状态栏右下角的方框显示约定是 Trend/Plunge，用鼠标左键点击该方框，约定（Convention）将改为 Dip/Dip Direction，约定可以用这种方法随时切换。

现在进行添加平面操作，点击图标 或者选择菜单：Select→Add Plane Pole。

1）在极点图上，将鼠标指针移动到坐标大致为 45/135（Dip/Dip Direction）的位置，记住鼠标对应的坐标显示在状态栏中。

2）点击鼠标左键，会出现 Add Plane 对话框（图 3.3-5）。

3）如果没有准确的点到 45/135 的位置，可在对话框中输入准确的坐标值。

4）还可以输入可选的描述性标签，比如"Pit slope 开挖坡面"，也可清除 ID 复选框，这样图中只显示"Pit slope"。

5）选择 OK，综合开挖坡面的大圆就被添加到极点图中。如图 3.3-6 所示。

（2）等密度云图（Contour Plot）

点击图标 或者选择菜单：View→Contour Plot。如图 3.3-7 所示：

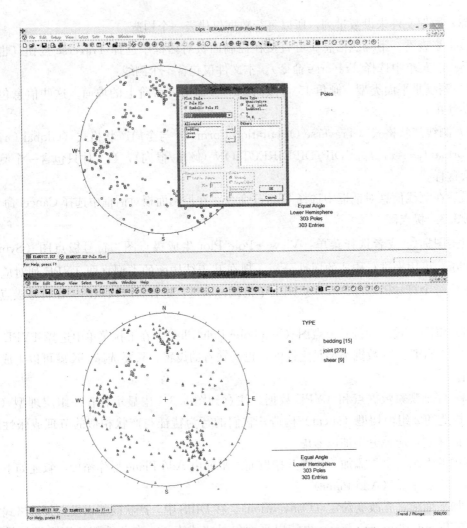

图 3.3-4　基于不连续面类型 TYPE 生成的符号极点图

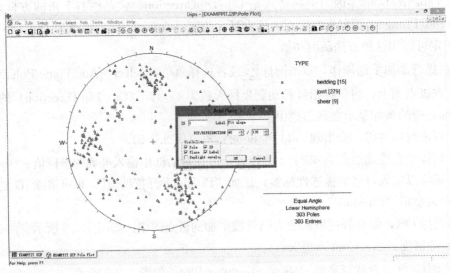

图 3.3-5　Add Plane 对话框

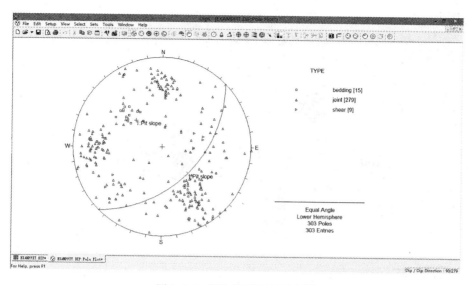

图 3.3-6　添加平面后的极点图

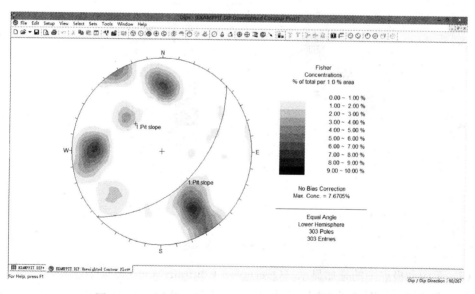

图 3.3-7　EXAMPPIT.DIP 文件未经修正的等密度云图

　　经验表明：任何一个最大集度超过 6％的点簇都是非常有代表性的；4％～6％表示处于有、无代表性的边界上；最大集度小于 4％的点簇的代表性值得怀疑，除非是样本的数量非常的多（达到数百的量级）。岩石力学理论会给出更严格的数据统计和分析的方法。现在对数据进行 Terzaghi 修正，目的是弥补由于平面型测线布置上的人为差异造成的量测偏差。

　　点击图标 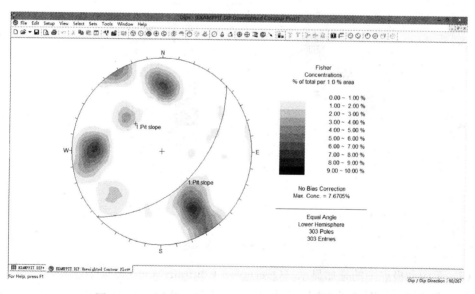 或者选择：View→Terzaghi Weighting。观察那些与边坡面（也就是侧面）接近平行的点集所发生的变化。

　　Terzaghi 修正按钮以开关的形式操作，现在再次选择该修正，把等密度云图恢复到未修正的状态。点击图标 或者选择：View→Terzaghi Weighting。云图可以叠加显示在极点图中（图 3.3-8）。

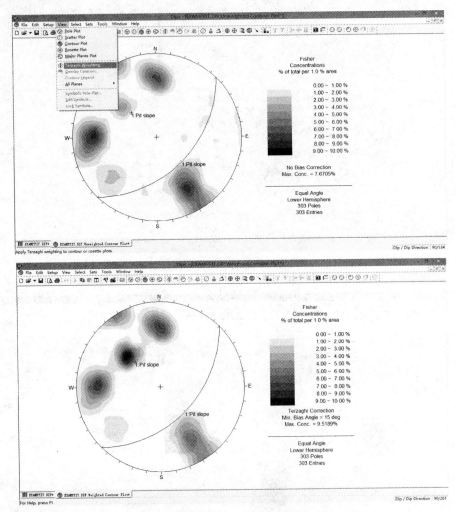

图 3.3-8　修正后的等密度云图

（3）云图和极点图的叠加显示（Overlay of Contours and Poles）。

为了叠加显示云图和极点图，先打开极点视图，选择：View→Pole Plot。注意符号极点图的形式仍然没有变，当切换到其他视图时（如等密度云图），极点图的形式并不会发生改变。

要叠加显示云图，点击图标 或者选择：View→Overlay Contours。为了便于观察极点，将云图的模式改为单线型（Lines），点击图标 或者选择 Setup→Contour Options。在云图选项对话框中将模式改为单线型（Lines），选择 OK（图 3.3-9）。

注意到在本例中，云图并没有反映出剪切型构造的影响，原因是量测到的剪切型构造的数量很少。然而，由于剪切型构造的低摩擦角和一些固有特性，其剪切特性可能对边坡稳定性起到决定性作用。当分析结构面时应时刻注意，不能仅仅关注构造的产状和密度。

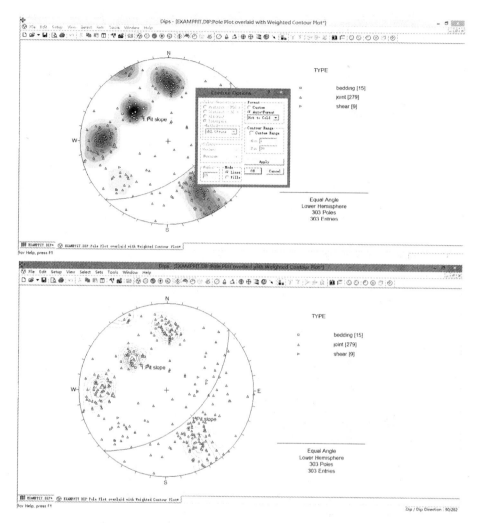

图 3.3-9 云图和极点图的叠加显示

3.3.4 创建集合

用添加集合窗口（Add Set Window）操作来描述节理密度图。本节将根据投影图上四个主要的高密度区域创建 4 个集合（Sets）。点击图标 ◐ 或者选择：Sets Add→Set Window。

在图 3.3-10 中，用显示平面（Show Planes option）开关把平面隐藏了。在所有的视图中，随时可以用显示平面（Show Planes option）开关对平面的显示和隐藏进行切换。

3.3.5 破坏模式

（1）表面条件（Surface Condition）

为了进行边坡稳定分析，有必要对节理面假定一个摩擦角。为了估计摩擦角，将基于 EXAMPPIT. DIP 文件的 SURFACE（表面）列创建一个图表。点击图标 ▥ 或者选择：Select→Chart。在图表对话框中，从下拉菜单选择 SURFACE 列作为数据源（图 3.3-11）。

另外，考虑到先进行倾倒分析（Toppling analysis），投影图中右下角的节理集合是重点关注对象（因为其倾向与坡面相反）。在图表对话框中，利用集合过滤器（Set Fil-

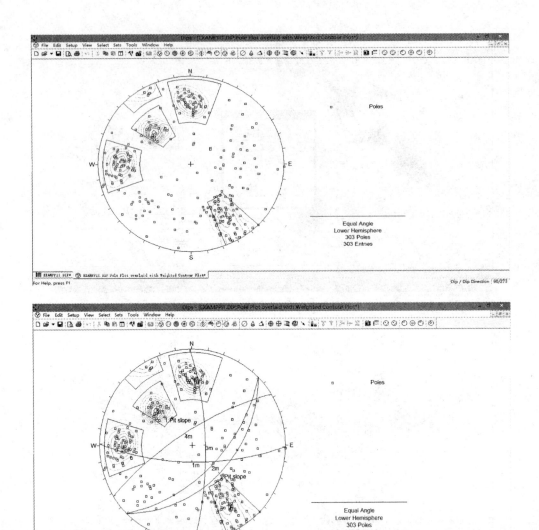

图 3.3-10　围绕 4 个主要节理集中区域生成的集合窗口

ter）选择这个集合（在本例中，集合的 ID＝4，由于创建集合的顺序的差异，集合 ID 可能有所不同）。选择 OK，完成图表的创建（图 3.3-12）。

　　考虑到"rough"和"very rough"特性，上述集合的结构面特性总体上为粗糙（rough）。根据经验，偏保守的估计摩擦角为 35°～40°。图表分析已经完成，现在关闭图表窗口，回到投影图。

　　（2）数理统计信息（Statistical Info）

　　演示如何以集合的平均产状点为圆心显示可变锥，以此在极点图上加入一些数理统计信息。剪切型构造将另行分析。

　　如果当前云图仍叠加显示在极点图上，点击叠加显示云图（Overlay Contours）开

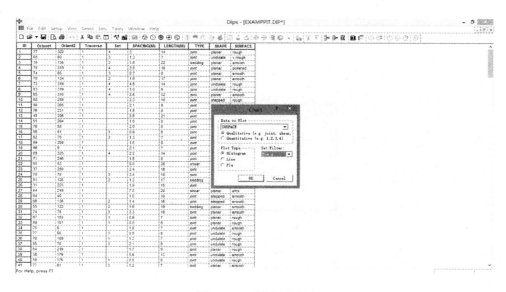

图 3.3-11　图表对话框

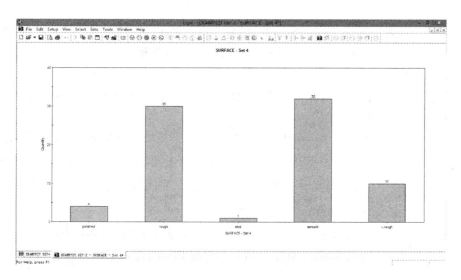

图 3.3-12　集合 4 的 SURFACE（表面）特性柱状图

关，取消叠加显示。点击图标 或者选择：View→Overlay Contours。

1）可变锥（Variability Cones）

可变锥（Variability cones）通过打开编辑集合对话框（Edit Sets dialog）显示。点击图标 或者选择：Sets→Edit Sets（图 3.3-13）。

在平面类型（Type of Planes）下拉菜单中，选择修正过的平面（Weighted Planes）：

① 注意现在对话框中只显示了修正过的平面。

② 通过选择对话框左边的行号按钮来选择相应的集合，可以综合采用单击、拖动。同时按 Shift 或 Ctrl 键的方法来选定对象。

③ 选择可变性（Variability）复选框。

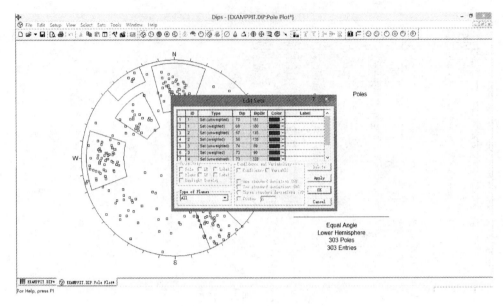

图 3.3-13　编辑集合对话框

④ 选择一级标准偏差（One Standard Deviation 对应的频率为 68.27%）和二级标准差（Two Standard Deviation 对应的频率为 95.44%）复选框。

⑤ 选择 OK。

这就完成了可变锥的添加操作。该可变锥的大小表示一级标准差和二级标准差相对于计算平均产状的离散程度。

如果先前关闭了平面显示，考虑到现在需要查看开挖坡面对应的大圆，选择显示平面开关（Show Planes option），重新打开平面显示。点击图标⊙或者选择：Select→Show Planes。如果现在不想显示集合平均平面对应的大圆，先闭这些显示，再次访问编辑集合对话框，点击图标⊙或者选择：Sets→Edit Sets。

① 在 Type of Planes（平面类型）下拉菜单中选择所有平面（All planes）。

② 清除所有的显示复选框（即极点 Pole、平面 Plane、标识 ID 和标签 Label）。

③ 选择 OK，效果如图 3.3-14 所示。

2）倾倒（Topping）

以下的分析基于 Goodman 在 1980 年的研究成果，用赤平投影原理进行的倾倒分析用到了以下方法：

① 可变锥用于显示集合中点的离散程度。

② 一个与节理摩擦角和开挖坡比有关的滑动界限。

③ 动力条件（Kinematic considerations）。

下面利用前面生成的可变锥进行倾倒分析。基于对集合 4 平面条件的分析，假定摩擦角为 35°。如果相邻岩层之间不能发生滑动，则倾倒不会发生。

通过"Add Plane"操作增加一个代表滑动界限的平面。点击图标⊙或者选择：Select→Add Plane，将鼠标指针大致定位在 10/135（Dip/DipDirection）的位置，单击左键。

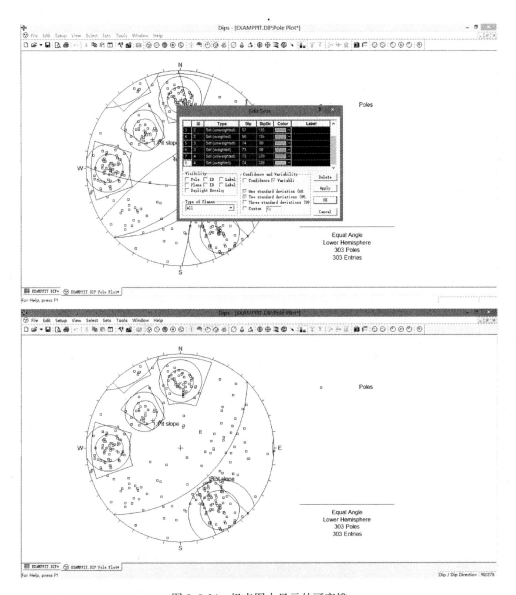

图 3.3-14　极点图中显示的可变锥

如果没有点到预想的位置，可在对话框中输入精确的数值，单击 OK 按钮。

注意：这个平面的倾角＝开挖坡角－摩擦角＝45°－35°＝10°，倾向与开挖坡面的倾向相同（135°）。Goodman 认为，如果要发生滑动，结构面的倾角要大于摩擦角。如果用极点的概念进行表述，发生滑动的条件为：结构面法线的倾角缓于摩擦角平面的法线。如图 3.3-15 所示。

下面使用增加参考锥操作（Add Cone option）给极点添加动力边界（kinematic bounds）（图 3.3-16）。注意锥角是相对于该圆锥的轴线而言的。点击图标 △ 或者选择：Tools→Add Cone。在投影图上任何位置单击鼠标左键，将出现增加参考锥对话框（Add Cone dialog），在对话框中输入以下数据：

对话框中数据的取值基于 Goodman 的理论。他认为如果要发生倾倒，结构面的倾向

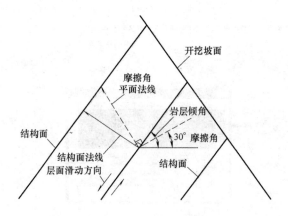

图 3.3-15 发生倾倒的条件之一（层面发生相对滑动）

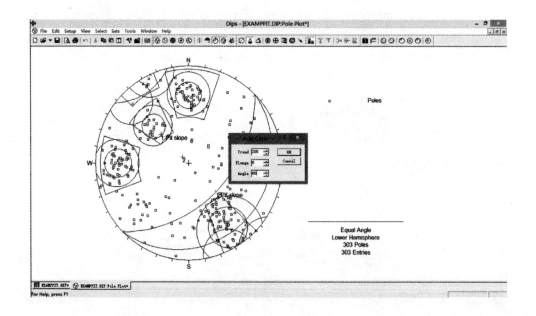

图 3.3-16 参考锥对话框

和边坡面的倾向应该大致反向，且两者间的夹角（锐角）应不大于 30°（Goodman 曾经建议为 15°，后来证明太小）。在空间上，从倾向角度考虑，不可能发生倾倒的区域为两个同轴的圆锥，圆锥的轴线与开挖坡面的走向垂直，而锥角与界限夹角互补，如图 3.3-17 所示。按上述原理，可确定参考圆锥的参数：

① 圆锥轴线的走向为开挖坡面的倾向（DIP DIRECTION）加上 90°（135°＋90°＝225°）。

② 圆锥角＝90°－界限夹角＝90°－30°＝60°。

选择 OK 按钮，在投影图中由上述操作建立的曲线所包络的部分，即为潜在的倾倒区域（图 3.3-18 中粗线包围的区域）。任何位于该区域的极点都有发生倾倒破坏的风险。记住一个接近水平的极点代表了一个接近垂直的结构面。

倾倒风险是由处于倾倒区域的极点数量占该集合极点总数的比例来衡量的。本例中，根据代表第二级标准差的可变锥（相应频率95.44%）与倾倒区的相对关系，目测估计集合4倾倒的风险为25%～30%。两个可变锥从统计学角度提供了一种评估某集合发生倾倒破坏的风险的方法。目测显示集合4约有25%～30%的极点位于倾倒区。可以说，在忽略摩擦角可变性的情况下，发生倾倒破坏的可能性为30%。可以通过添加其他滑动界限的办法来考虑摩擦角可变性的影响，比如将滑动界限的倾角设定为30°或40°。

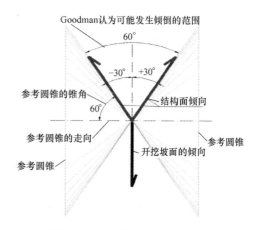

图 3.3-17　倾倒发生的动力条件

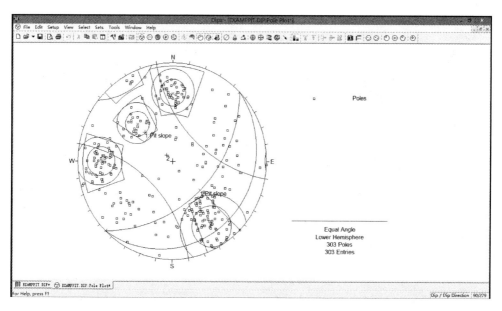

图 3.3-18　倾倒区域的极点数量占该集合极点总数的比例

3）平面滑动（Planar Sliding）

在进行平面滑动分析前，先删除为进行倾倒分析建立的参考锥。选择：Tools→Delete→Delete All。该操作会删除参考锥以及在视图中添加的文本和箭头。

现在打开编辑平面对话框（Edit Planes dialog）（图 3.3-19），并进行如下设置：

① 删除在倾倒分析中添加的"动界限"面。

② 显示开挖坡面对应的出露包络线（Daylight Enveiope）。

点击图标或者选择：Select→Edit Planes。

③ 选择第二个添加的平面并删除。

④ 选择第一个添加的平面（开挖坡面），选择"Daylight Envelope"复选框。

⑤ 选择 OK 按钮。

投影图上应该显示开挖坡面的出露包络线，如图 3.3-20 所示。

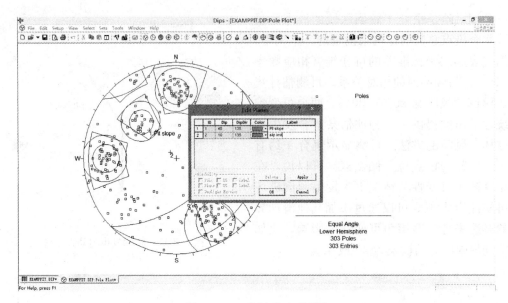

图 3.3-19　编辑平面对话框

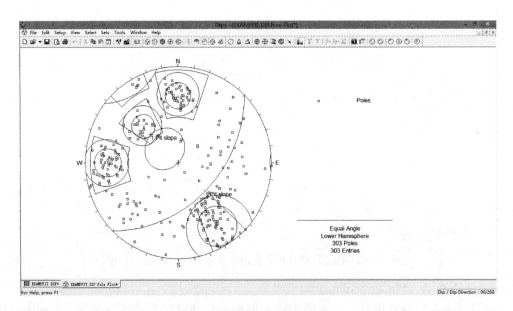

图 3.3-20　编辑过的投影面图

出露包络线（Daylight Envelope）的用途是进行动力分析，即岩层滑动的前提是存在一个允许其滑出的自由空间。任何一个位于出露包络线内的结构面都具备滑动的动力条件，如果同时摩擦角不足，就会发生滑动。

最后，在投影图的中心建一个摩擦圆（锥）。点击图标 或者选择：Tools→Add Cone。在投影图上任意处单击鼠标左键，在添加参考圆锥对话框中输入如图 3.3-21 所示的信息并选择 OK 按钮。

注意摩擦角是 35°，与早先通过平面分析估计的摩擦角是一样的。如果极点落在摩擦圆范围之外，表示该极点代表的平面摩擦角不足，在同时具备动力条件的情况下，将发生

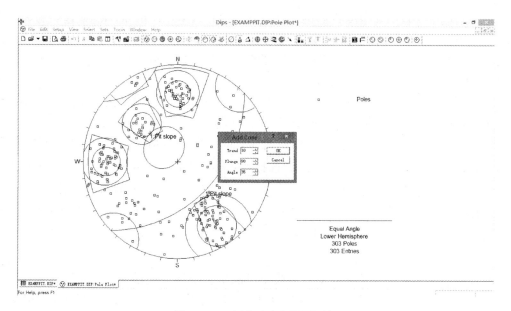

图 3.3-21　添加参考圆锥对话框

滑动。

　　由出露包络线和摩擦圆相交形成的月牙形区域即为平面滑动区，任何落入该区域的极点所代表的结构面将发生平面滑动，如图 3.3-22 所示。

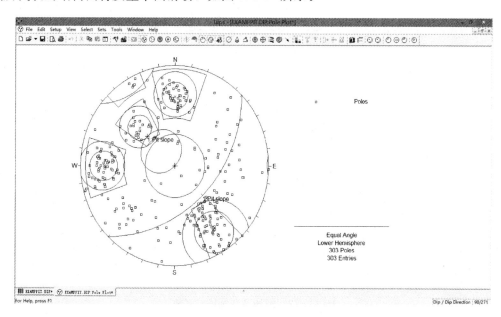

图 3.3-22　平面滑动区

　　平面滑动带是一个月牙形的区域，只有很小的部分与层理型构造（bedding）集合相交，表明发生平面滑动的可能性很小。

　　可变锥再次从统计学角度提供了评估失稳风险的方法。对层理型构造集合，只有大概5％的极点位于平面滑动区。

注意：这里一直用等角度投影的方法（EQUAL ANGLE projection）进行分析，实际上，当需要用目测的方法评估集合的可变性时，最好还是使用等面积投影的方法（EQUAL AREA projection），以减少图形的变形，提高目测精度。

4）楔体滑动（Wedge Sliding）

从前面的分析可知，单独沿任何一组节理发生滑动的可能性不大。但是，尚不能排除多组节理形成一个楔体并沿着两平面交线滑出的可能性。

为了进行这个分析，切换到主平面视图（Major Planes plot），该视图只显示主平面，不显示极点图和云图。点击图标或者选择：View→Major Planes。开始进行楔体滑动分析前，请先删除为分析平面滑动建立的参考锥。选择：Tools→Delete→Delete All。该操作会删除参考锥以及在视图中添加的文本和箭头。然后隐藏开挖坡面的出露包络线。点击图标或者选择：Select→Edit Planes。

在编辑平面对话框中，选择开挖坡面（pit slope plane），清除"Daylight Envelope"复选框。然后在编辑集合对话框中，将修正过的集合平均平面设为可见，同时隐藏可变锥。选择 Select：Sets → Edit Sets。在编辑集合对话框中选择 4 个修正过的平均平面，只点击 Plane 显示复选框，清除可变锥和标准差的显示复选框，选择 OK 按钮。

最后添加一个平面摩擦圆。点击图标或者选择：Tools→Add Cone。在投影图上任意处单击鼠标左键，在添加参考圆锥对话框中输入以下信息（图 3.3-23）：

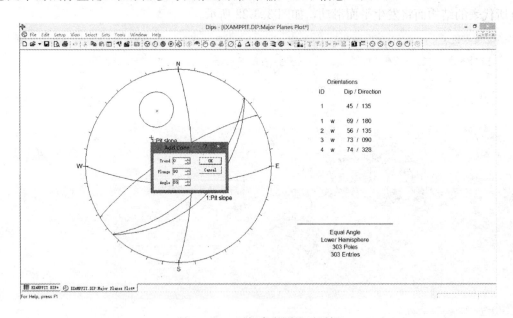

图 3.3-23　添加参考圆锥对话框

注意：现在分析的对象不是极点，而是确切的滑面或者交线，所以摩擦角（35°）应该相对于投影圆的边缘，而不是像以前那样相对于投影圆中心量测。因此，参考锥的锥角是 $90°-35°=55°$。

选择 OK 按钮，现在视图应该变成图 3.3-24 这样。图 3.3-24 主平面视图上显示了修正过的平均平面、开挖坡面和摩擦圆。楔体滑动区是图中月牙形的区域。鉴于没有一个平

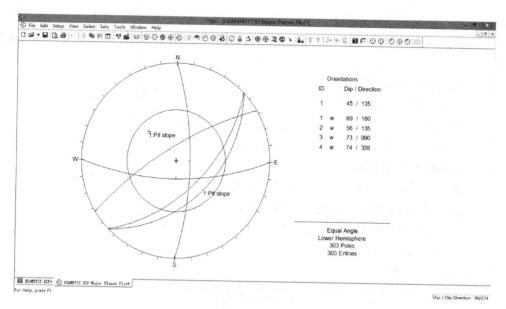

图 3.3-24　主平面视图

面的交点（图中的黑点）落在月牙形区域内，楔体滑动也不大可能发生。

5）不连续面（Discrete Structures）

最后，应该对前面提到的剪切带进行分析。如果这些剪切构造的间距比较小，其相互作用可能造成边坡局部失稳。

用前面介绍过的分析楔体滑动的方法对这些剪切型节理的综合作用进行分析：

① 利用添加平面操作（Add Plane option）添加与剪切构造对应的平面。

② 提示添加平面时，可在右键菜单中打开极点捕捉选项（Pole Snap option），这样可针对某个具体的极点添加平面。

这样会发现在当前假定下，沿着剪切带发生楔体失稳的可能性较低。

6）放陡坡后的开挖边坡（Increased Local Pit Slop）

假定开挖边坡放陡，重复上述分析。在保证综合开挖坡度为 45°的前提下，为了设置马道，需要将台阶开挖坡比放陡。注意：

① 可将 Dips 文件的图形导入到 AutoCAD 中，具体方法是：选择 Dips 的 Edit 菜单中的 Copy to Metafile（复制成图元文件）命令，将 Dips 的图形复制到系统的剪贴板，然后在 AutoCAD 中进行选择性黏贴。

② 将显示平均平面的极点图、云图以及带开挖面的视图导入到 AutoCAD 中后，通过 AutoCAD 的绘图功能将开挖面大圆旋转到相应的位置，可进行快速的分析。

3.4　小　　结

Dips 是用于描述节理和节理分布的统计分析软件，通过输入后的数据分析可以得出危险的节理面，并进行地质方位数据的交互式分析，用途广泛。

Dips 原本用来分析与岩体工程有关的地质属性，由于其数据文件的格式灵活多样，也可以胜任任何与向量有关的数据分析工作。它不仅适用于初学者，同样适用于经验丰富的工程人员，为地质方位数据的分析提供强大的支持和帮助。软件所具有的特点可总结如下：

(1) 完整的电子数据输入表；

(2) 均衡角度/均衡面积的投影；

(3) 点、轮廓、玫瑰图等的方位表示以及点、轮廓图等的覆盖；

(4) 对平面、楔体及倾倒进行运动分析；

(5) 方位簇的统计分布图；

(6) 横向及 Terzaghi 偏差修正，中心导向分析；

(7) 通过数据库查询生成和分析数据子集；

(8) 特征属性的定性和定量分析；

(9) 轴周围的小圆圈（摩擦圆等）；

(10) 任意轴的数据旋转。

习题与思考题

1. Dips 软件的特点是什么？

2. 如何用 Dips 分析倾倒、平面滑动、楔形滑动？

3. 常用的工程地质绘图有哪些？各有什么功能？

第4章 岩土强度分析软件 RocData 使用

与岩土工程相关的结构和开挖数值计算中通常需要克服的一个困难就是缺乏土和岩体的力学参数。如果工程无法令人信服地获得或估计岩土问题的力学参数，那么可用的本构模型和强大的数值计算工具将会很大程度地受到限制。

RocData 软件提供工具来快速、便利地验证 4 种应用最为广泛的准则。此外，RocData 也可以用来选择最适合室内实验和原位实验数据的强度模型。

4.1 基 本 概 况

4.1.1 软件功能

RocData 是一款通过分析室内或现场的三轴实验、直剪实验来定岩体强度参数的程序。该程序包含了线性的摩尔-库仑强度准则和其他三种非线性准则、广义 Hoek-Brown 准则、Barton-Batdis 准则和幂指数强度准则。

RocData 采用内建的表格来估计不同岩石和土的强度参数。这一特征结合了直观的界面，输入数据的快速反应和强度曲线即时绘制；适用于研究岩土体的强度性质。因此 RocData 常用来帮助工程师在初期设计阶段确定广义 Hoek-Brown、Barton-Bandis、幂曲线和摩尔-库仑这 4 个模型的参数，并可以快速查看输入参数对岩土体破坏包络线的影响。

除此之外，RocData 的内建表格提供了各类岩体和土体的强度参数，这些强度参数的来源是可靠的。因此可以轻易地获取大量岩体、土体可信的强度估计。

确定岩土体参数的目的并不仅仅是为了获得参数。这些参数可服务于后续的极限平衡和岩土体结构数值分析。从 RocData 中获得的材料参数可用作其他程序的输入数据，如：Phase2（开挖支护分析的有限元程序），Slide（边坡稳定的极限平衡分析程序）等。RocData 操作基本界面见图 4.1-1。

4.1.2 强度准则

描述材料的强度可以用很多不同的模型。对于岩石力学和土力学来说，使用最为广泛的模型是广义 Hoek-Brown、摩尔-库仑、Barton-Bandis 和幂指数模型等。

（1）广义 Hoek-Brown 准则

这一经验准则通过最大主应力和最小主应力建立岩体的强度指标。它预测的强度包络线既符合室内对岩样所做的三轴压缩试验，又符合野外对节理岩体破坏的观察。

RocData 修改并解决了前期 Hoek-Brown 准则的遗留问题，应用范围可扩展到非常软弱的岩体，并可从 Hoek-Brown 破坏曲线求得等效的摩尔-库仑参数。广义 Hoek-Brown 强度准则是非线性的，它的表达如下：

$$\sigma_1' = \sigma_3' + \sigma_{ci}\left[m_b\frac{\sigma_s'}{\sigma_{ci}} + s\right]^a \tag{4.1.1}$$

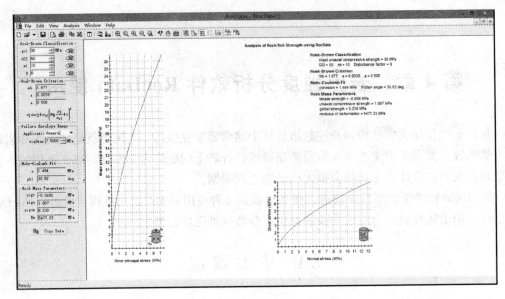

图 4.1-1　RocData 操作基本界面

式中：σ_{ci} 是完整岩样的单轴抗压强度。

$$\begin{cases} m_b = m_i \exp\left[\dfrac{GSI-100}{28-14D}\right] \\[2mm] s = \exp\left[\dfrac{GSI-100}{9-3D}\right] \\[2mm] a = \dfrac{1}{2} + \dfrac{1}{6}\left(\exp^{-GSI/15} - \exp^{-20/3}\right) \end{cases} \tag{4.1.2}$$

式中：GSI 是地质强度指标，这一变量联系了破坏准则和野外对岩体的地质观察；m_i 是完整岩石的材料参数；m_b 和 s 是岩体的常数；D 为挠动因子。

（2）Barton-Bandis 准则

Barton-Bandis 经验准则广泛应用于岩体结构面的剪切破坏分析。该准则常被用来拟合野外或室内剪切试验数据。Barton-Bandis 准则是非线性形式：

$$\tau' = \sigma'_n \tan\left[\varphi_b + JRC \log_{10}\left(\frac{JCS}{\sigma'_n}\right)\right] \tag{4.1.3}$$

式中：φ_b 是结构面基本摩擦角；JRC 是结构面的粗糙度系数；JCS 是结构面抗压强度。

（3）幂指数强度

大量试验现象表明绝大多数岩土体材料（从黏土、岩屑到结构面再到岩体）的强度包络线是非线性的，当法向应力的范围较小时非线性更为突出。通常法向应力和切向应力之间的联系可以通过幂指数曲线模型来描述。

$$\tau' = a\,(\sigma'_n + d)^b \tag{4.1.4}$$

式中：a、b 和 d 是模型参数。

在一些文献中，幂曲线模型表达为如下形式：

$$\tau' = AP_a \left[\frac{\sigma'_n}{P_a} + T \right]^n \qquad (4.1.5)$$

式中：模型参数为 A、T 和 n；P_a 是大气压，为常量。

在 RocData 中，幂指数曲线模型可以用来拟合三轴试验和直剪试验的数据。

（4）摩尔-库仑准则

摩尔-库仑模型是岩土工程中最常用的破坏准则。许多岩土工程的分析方法和程序都用到这一强度准则。摩尔-库仑提供了岩土体破坏时正应力和剪应力（或者最大主应力和最小主应力）的线性描述。

在 RocData 中，摩尔-库仑准则可用来分析直剪试验和三轴试验数据。对于三轴试验数据，摩尔-库仑准则可表达为：

$$\sigma'_1 = \frac{2c'\cos\varphi'}{1-\sin\varphi'} + \frac{1+\sin\varphi'}{1-\sin\varphi'}\sigma'_3 \qquad (4.1.6)$$

式中：c' 是黏结强度；φ' 是摩擦角。

Mohr-Coulomb 直剪形式的表达如下：

$$\tau' = c' + \sigma'_n \tan\varphi' \qquad (4.1.7)$$

四种强度准则适用的应力数据范围对比（表 4.1-1）：

各强度准则适用的应力数据　　　　　　　　　　　　　　　　表 4.1-1

强度模型	应力数据模型	
	三轴	直剪
广义 Hoek-Brown	✓	
Barton-Bandis		✓
幂指数	✓	✓
摩尔-库仑	✓	✓

4.2　RocData 软件使用

RocData 中同时考虑四种模型，一旦改变某一模型参数，其他模型的参数将随之改变。因此它可方便地由一种模型参数推算其他模型参数。采用 RocData 可以进行如下计算任务：

4.2.1　确定强度参数

对软件中包含的四种模型，其待定的强度参数如下：

（1）广义 Hoek-Brown 准则

根据以下条件输入条件数据确定岩体的广义 Hoek-Brown 准则强度参数（m_b，s 和 a）。完整岩块的单轴强度 σ_{ci}；完整岩块参数 m_i；地质强度指标 GSI；岩体扰动因子 D。

（2）Barton-Bandis 准则

根据"结构面的摩擦角"直剪试验成果确定结构面的 Barton-Bandis 强度参数 JRC 和 JCS 以及结构面的摩擦角。

（3）幂指数准则

确定土或岩石（体）的幂曲线强度参数，如 a、b 和 d 或 A、T、n。

（4）摩尔-库仑准则

确定土或岩石（体）的摩尔-库仑强度参数，如 c（黏聚力）和 φ（摩擦角）。

4.2.2 绘制破坏包络线

在主应力平面或剪应力-正应力平面上绘制 4 种强度模型的破坏包络线交互式的界面，可根据输入参数的变化即时显示强度包络线的变化。

4.2.3 输入参数估计

对于广义 Hoek-Brown、Barton-Bandis 和 Mohr-Coulomb 这三种破坏准则，RocData 提供了各类岩/土体强度参数估计。

通过三轴实验确定完整岩块的 Hoek-Brown 参数（σ_{ci} 和 m_i）；摩尔-库仑参数（c 和 φ）和幂曲线模型参数（a、b 和 d 或者 A、T 和 n）。其中三轴数据可通过 Excel 导入或者直接输入。

对直剪试验数据，可确定摩尔-库仑强度参数（黏聚力 c 和摩擦角 φ）；Barton-Bandis 强度参数（JCS 和 JRC）和幂曲线强度参数（a，b 和 d 或 A，T 和 n）。Barton-Bandis 的摩擦角必须处理为输入参数。直剪试验数据输入方法同三轴试验。

4.2.4 曲线拟合

RocData 提供了三种方法来拟合试验数据的强度模型。Levenberg-Marquardt 是程序默认的试验点拟合方法，这种相对稳定的已经成为非线性拟合的一种标准方法。在实际使用中，该算法可靠性高，而且比其他经典算法收敛更快。另外，也可以用 Simplex 算法来拟合强度参数，该算法是使用最为广泛的曲线拟合算法。此外，Linear Regression（线性最小二乘拟合）是 RocData 提供的第三种拟合方法，它可以用来拟合室内岩块试验的 Hoek-Brown 和摩尔-库仑强度参数。

四种强度准则的有效曲线拟合算法 表 4.2-1

强度模型	曲线拟合方法		
	Levevberg-Marquardt 法	Simplex 法	Linear Regression 法
Hoek-Brown(岩块数据)	√	√	√
广义 Hoek-Brown （岩体/现场数据）	√	√	
Barton-Bandis	√	√	
幂指数	√	√	
摩尔-库仑	√		√

RocData 计算拟合曲线和原始数据之间的方差（残值），该值可刻画强度准则和原始数据之间的逼近程度。

4.2.5 等效摩尔-库仑参数

通过非线性准则（Hoek-Brown、Barton-Bandis 和幂指数曲线）的破坏包络线计算等效的摩尔-库仑强度参数（黏聚力和摩擦角）。最优拟合的摩尔-库仑强度包络线由研究对象的应力范围（如边坡、隧洞）决定。在主应力平面或正应力-剪应力平面上绘制摩尔-库仑强度包络线。

4.2.6 摩尔-库仑应力点的抽样

根据非线性强度包络线上任意应力点确定相应的摩尔-库仑准则在该应力点的拟合参数。

4.2.7 其他广义 Hoek-Brown 岩体参数

对其他广义 Hoek-Brown 岩体参数，RocData 计算岩体广义 Hoek-Brown 准则的拉伸强度、单轴抗压强度和变形模量等参数。

4.2.8 其他功能

（1）项目设定：选择破坏准则和单位

直接选择破坏准则或在项目设定对话框中选择。在对话框中可以设定项目的名称。项目设定对话框允许在分析中选择公制或英制单位。在公制单位中，可选的应力单位是兆帕（MPa）、千帕（kPa）和吨/平方米（t/m^2）。在英制单位中，应力的单位是千磅/平方英尺、千磅/平方英寸和磅/平方英寸。

（2）输出数据/图片

为进一步的数值分析或报告编写输出数据，其详细步骤如下：

1）数据/图片可以拷贝至剪贴板，进而便于输出到微软 Word 或使用的其他文本编辑器；

2）数据/图片拷贝至微软 Excel；

3）保存图片为 JPEG、BMP、EMF 或 WMF 格式文件；

4）打印和打印预览；

（3）显示选项

显示选项的主要内容有：

1）多个选项可以用来定制个性化的绘图；

2）改变颜色、字体和线型；

3）增加/取消栅格；

4）增加图片标题或直接显示输入的试验数据；

5）放缩；

6）绘制 Mogi's 线（将脆性破坏变换为延展性破坏）；

7）针对黑白打印机输出灰度图片。

4.3 软件操作流程

4.3.1 键盘参数输入

RocData 最主要的界面是数据输入工具条。工具条用来输入数据和显示输入参数。在软件初始运行时，点击图标 或者依次选择 Select：Analysis→Project Settings，打开如

图 4.3-1 所示的对话框，从中选择四种默认屈服准则中的一种（如图 4.3-1 所示采用 Hoek-Brown 准则）。同时在 Stress 选项中可选择待处理数据的单位，如 MPa、kPa 和 T/m² 等单位。

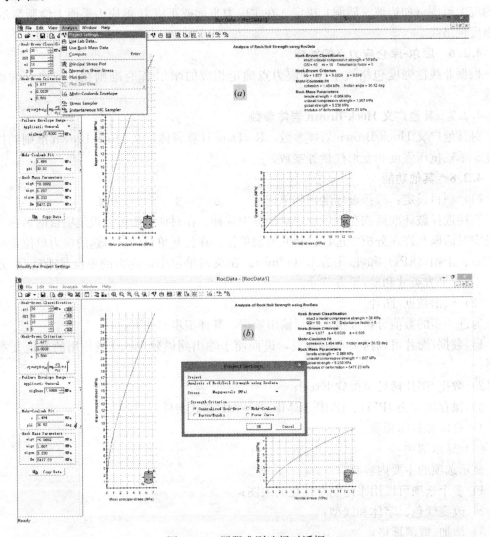

图 4.3-1　屈服准则选择对话框

例如，选择广义 Hoek-Brown 准则，其数据输入工作区域如图 4.3-2 所示。工具条用来输入数据和显示输入参数。

基于该模型，数据输入有以下多种途径：

（1）交互式数据输入

可以用鼠标点击箭头改变输入参数。所有的输出参数均随着输入参数的改变即时更新，破坏包络线也即时重新绘制。这一特征允许通过交互式操作动态知晓输入参数对破坏包络线和输出参数的影响（见图 4.3-3）。

（2）选择对话框输入

点击图标，使用"选择"对话框输入参数（见图 4.3-4）。选择按钮，打开一个指

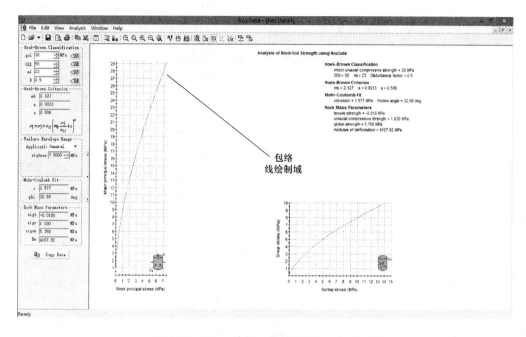

图 4.3-2　Hoek-Brown 准则数据输入工作区域

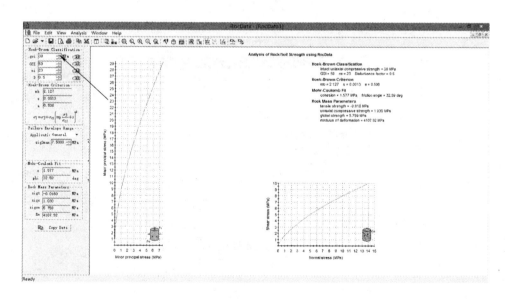

图 4.3-3　交互输入数据模型

导输入参数的图表对话框，这一对话框指导根据特征描述估算输入参数的近似值。点击 OK 按钮后，RocData 程序自动计算所有的输出参数。

4.3.2　数据来源

（1）室内试验数据

对广义 Hoek-Brown 而言，可以通过完整岩样的室内三轴试验数据确定 sigci 和 m_i 的值。该过程通过快速工具栏中 Lab Data 选项 实现。也可以通过点击图标 或者选择

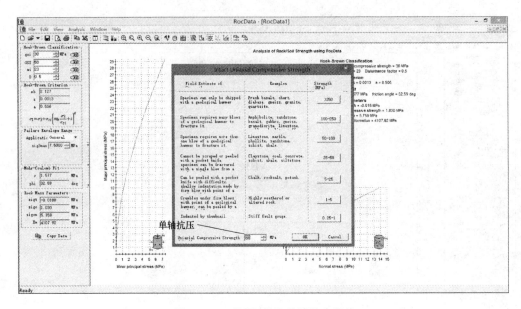

图 4.3-4　对话框输入估计的参数值

Select：Analysis→Project Settings 来选择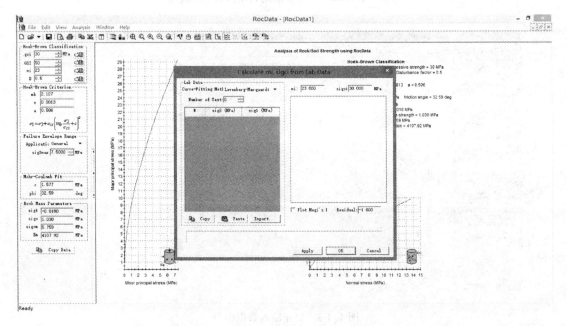，如图 4.3-5 所示。

图 4.3-5　使用试验数据（界面人工输入）

接下来点击对话框上的"Apply"或"OK"按钮，RocData 开始计算，所有的输出参数和破坏包络线被更新。同样，摩尔-库仑和幂曲线模型也可用来拟合三轴试验数据。

摩尔-库仑准则在使用试验数据时可选择是直剪试验还是三轴试验，而 Hoek-Brown 准则只能采用三轴试验数据，故无此选项。

通过 Use Lab Data 选项可以用摩尔-库仑、Barton-Bandis 和幂指数曲线准则来拟合离散直剪试验成果，如图 4.3-6 所示。

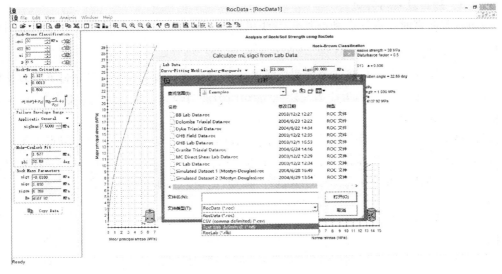

图 4.3-6　直接导入试验 txt 文件（两列式）

（2）岩体三轴试验数据

点击图标 或者依次选择 Select：Analysis→Project Settings，选择 （采用岩体现场试验数据），打开现场数据输入对话框，如图 4.3-7 所示。

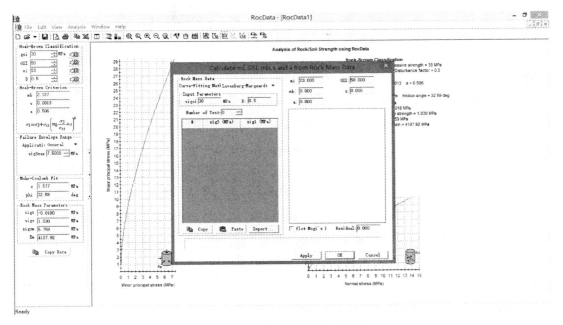

图 4.3-7　现场数据输入对话框

在该对话框中，可根据岩块单轴抗压强度（sigci）和岩体挠动因子值（D），给出或导入现场试验测到的 $\sigma_1 - \sigma_3$ 数据，进而拟合广义 Hoek-Brown 准则的三轴岩体试验数据。给出数据后，所有的输出参数和右侧空白区域破坏包络线将被更新。点击 OK 按钮，回到主界面。

4.3.3 数据查看与分析

分析试验数据时，数据点和破坏包络线可以在 RocData 的主视图中显示。点击图标 或者依次选择 Select：Analysis→Project Settings，选择 （试验数据绘制）。

注意：在快捷栏中，存在几个快速按钮 ，其含义分别为绘制主应力变化图、绘制法向-剪切应力图、主应力与法向-剪切应力同时绘制、试验数据绘制和摩尔-库仑准则破坏包络线绘制。

试验数据可以选择显示或不显示。对于三轴试验数据，在主应力平面上以点表示，在剪正应力-剪应力平面上以摩尔圆表示。对于直剪试验数据，试验点只在正应力-剪应力平面上绘制。三轴试验和直剪试验图的绘制实例如图 4.3-8 和图 4.3.9 所示。

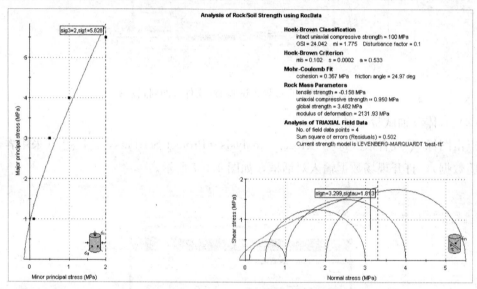

图 4.3-8　在破坏包络线上绘制三轴数据

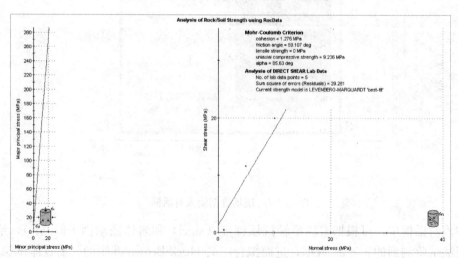

图 4.3-9　在破坏包络线上绘制直剪试验数据

4.3.4 根据经验值输入估计参数

（1）Hoek-Brown 准则

Hoek-Brown 准则的每一个输入参数（如 sigci、mi、GSI 和 D）都可以通过 RocData 内建的图表进行估计。这些图表可以通过点击定位在每个输入参数右侧的"Pick"按钮打开（见图 4.3-10）。

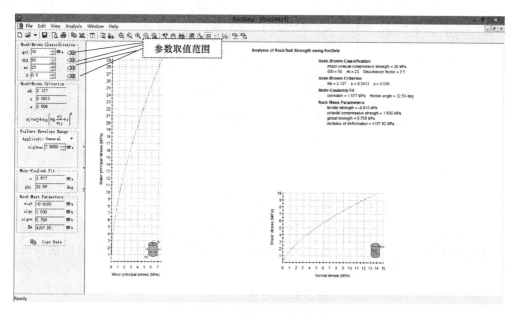

图 4.3-10　通过内嵌表估计参数范围

当选择了 Pick 按钮后，将弹出一张图或表，从图表中选出待定参数的合适值。比如，确定参数 mi 和 GSI 的数值估计（见图 4.3-11 和图 4.3-12）。

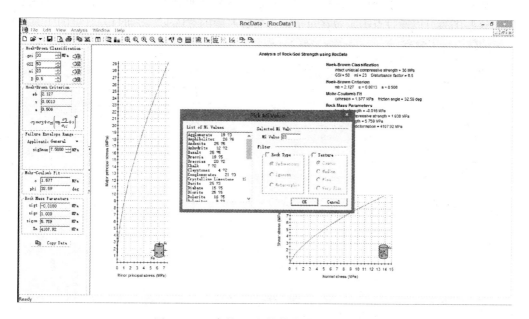

图 4.3-11　参数 mi 的数值估计（不同岩石）

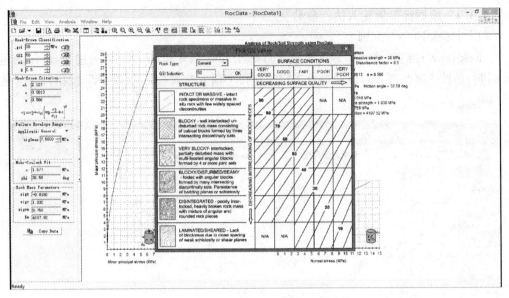

图 4.3-12 GSI 表格（适用于各种岩质类型）

一旦选定一个值后，点击 Pick 对话框上的 OK 按钮，相应的数值会自动导入输入数据面板，并且 RocData 会自动计算破坏曲线和输出参数。通过 Pick 菜单可以估算所有参数（sigci、mi、GSI 和 D）的量值。

注意：在 GSI 表格中有两种情形要区别对待：

1）对于一般性的岩体类型，直接用原来的 GSI 值。

2）对于软弱、非均质岩体如页岩，GSI 值应减去 5 后再使用。

（2）Barton-Bandis 准则的输入参数估计

RocData 提供了 Barton-Bandis 模型中所有输入参数（如 Phib、JRC 和 JCS）的图表估计方法。这些图表可以通过点击定位在每个输入参数右侧的"Pick"按钮打开（见图 4.3-13）。

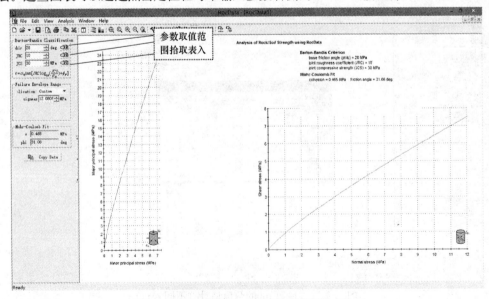

图 4.3-13 Barton-Bandis 经验参数估计表入口

当选择 Pick 按钮后，会弹出一张图表，可以根据该表估计合适的输入参数。其中估计 Phib、JRC 和 JCS 的对话框见图 4.3-14～图 4.3-16。

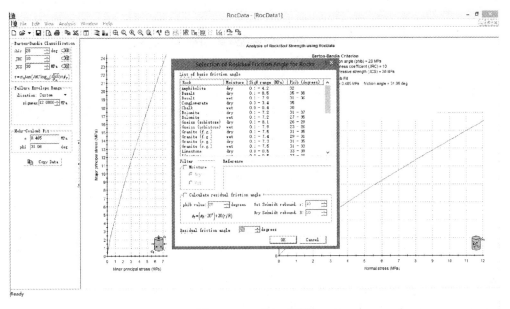

图 4.3-14　Phib 对话框

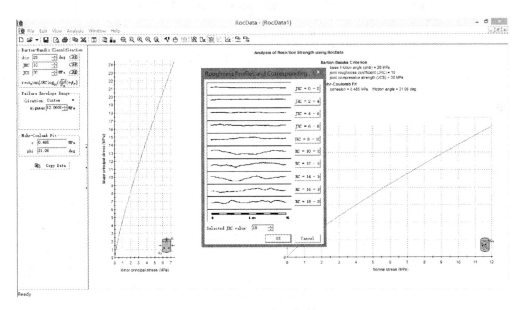

图 4.3-15　JRC 对话框

一旦确定了输入参数，点击 OK 按钮，选定的参数会自动载入至程序，并且自动计算出强度包络线。Phib 对话框提供湿度（干/湿）状态的筛选，JCS 对话框提供了岩体/土体的筛选。

（3）摩尔-库仑准则的输入参数估计

RocData 的内建表格提供了摩尔-库仑参数 c 和 phi 的便利估计。这些表格通过点击输

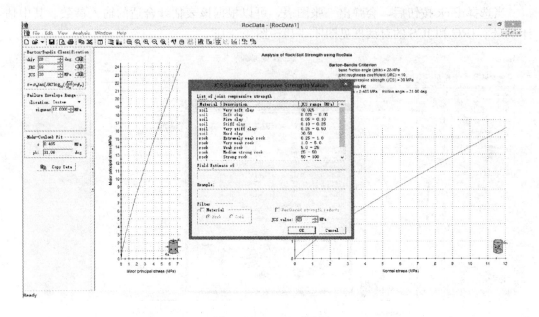

图 4.3-16　JCS 对话框

入数据旁边的"Pick"按钮打开（见图 4.3-17）。

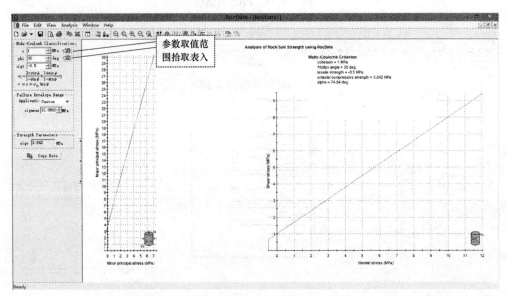

图 4.3-17　M-C 经验参数估计表入口

表格中的 c 和 phi 如图 4.3-18 和图 4.3-19 所示。

4.3.5　绘制破坏包络线

RocData 在两种不同的应力空间中绘制破坏包络线：

（1）主应力平面（$\sigma_1 \sim \sigma_3$）；

（2）剪应力-法向应力空间（$\sigma_n \sim \tau$）。

根据当前的输入数据绘制强度曲线。默认状态，主应力和剪应力-正应力曲线均被显

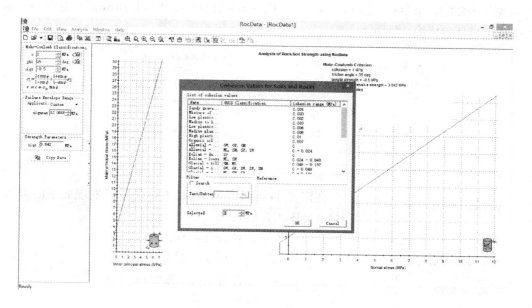

图 4.3-18　不同岩石或土的黏聚力

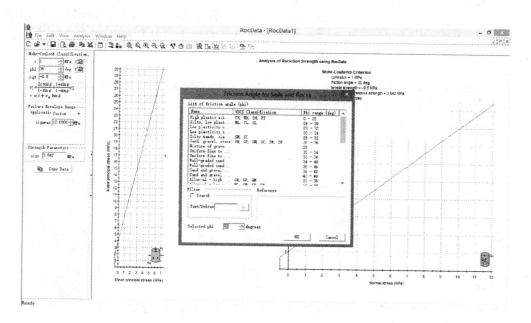

图 4.3-19　不同岩石或土的摩擦角

示出来。此外，也可以通过工具栏选择显示想要的破坏包络线。

RocData 包含了不同的显示/分析选项：

① 显示等效的摩尔-库仑包络线；

② 应力采样点数据提取/摩尔-库仑准则采样；

③ 自定义图片显式选项（如栅格、线型和字体等）。

（1）Hoek-Brown 参数绘制

根据给定的输入参数（如 sigci、GSI、mi、D），RocData 可计算广义 Hoek-Brown 破

坏准则所需要的输出参数（如 m_b、s、a）。RocData 针对广义 Hoek-Brown 准则用 m_b、s和 a 绘制破坏包络线，见图 4.3-20。

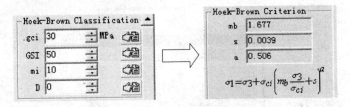

图 4.3-20　H-B 准则参数计算

图 4.3-21　其他岩体参数获取

在广义 Hoek-Brown 边栏上，还可以发现如下的岩体参数（见图 4.3-21）：

1）Sigt（岩体拉伸强度）；

2）Sigc（岩体单轴抗压强度）；

3）Sigcm（综合岩体抗压强度）；

4）Em（岩体变形模量）。

（2）幂指数曲线参数绘制

根据给定的输入参数（如 a、b 和 d），RocData 计算非线性幂曲线准则的 A、T 和 n 以及拉伸强度和单轴抗压强度，见图 4.3-22。

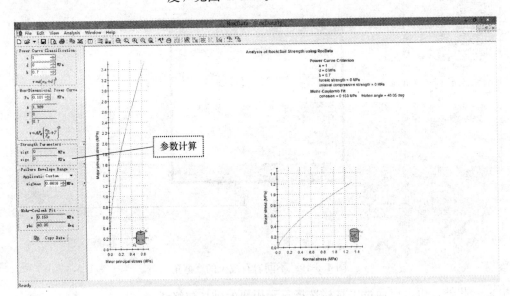

图 4.3-22　幂曲线参数计算界面

（3）摩尔-库仑参数

根据给定的输入参数（c 和 phi），RocData 计算单轴抗压强度（见图 4.3-23）。

（4）曲线破坏包络线的等效摩尔-库仑参数

对于非线性的破坏准则（广义 Hoek-Brown、Barton-Bandis 和幂指数曲线模型），

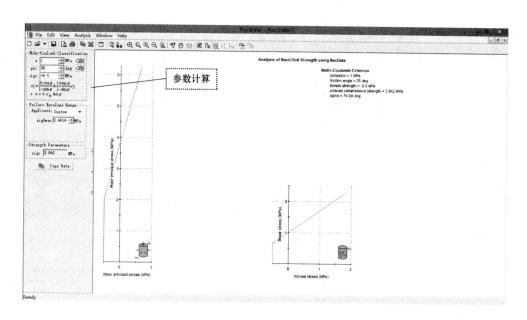

图 4.3-23　摩尔-库仑准则参数计算界面

RocData 通常会计算这些模型等效的摩尔-库仑参数（黏聚力和摩擦角）。见图 4.3-24 和图 4.3-25。

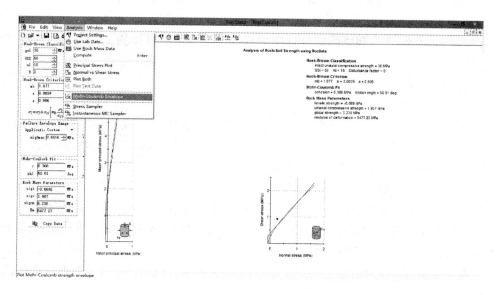

图 4.3-24　等效摩尔-库仑准则参数计算界面

相应的摩尔-库仑强度包络线可以在分析菜单上选取。在计算摩尔-库仑破坏包络线时，注意应力范围直接决定了计算结果：

1）摩尔-库仑拟合的方法选择如图 4.3-23 所示；

2）General 选项仅对广义 Hoek-Brown 准则有效。当设置该选项时，围压采用公式 sigma3max＝sigci/4，计算这一经验公式建立在大量的岩体脆性破坏的观察之上，即破坏

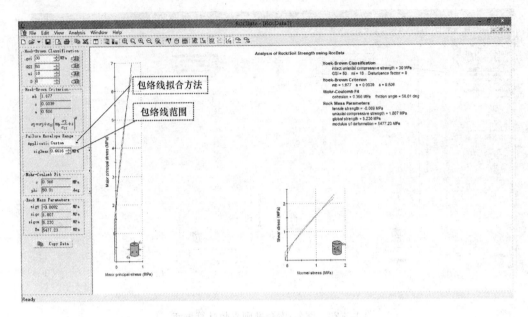

图 4.3-25 等效摩尔-库仑准则参数获取

出现时，sigma3 小于 1/4 的 sigci；

3）当破坏包络线范围为 Custom 时，可以手动输入 sigma3max；

4）拟合的破坏包络线范围不会对非线性包络线产生任何影响。

在决定等效摩尔-库仑包络线的合理应力范围时必须依据具体的工程应用，如典型的开挖问题。

4.3.6 使用试验数据获取强度

（1）三轴试验数据分析

RocData 的一个基本功能是根据输入的三轴试验数据确定强度参数。可以用广义 Hoek-Brown 准则、摩尔-库仑准则和幂指数曲线准则来分析试验数据。分析如下：

1）从 Analysis 菜单选择 Use Lab Data 选项；

2）数据可以手动输入或从文件导入；

3）选择 Levenberg-Marquardt、Simplex 或者 Linear Regression 算法拟合曲线 sigci 和 mi（完整岩石的 Hoek-Brown 强度准则），c 和 phi（摩尔-库仑强度准则）或 a、b 和 d（幂指数曲线强度准则）。这些计算值是最优拟合值；

4）输入数据后点击对话框上的 OK 按钮，RockData 会自动计算选定准则的最优拟合值（见图 4.3-26）。

从三轴试验数据获取实际强度值是值得推荐的一种方法。需要强调这并不需要大量的试验数据，通常 6~7 个试样的三轴试验值即可。如果没有三轴试验数据，相关参数也可以在 RocData 中通过上文所叙述的方法来估计。如果输入错误的参数（如 sig3 超过 sig1），RocData 不会进行拟合计算，见图 4.3-27。

（2）原位（岩体）三轴试验数据

广义 Hoek-Brown 强度模型可以用来拟合原位三轴试验数据（见图 4.3-28）。拟合原

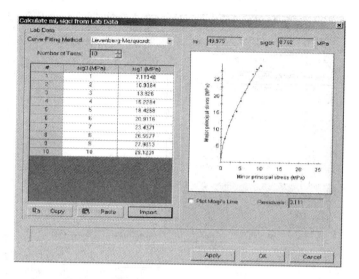

图 4.3-26　完整岩石 Hoek-Brown 参数拟合实例

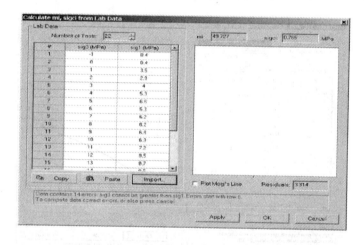

图 4.3-27　直剪数据不正确（弹出错误信息）

位数据需要输入完整岩石的单轴强度（sigci）和岩体扰动因子（D）。

（3）直剪试验数据分析

RocData 采用摩尔-库仑、Barton-Bandis 和幂指数曲线模型来拟合直剪试验数据。这些分析包括如下内容：

1）从 Analysis 菜单上选择 Use Lab Data 选项；

2）数据可以手动输入也可以从文件导入；

3）可以用 Levenberg-Marquardt、Simplex 或者 Linear Regressio 算法来拟合曲线 candphi（摩尔-库仑准则），JRC 和 JCS（Barton-Bandis 准则）或者 a、bandd（幂指数曲线准则）（拟合 Barton-Bandis 准则需要输入基本摩擦角 phib）；

4）输入数据后，点击对话框上的 OK 按钮，RocData 会自动计算选定强度准则的最优拟合（见图 4.3-29）。

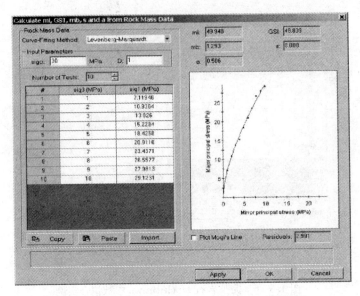

图 4.3-28　原位数据的广义 Hoek-Brown 最优拟合

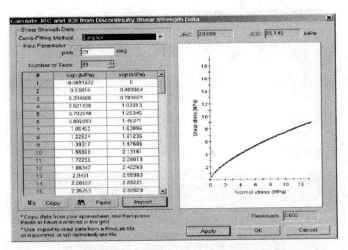

图 4.3-29　直剪试验数据采用 Barton-Bandis 准则拟合

（4）同时满足三轴试验和直剪试验数据的强度模型拟合

摩尔-库仑和幂指数曲线模型可以同时拟合三轴和直剪试验数据。在选定准则分析对话框上有一个输入数据类型的选项（见图 4.3-30）。

注意：幂曲线强度分析的面板上有输入数据类型的选择。此处选择三轴数据来拟合强度。

（5）采用不同强度模型拟合一组试验数据

RocData 允许采用不同强度模型拟合同一组试验数据。分析步骤如下：

1）Analysis 菜单上选择 Project Settings 选项，或者从工具条上直接选择。从弹出的对话框上选择需要的强度模型；

2）从 Analysis 菜单上选择 Use Lab Data 选项，输入试验数据；

3）选择另一个强度模型来拟合相同的试验数据，可以从 Project Settings 对话框上进

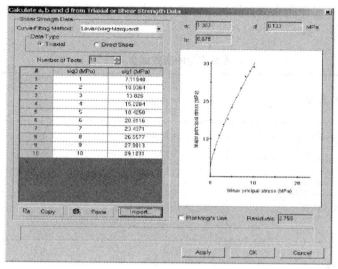

图 4.3-30　选择三轴数据来拟合强度

行操作；

　　4）选择其他强度模型后，先前输入的试验数据自动转换到该模型下。

　　（6）选择不同数据模型的注意事项

　　在 RocData 中广义 Hoek-Brown 只能用来拟合三轴数据，而 Barton-Bandis 模型只能用来拟合直剪数据。因此，当拟合模型和试验数据不相容时，程序会弹出矛盾的对话框。如果强行继续，程序会打开一个新的、不带任何试验数据的对话框。如果选择"Do not show warning again"按钮，数据类型的警示开关会被关闭（见图 4.3-31）。

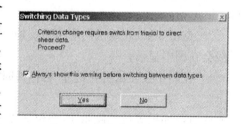

图 4.3-31　数据类型警示对话框

　　（7）曲线拟合方法的选择

　　对于每一种强度模型，RocData 提供至少两种拟合算法。曲线拟合算法可以从下拉对话框中进行选择（见图 4.3-32）。

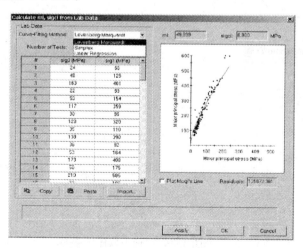

图 4.3-32　曲线拟合算法对话框

从下拉对话框选择曲线拟合算法后，新的参数立刻被重新计算。表 4.3-1 列出各种模型的有效拟合算法：

各种模型的有效拟合算法   表 4.3-1

强度模型	曲线拟合算法		
	Levenberg-Marquardt	Simplex	Linear Regression
Hoek-Brown(室内试验数据/完整岩石)	√	√	√
广义 Hoek-Brown(岩体/现场数据)	√	√	
Barton-Bandis	√	√	
Power Curve	√	√	
Mohr-Coulomb	√		√

（8）应力取样

Stress Sampler 选项允许通过图形化操作获得强度包络线上的准确应力坐标（见图 4.3-33）。操作步骤如下：

1）从工具条上或者从 Analysis 菜单上点击，点击 Stress Sampler 按钮；

2）在主应力平面坐标上左击 sigma3 坐标，或在正应力-剪应力平面内左击正应力（normal stress）；

3）点击 sigma3 或法向应力后，应力坐标系会显示出来。同时一条用于定位的辅助性垂线会在图中显示；

4）在图中按住鼠标左键左-右拖拽时，强度包络线上的应力值会随着鼠标的移动连续显示。

注意：如果等效的摩尔-库仑包络线也同时被激活，非线性强度的坐标和摩尔-库仑的坐标会同时显示。

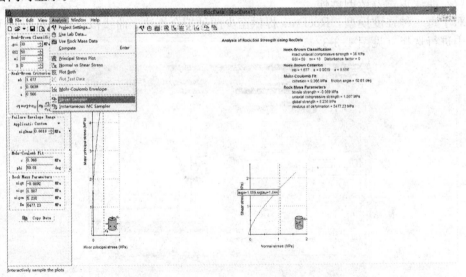

图 4.3-33　应力取样

（9）Mohr-Coulomb 瞬态应力取样

瞬态 M-C 准则应力取样（Instantaneous Mohr-Coulomb Sampler）选项允许通过图形化操作获得强度曲线上任一点对应的摩尔-库仑参数（黏聚力和摩擦角）（见图 4.3-34）。操作过程如下：

1）从工具条上或从 Analysis 菜单上点击，单击 Instantaneous MC Sampler 按钮；

2）在主应力坐标上左击 sigma3 或在正应力-剪应力平面上左击正应力；

3）鼠标选择的摩尔-库仑包络线上的某一点所对应的切线会立刻在图上显示出来。切线对应的黏聚力和摩擦角也会同时显示。

4）如果按住鼠标左键拖拽，instantaneous Mohr-Coulomb 包络线和坐标会即时显示。

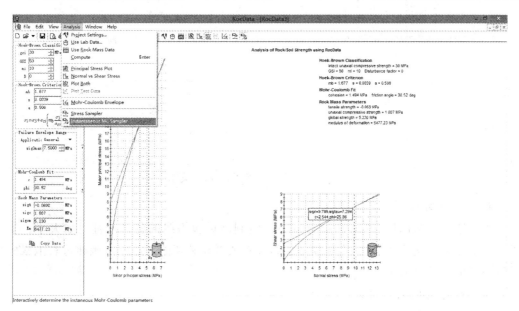

图 4.3-34　摩尔-库仑准则瞬态应力取样

4.3.7　输出数据/图片

RocData 的分析结果和强度包络线可以被输出到其他程序用于报告的编写或深入研究。具体实施过程如下：

（1）Edit 菜单上的 Copy Data 选项可以将内容拷贝至剪贴板，再由剪贴板黏贴至 word 或其他文档处理软件；

（2）Edit 菜单上的 Copy 选项可以将图片拷贝至剪贴板，再由剪贴板黏贴至 word 或其他文档处理软件；

（3）破坏包络线的图像可以直接保存为 JPEG、BMP、EMF 或 WMF 格式。通过 File 菜单上的 Export Image File 选项实现。

可以通过一次鼠标单击操作将数据和绘图输出至微软的 Excel：

（1）点击 Export to Excel 工具栏按钮；

（2）如果计算机上安装了 Excel，Excel 会自动打开，所有的数据导出到 Excel 中；

（3）破坏包络线也同时在 Excel 中生成。

注意：在 Excel 中生成的绘图是 RocData 当前视图中的破坏包络线。如果 RocData 当前视图只有正应力-剪应力数据和曲线，那么输出到 Excel 也只有这些数据和曲线。导入到 Excel 中的强度包络线上的数据点的个数可以通过 Display Options 来设置（见图 4.3-35）。

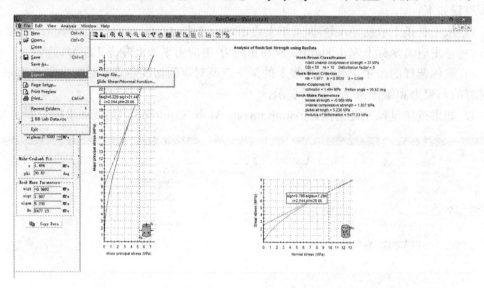

图 4.3-35　File 上的 Export 子菜单

4.3.8　显示选项

可以通过显示选项（Display Options）定制破坏包络线的各种属性，如大小、颜色等。显示选项可以通过 View 下拉菜单进行设置或者在破坏曲线绘图区域通过右击鼠标打开选择菜单（见图 4.3-36）。

有下列选项可以提供修改：

（1）Mogi's 线

Mogi's 线定义为最大主应力和最小主应力的比例，该线用来区分脆性破坏和非脆性破坏。默认状态下该线定义为 sig1/sig3 = 3.4，并且采用绿线表示：

1）强度包络线位于 Mogi's 线之上的部分倾向于发生脆性破坏；

2）强度位于 Mogi's 线之下的部分倾向于发生非脆性破化。这通常出现在地质力学指标 GSI 较低的情形。

（2）缩放

Zoom Extents 选项可以自动地缩放广义 Hoek-Brown 强度包络线的坐标轴，使之能够在当前的围压范围内（与 sigci 相关）显示全部的强度包络线。如下例：

1）选择 Zoom Extents 选项，将 GSI 增加至 100，m_i 设定为 40；

2）观察此刻的强度包络线，强度包络线的最大范围会被 Zoom Extents 自动计算（见图 4.3-37）。

（3）项目设定

项目设定对话框用来输入项目的名字、选择破坏模型和度量单位。项目对话框可以从 Analysis 菜单上打开（见图 4.3-38）。

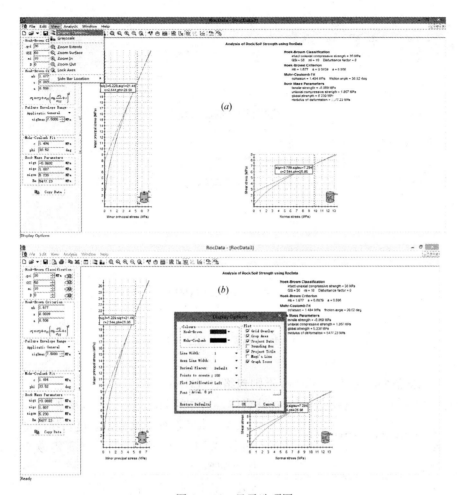

图 4.3-36　显示选项图

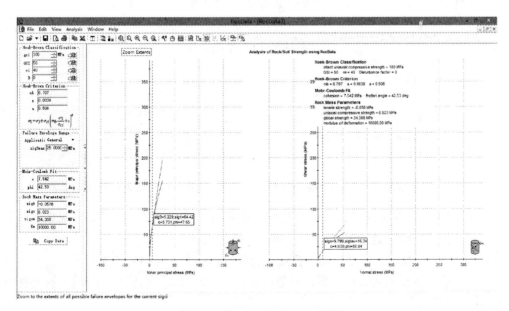

图 4.3-37　Zoom Extents 选项

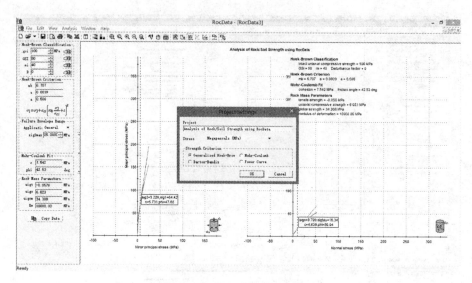

图 4.3-38　项目设定对话框

4.4　应用实例

4.4.1　未挠动隧洞 Hoek-Brown 准则包络线 （D=0）

考虑一埋深为100m隧洞周围未扰动岩体，岩体的 Hoek-Brown 参数如图 4.4-1 所示：

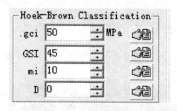

图 4.4-1　岩体的 Hoek-Brown 参数

图 4.4-1 里的数据用来确定强度包络线的小主应力（sig3max）范围，这一数值用来确定等效 Mohr-Coulomb 模型的参数（见图 4.4-2）。

等效参数和强度包络线自动计算。注意计算出的等效摩尔-库仑参数如图 4.4-3 所示：

等效的摩尔-库仑强度包络线可以通过点击图标来绘制（见图 4.4-4）。

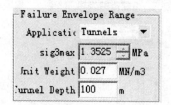

图 4.4-2　强度包络线的小主应力范围的确定

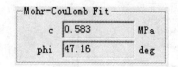

图 4.4-3　等效摩尔-库仑参数

点击图标 可以获得摩尔-库仑包络线在正应力-剪应力平面上的表达（见图 4.4-5）：

注意：在给出的等效摩尔-库仑参数中，拉应力为负。

4.4.2　Hoek-Brown 准则应用于强扰动的岩石高边坡 （D=1） 实例

考虑与前一例相同的岩体参数，但是边坡高度为100m，扰动因子 D=1。输入扰动因子 D=1（见图 4.4-6）：

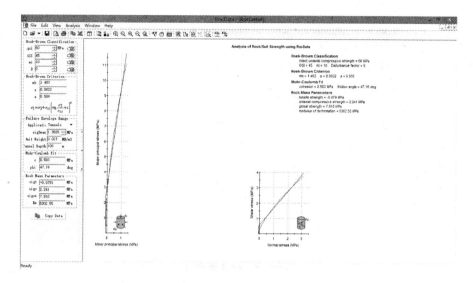

图 4.4-4　等效的摩尔-库仑强度包络线的绘制

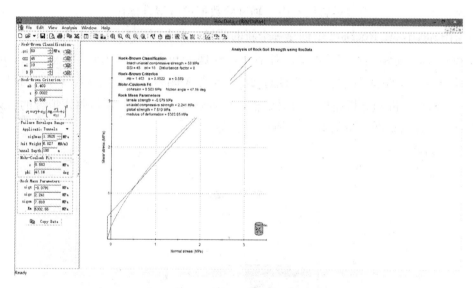

图 4.4-5　摩尔-库仑包络线在正应力-剪应力平面上的表达

输入破坏包络线的小主应力范围（sig3max）（见图 4.4-7）：

等效摩尔-库仑参数和强度包络线自动计算出的等效参数如图 4.4-8 所示，强度包络线如图 4.4-9 所示：

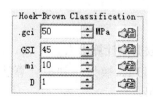

图 4.4-6　考虑扰动因子 D=1

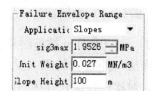

图 4.4-7　破坏包络线的小主应力范围的输入

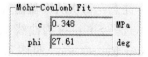

图 4.4-8　等效参数值

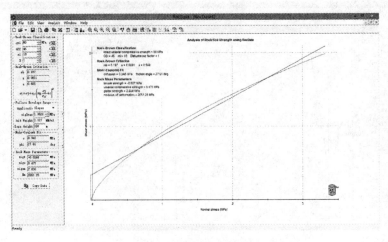

图 4.4-9　强度包络线

4.4.3　三种模型处理三轴试验结果对比

本例采用三个强度模型对岩块室内三轴试验数据进行拟合操作。

点击图标 ⬜，在 RocData 中创建一个新的项目。点击图标 🔧 或者从 Analysis 菜单上选择 Project Settings，打开项目设置对话框，确保分析单位为 MPa，注意广义 Hoek-Brown 模型为默认的强度模型。点击图标 📷 或者从 Analysis 菜单上选择 Use Lab Data，打开 Hoek-Brown 准则分析完整岩石对话框，Levenberg-Marquardt 是曲线拟合的默认算法。设置 5 组输入数据，如图 4.4-10 所示。

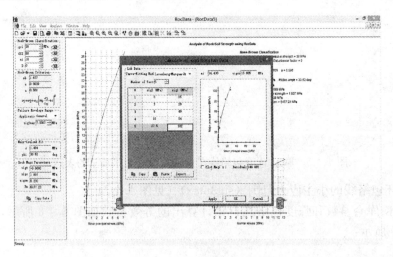

图 4.4-10　数据的输入

注意：每次从键盘输入数据时，sigci 和 dmi 被即时从输入数据中计算出来。

选择 Simplex 为曲线拟合的算法，并查看结果（见图 4.4-11）。换另一种拟合算法 Linear Regression（见图 4.4-12），对比两种拟合方法的计算结果。

选择 Levenberg-Marquardt 拟合算法（见图 4.4-13），单击 OK 按钮，RocData 开始分析输入试验数据，并得出拟合结果。

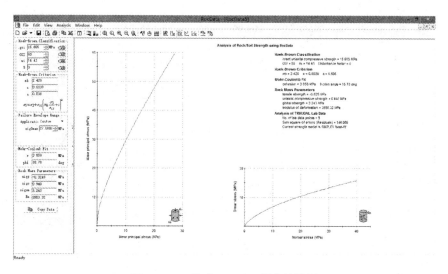

图 4.4-11　算法 Simplex 拟合的结果

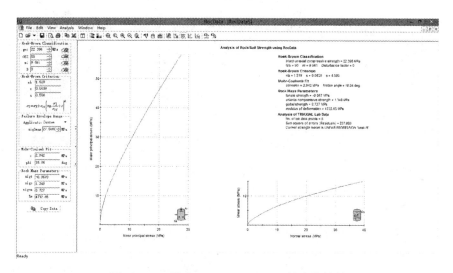

图 4.4-12　算法 Linear Regression 拟合的结果

根据试验数据分析得到的相关参数显示在视图对话框的右上角。RocData 同时给出了拟合数据结果的残值。

改变单轴强度 sigci 的值，RocData 会警告当前显示的模型参数不是最优拟合（见图 4.4-14）。

回到 Project Settings 对话框，选择 Mohr-Coulomb 准则，单击 OK 按钮。通过室内试验分析获得的完整岩块的力学参数数据会立刻传递到 Hoek-Brown 模型岩体参数研究的窗体中。从 Project Settings 菜单上选择 Power Curve 强度准则，则幂指数曲线模型的分析对话框根据当前的拟合成果自动打开。

4.4.4　广义 Hoek-Brown 准则分析原位试验数据

本例示范如何采用广义 Hoek-Brown 准则拟合原位岩体的试验数据。点击图标，新建一个工作文件。点击图标或者从 Analysis 菜单上选择 Project Settings，打开项目

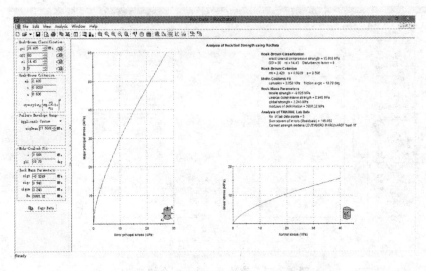

图 4.4-13　算法 Levenberg-Marquardt 拟合的结果

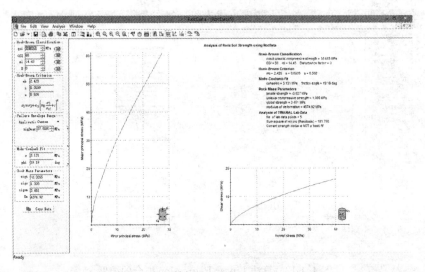

图 4.4-14　非最优拟合

设置对话框，确保分析单位为 MPa，注意广义 Hoek-Brown 模型为默认的强度模型。点击图标▦或者从 Analysis 菜单上选择 Use Field Data 选项，这一选项用来分析岩体的原位试验数据。输入完整岩石的单轴抗压强度（sigci＝50MPa），岩体扰动因子（D）设置为 0.5。输入如图 4.4-15 所示的 9 列原位试验数据。

选择曲线拟合算法为 Simplex。默认模式不显示输入数据点，点击图标▧或者从 Analysis 菜单上选择 Plot Test Data 可以显示这些数据点。

三轴试验点的数据在主应力强度曲线以点的形式表示，在正应力-剪应力平面上以莫尔圆的形式表示，见图 4.4-16。

4.4.5　摩尔-库仑（M-C）和幂指数曲线（P-C）模型分析直剪数据

本例示范采用 M-C 和 P-C 两种强度准则拟合土的直剪试验数据（单位：磅/平方英

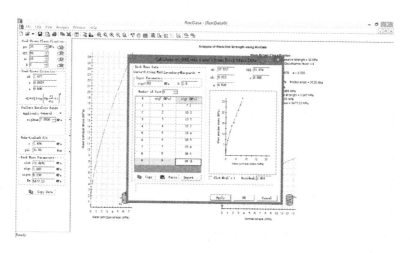

图 4.4-15　输入原位试验数据

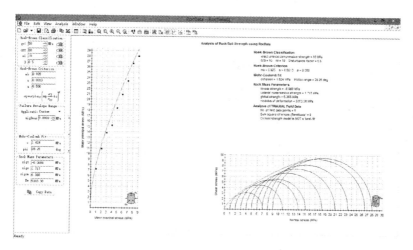

图 4.4-16　广义 Hoek-Brown 对原位三轴试验数据的分析

寸）。点击图标 ，新建一个工作文件。点击图标 ，在 Project Settings 面板上将强度模型选择为 Mohr-Coulomb。

点击图标 或者在 Analysis 菜单上选择 Use Lab Data 选项，这一选项打开摩尔-库仑室内试验数据分析对话框，如图 4.4-17 所示。在数据类型上选择直剪试验数据，输入如图 4.4-18 所示 8 组直剪数据。

拟合算法选择 Linear Regression，选择其他算法也可以，结果一样。点击 OK 键（见图 4.4-19）。

回到 Project Settings 对话框上，选择 Power Curve 准则，点击 OK 按钮。前面输入的试验数据仍得到保留，可以继续在这些数据的基础上采用幂指数曲线模型进行分析（见图 4.4-20 和图 4.4-21）。

拟合算法选择 Levenberg-Marquardt，选择其他算法也可以。点击 OK 按钮，得到如图 4.4-22 所示曲线。

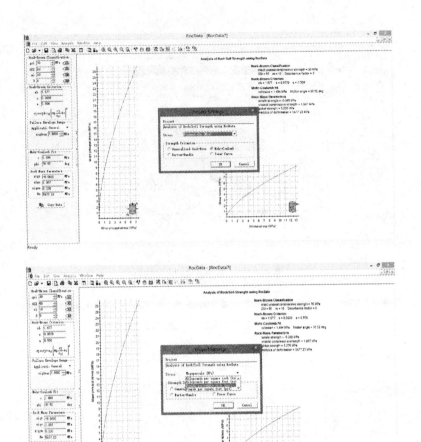

图 4.4-17 项目设置对话框

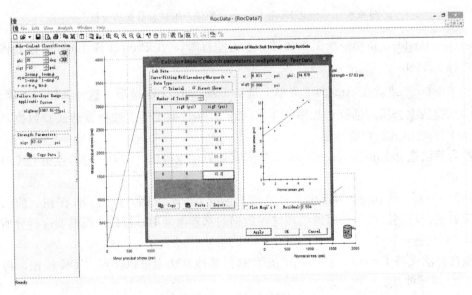

图 4.4-18 直剪数据输入

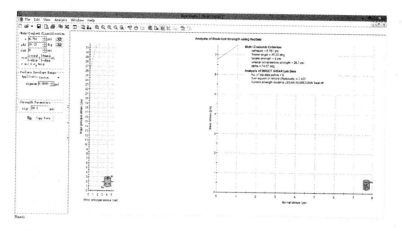

图 4.4-19　算法 Linear Regression 拟合的结果

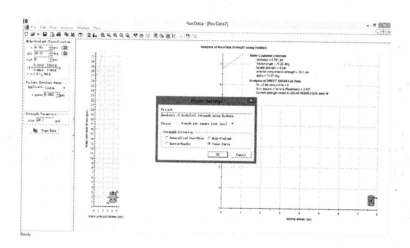

图 4.4-20　Power Curve 准则的选择

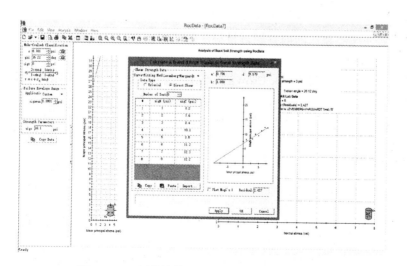

图 4.4-21　幂曲线模型拟合同样的直剪试验数据

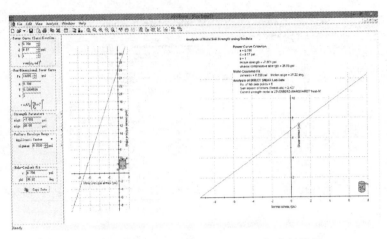

图 4.4-22　算法 Levenberg-Marquardt 拟合的结果

4.5　RocData 使用小结

　　岩体参数的获取与岩块有关，因此工程中常采用岩体质量分类进行评价，但根据这一分类方法得到的参数相对模糊，而 RocData 为岩体参数的获取提供了有力工具。

　　但是应该注意的是：确定岩土体参数的目的并不仅仅是为了获得参数。这些参数可服务于后续的极限平衡和岩土体结构的数值分析。从 RocData 中获得的材料参数可用作其他程序的输入数据，如：Phase2（开挖支护分析的有限元程序）和 Slide（边坡极限稳定的平衡分析程序）。

　　RocData 软件特点功能可汇总如下：

　　（1）基于三轴或直剪切强度参数，确定线性及非线性强度包络线；

　　（2）内置的强度准则：Generalized Hoek-Brown、Mohr-Coulomb、Barton-Bandis 和 Power Curve；

　　（3）利用内置图表估算输入的强度参数；

　　（4）基于技术文献建立的内置岩石材料参数数据库；

　　（5）由主应力和剪应力/正应力参数确定破坏模型；

　　（6）从三轴试验中获得 Hoek-Brown 模型参数，从三轴或直剪试验中获得 Mohr-Coulomb 模型参数；

　　（7）破坏模型的交互式图形取样，一键导出数据和图表至 Excel。

习题与思考题

　　1. RocData 软件的特点是什么？

　　2. 试分析 M-C 准则及 H-B 准则的参数对应规律？

　　3. 针对某一隧洞爆破开挖，试采用 H-B 准则、利用岩体挠动因子分析不同损伤程度下的岩体力学参数。

　　4. RocData 内置哪四种强度准则，四种强度准则各有何特点及适用范围？

　　5. RocData 提供了哪几种拟合算法，每种算法分别适用于哪些强度准则？

第 5 章　二维边坡稳定分析软件 Slide 使用

边坡稳定是岩土工程中常见的问题，是岩土工程各领域中的重要组成部分。其计算方法视边坡结构体的破坏形式不同而变化，如滑坡、倾倒、崩塌等。影响边坡稳定的因素有岩土性质、岩体结构、水的作用、风化、地貌、地震、地应力和人为因素等。

本章介绍用于二维岩土边坡稳定分析的 Slide 软件。借助该软件，可以对各类岩土边坡进行滑动稳定性分析与加固方案对比设计。

5.1　基　本　概　况

Slide 是一款评价土质或岩质边坡安全系数或者失效概率的二维极限平衡程序，它用来评价土质或岩质边坡中圆弧或非圆弧滑动面的稳定性。Slide 程序使用非常简单，可以创建复杂模型，并可快速、轻松求解。此外，外部荷载、地下水以及支护都可以用一系列方式去模拟。

（1）边坡稳定分析

Slide 采用垂直条分极限平衡法分析边坡稳定性。对于给定边坡，可以分析单个滑动面，或者用搜索方法确定临界滑动面。

其主要特征包括：

1）临界滑动面搜索方法可考虑圆弧滑动面和非圆弧滑动面两种。

2）Bishop、Janbu、Spencer、GLE/Morgenstern-Price 以及其他分析方法。

3）多种材料：各向异性、非线性的 Mohr-Coulomb 材料及其他常用模型。

4）地下水可采用 piezo 表面、Ru 系数、孔隙压力网格或者有限元渗流分析。

5）可进行边坡稳定性概率分析。

6）外部荷载可考虑点荷载、线性荷载、均布荷载和地震荷载等。

7）支护可考虑土钉、锚杆、土工布和桩等，并可进行所需支护力的反分析。

8）观察搜索生成的任意或所有滑面，并得到单个滑面的详细分析结果图。

一个完整的有限元分析，包括稳定状态判断、地下水分析和数据解释等，正是建立在 Slide 程序基础之上，因此它是进行有限元等数值分析的重要依据。

（2）概率分析

Slide 有很强的概率分析能力。在概率边坡稳定性分析中，可将统计分布赋予输入参数，比如材料属性、支护属性、荷载和地下水位线等。通过将统计分布赋值到一个或多个模型的输入参数，允许估计参数取值的不确定性。这将形成安全系数分布，从中可以计算出边坡失稳概率或者可靠性指标。

概率边坡稳定性分析应当看作传统确定性分析（即安全系数）的补充。很多有价值的见解可以从概率边坡分析中获得。

5.2 软件操作流程

5.2.1 程序设置

首先通过一个均匀单一材料、没有水压力（干燥）、圆弧滑动面搜索（网格搜索）的边坡的安全系数的计算来展示如何快速利用 Slide 创建简单的设置、模型构建、计算以及分析。

双击 Slide 安装文件夹下的 Slide 模型程序，或者从开始菜单中选择 Programs→Rocscience→Slide 5.0→Slide。如果 Slide 应用程序窗口还没有最大化，最大化窗口，以便整个屏幕都能够观察模型。注意：当 Slide 模型程序启动时，将打开一个新的空白的文件，该文件允许直接创建模型。

在 Slide 程序进行稳定性分析中，可以对计算条件进行预先设置，所能操作的对象有：

（1）工程标题：用于结果后处理，在每张图中显示。

（2）滑动方向：自左向右或者自右向左。

（3）单位制系统：公制（长度 m、力 kN、重度 kN/m³），英制（英尺、磅、磅/立方英尺）。

（4）最大材料数目：默认情况下，对于岩土体和支护结构提供的材料数为 20 个，可根据需要修改。程序规定最大材料数为 500 个。

（5）数据输出选项：程序执行计算过程中，将单个滑裂面的详细结果（如剪应力、孔压和条间力等）写入后处理文件，用于在后处理程序中查看及成图显示。可控制后处理文件中数据写入量：

1）全局最不利滑裂面（标准选择）：只将当前所有滑裂面中最不利者的详细结果数据写入后处理文件；

2）最大数据输出：对于网格搜索方法，记录每一个滑裂面搜索网格点中最不利滑面的详细结果；对于不规则滑面，记录每一个滑面的详细数据。与前者比较，该方法更耗时且需要较大的存储空间。

注意：无论何种数据输出方法，都有以下输出规定：

1）后处理文件中均保存每一滑裂面的安全系数值；

2）记录已知滑裂面详细数据；

3）上述规定对任意稳定系数计算方法有效（如 Bishop、Janbu 等）。

（6）条分分析方法：Slide 程序共提供九种安全系数计算方法，包括 Ordinary/Fellenius 法、Bishop Simplified 法、Janbu Simplified 法、Janbu Corrected 法、Spencer 法、Corps of Engineers ♯1 法、Corps of Engineers ♯2 法、Lowe-Karafiath 法和通用极限平衡 GLE/Morgenstern-Price 法。部分条分法稳定条件见表 5.2-1：

1）条分数目：潜在滑体竖直条分数目，默认为 25。条分数目最好小于 100，因为条分数过大对精度影响微弱，增加计算成本。

2）收敛容差：用两次迭代的差值来判断计算是否收敛，默认为 0.005，可以自定义大小。

部分条分法稳定条件 表 5.2-1

方法	对平衡条件的简化			对滑裂面形状的假定				对条带侧向作用力的假定
	力矩平衡		力平衡					
	满足	不满足	全部满足	部分满足	圆弧	折线	任意形状滑裂面	
Low-Katafiath		√	√				√	$\beta=(\alpha+\gamma)/2$
Crops-of-Engineers		√	√				√	β取平均条带坡度
Janbu-corrected	√		√				√	$\beta=\alpha$
Spencer	√		√				√	$\beta=$常数
GLE/Morgenstern-price	√		√				√	$\tan\alpha=\lambda f(x)$

3）最大迭代步：对每一滑面进行稳定迭代中允许的最大迭代数，默认为50。通常3~4 个迭代即能满足收敛要求，如果迭代步大于20，建议检查模型参数输入。

4）拉应力检查：稳定计算中，某些条带底部可能会出现拉应力。究其原因有两种，第一，底部存在高孔隙水压力；第二，条带具有陡倾坡角，此类条带通常出现在坡顶，默认情况下，程序不进行拉应力检查。拉应力检查步骤为：

① 按照正常条件计算稳定系数，得到一确定底部法向应力值。

② 在计算结果中检查滑面内一定范围内条带底部拉应力（默认允许坡顶条带出现拉应力）。

③ 一旦拉应力超过材料模型（Slide 中若干模型）所提供的抗拉强度，则将错误警告写入结果文件。

5）GLE 条带间作用力方程：如果选择了 GLE 计算方法，程序默认条间力方程为半周期正弦函数，可选择不同方程类型或者自定义方程（共七种）。

（7）地下水分析方法：Slide 提供 6 种方法以满足含有地下水边坡的稳定性分析，这 6种方法分别为自由液面曲线、Ru 系数法、孔压网格法（总水头）、孔压网格法（压力水头）、孔压网格法（孔压大小）和有限单元法。

注意：一个分析中只能选择一种地下水方法，但可以将 Ru 法与自由液面曲线法或者孔压网格法结合使用。B-bar 参数可以考虑由不排水情况下的超孔压生成。

1）Ru 系数＋自由液面（或孔压网），程序处理方案为：

① 地下水方案为自由液面，则在某一材料属性中没有使用给定自由液面的情况下才能使用 Ru 系数。

② 地下水方案为孔压网法，则在某一材料属性中没有使用给定孔压网格的情况下才能使用 Ru 系数。

③ 单一准则：在一种材料中只能使用一种地下水方案。

2）超孔隙水压力：如果需要考虑不排水情况下瞬时加载外力对孔压的增长效应，则需要使用 B-bar 系数。瞬时荷载可分类为增加材料重度、地震力竖直方向分量和外荷载竖直方向分量。超孔压的大小为 B-bar 系数与竖直方向荷载分量的乘积。

（8）概率分析：Slide 可以考虑输入参数的不确定性对边坡稳定分析的影响。其中样本抽样方法决定了概率分析中随机变量的输入分布如何取样。程序提供了两种抽样方案：

Monto-Carlo 和 Latin Hypercube。样本数目里确定了每个随机变量产生随机数的多少，默认情况下 1000 个。

关于概率分析方法，Slide 提供了两种分析方法：

1）全局最小性分析，其分析特征为：

① 使用确定性方法分析所有滑裂面以确定全局最小安全系数所对应的滑裂面。

② 对上一步得到的最不利滑裂面使用随机变量样本值进行概率性分析，执行次数为样本总数。失效概率定义为安全系数小于 1 的子样本数与总样本数的比值。

③ 需要注意不同的分析方法（Bishop、Janbu）可以得到不同的最不利滑裂面，程序须对其分别独立分析。

总则：以最不利滑裂面的失效概率表征整个边坡的失效概率。

2）整体边坡分析，其分析特征为：

① 对每一组随机样本值均进行最不利滑裂面搜索，如样本总数为 1000，则执行 1000 次搜索。由此可以看出，该方法中每组样本对应一个滑裂面，而滑裂面的位置取决于分析模型、搜索方法以及随机变量分布特征。

② 边坡失效概率定义为安全系数小于 1 的子样本数与总样本数之比。

③ 不同的分析方法（Bishop、Janbu）可以得到不同的最不利滑裂面，程序须对其分别独立分析。

（9）敏感性分析：敏感性分析可以确定输入参数对边坡稳定性的影响，其分析流程如下：

1）对于给定的敏感性分析变量，程序将其在值域内分为 50 个区间。

2）确定最不利滑裂面，使用上述 50 个值计算安全系数。

3）在敏感性分析迭代过程中，只能有一个参数作为变量，而其他参数作为常量（确定值）。

注意：敏感性分析与可靠性分析不同，可靠性分析根据分布函数对随机变量抽样，而敏感性分析在最大和最小值所定义的区间内进行取值；敏感性分析每次迭代只允许存在一个变量，而概率分析可以拥有全部随机样本。

5.2.2　模型构建

在开始建模前，首先设置绘图区域范围，以使所建立的模型位于屏幕的合适位置，方便进行计算与结果展示。

依次选择 Select：View→Limits。在窗口范围对话框中输入最小、最大的 x-y 坐标，点击 OK。这样就可以近似使模型位于绘图区域中央，见图 5.2-1。

然后，在窗口内点击 图标或者依次选择 Select：Analysis→Project Settings 打开程序设置对话框。在下拉菜单中可以设置上节讲述的信息。其选择如图 5.2-2 所示。

多种重要的建模及分析选项都在程序设置对话框中设置，包括失稳方向、测量单位、分析方法以及地下水方法。此处将使用程序设置中的默认选项，输入程序标题－SLIDE-Quick Start Tutorial，点击 OK 按钮。

对于 Slide 模型，必须定义的首要边界是外部边界。Slide 中的外部边界是封闭的多段线，该多段线包围所分析的岩土体区域。总体上说：

（1）外部边界的上部范围代表所分析的边坡表面；

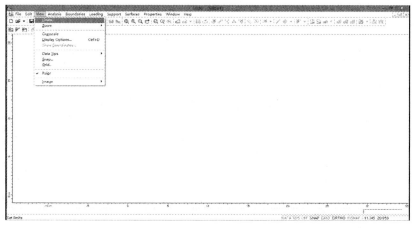

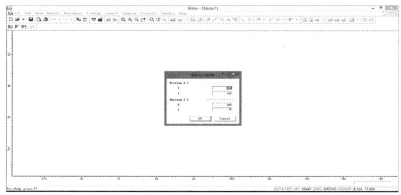

图 5.2-1　窗口范围设置对话框

（2）根据完整分析问题的必要性，外部边界的左侧、右侧以及底部范围可任意延伸至想到达的位置。如果添加外部边界，从工具栏 Boundaries 菜单下选择 Add External Boundary，依次选择 Select：Boundaries→Add External Boundary，也可直接在窗口内点击图标 （见图 5.2-3）。

点击后，在屏幕右下角的提示线下依次输入边界控制点坐标，x 与 y 坐标之间用空格（不可用逗号）。在输入最后一个点后输入 c，自动将封闭曲线首尾相连，并退出 Add External Boundary 选项（见图 5.2-4）。屏幕显示如图 5.2-5 所示。注意：不通过命令栏输入窗口进行建模也是可行的，Slide 中边界也可以在希望的位置上单击鼠标左键输入。捕捉选项可以用来精确输入绘图坐标（见图 5.2-6）。

此外，还可在 AUTOCAD 软件中用多段线建立外部边界，将边坡外部边界线的图层名设置为"External Boundary"，然后存储为 R12 格式的 DXF 文件，利用 Slide 软件窗口内 File 下拉菜单将 DXF 文件导入，则对应图层的多段线将自动转化为边坡外边界模型。

同理，材料分界线、水位线、支护等也可导入，但其在 AUTOCAD 文件中的图层名必须与图 5.2-7 一致。

在 Slide 模型中，主要有如下几种边界类型，并需要注意如下细节：

（1）外部边界：封闭的多段线定义边坡形状轮廓，其中该多段线的顶部即为坡面，

图 5.2-2　程序设置对话框

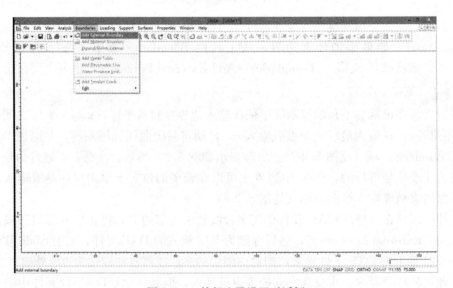

图 5.2-3　外部边界设置对话框

左，右以及底部线段是任意的，只要其不影响分析区域即可（类似于边界效应）。每个模型均须定义外部边界。一个模型中存在的外部边界只能是唯一的。

```
Enter vertex [esc=quit]: 0 0
Enter vertex [u=undo,esc=quit]: 130 0
Enter vertex [u=undo,esc=quit]: 130 50
Enter vertex [c=close,u=undo,esc=quit]: 80 50
Enter vertex [c=close,u=undo,esc=quit]: 50 30
Enter vertex [c=close,u=undo,esc=quit]: 0 30
Enter vertex [c=close,u=undo,esc=quit]: c
```

图 5.2-4　边界控制点输入

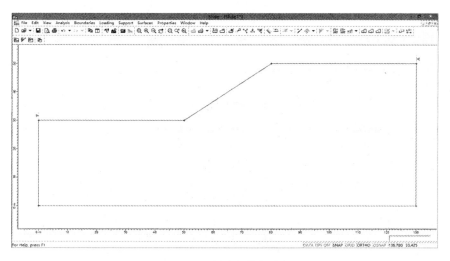

图 5.2-5　创建的外部边界

（2）材料边界：材料边界为任意多段线，对外部边界内不同性质材料分区，有效分区必须是由材料和外部边界辅助形成的封闭区域，一个模型中可具有任意个材料分区。

（3）水位线：水位线为任意形状多段线，水位线位于外部边界之外的部分可模拟积水（如水库蓄水），一个模型中只能定义一条水位线。如果定义了 Ru 系数或者孔压网格，则水位线仅仅定义了浸润面，不参与孔压计算。当地下水分析方法采用有限单元法，水位线失效（见图 5.2-8）。

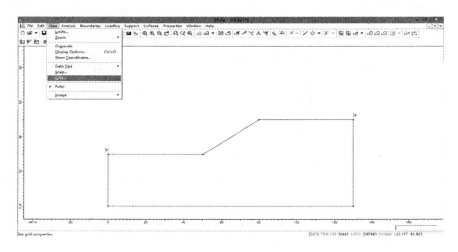

图 5.2-6　捕捉精度设置

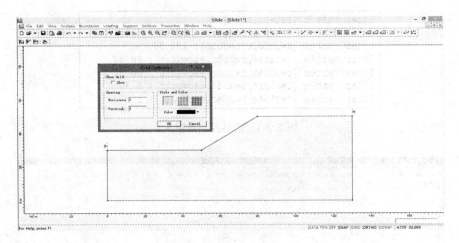

图 5.2-6　捕捉精度设置（续）

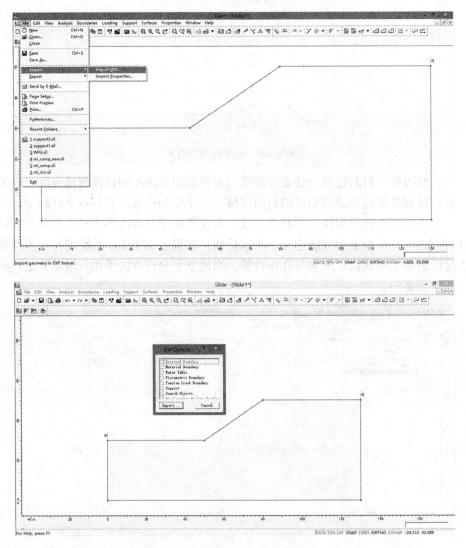

图 5.2-7　采用 AUTOCAD 建模导入

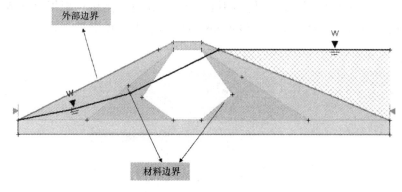

图 5.2-8　复杂边界的区分

（4）压力线：压力线为任意多段线，用于孔压计算，一个模型中最多有 20 条压力线，不同材料区域可使用不同的压力线。利用水位线与压力线两种方法计算孔压方案相同，但是压力线不能形成积水荷载。水位线允许定义干湿密度，但压力线不能，水位线与孔压网格联合使用时，水位线以上孔压网格孔压为零。

（5）拉裂面：拉裂面为任意多段线，用于定义拉裂区域。拉裂面可干燥、部分充水或者完全充水，一个模型只能定义一条拉裂面。如图 5.2-9 所示。

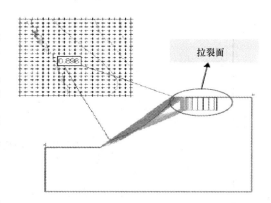

图 5.2-9　拉裂面图

以上几种边界的设置均可在 Boundarys 下拉菜单中进行设置。

5.2.3　滑面设置

Slide 可以进行圆弧或非圆弧滑面的稳定性分析。也可以分析单个滑面或者搜索临界滑面，找出具有最小安全系数的滑面。

（1）临界圆弧滑面搜索

Slide 中圆弧滑面有三种搜索方法可以应用。分别为网格搜索、边坡搜索以及自动改进搜索。默认采用网格搜索，此处的网格指的是圆心位置假定位于一定的栅格节点上，通过假定网格的范围，搜索潜在的圆弧形滑面。

Slide 中滑动中心网格可以通过定义（Add Grid 选项）或者自动创建（Auto Grid 选项）。在窗口内点击 或者选择 Select：Surfaces→Auto Grid，打开网格间距对话框。默认的网格间距为 20×20，只需点击 OK 按钮，网格即被建立（见图 5.2-10）。

注意：在 Surfaces 下拉菜单下设置网格潜在区域，默认状态下，网格内部的实际滑动中心位置不显示，可右击鼠标从弹出菜单中选择 Display Options，检查 "Show grid points on search grid" 选项，点击关闭按钮，网格显示打开。如果需要调整网格的范围，右键点击网格边界，拖动以调整网格（见图 5.2-11）。

图 5.2-11 设置了 20×20 的网格间距，实际上给出了 21×21＝441 个滑动中心。每个

滑动中心代表了一系列圆弧滑动的旋转中心。Slide 在每个网格点根据边坡范围以及半径增量自动确定圆弧半径。由 Surface Options 对话框输入半径增量，确定每个网格点产生的圆弧数目。

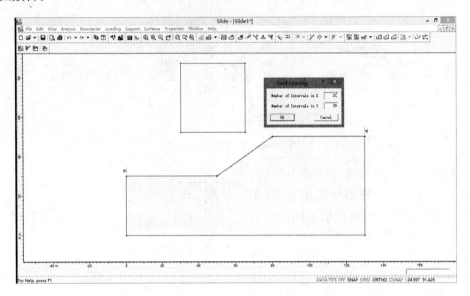

图 5.2-10　网格间距对话框

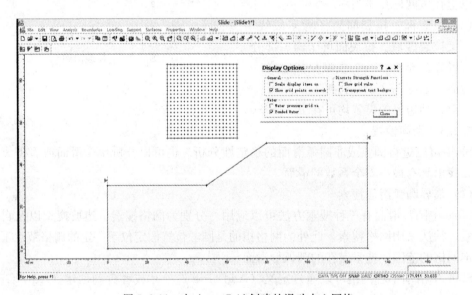

图 5.2-11　由 Auto Grid 创建的滑动中心网格

当创建外部边界后，上表面左右极限位置有两个三角形的标记，这就是边坡范围。外部边界一旦确定，Slide 将自动计算边坡范围，或者随时在外部边界上进行编辑操作（比如移动点）。

Slide 圆弧滑面分析中设置边坡范围有两个目的：

1）过滤，即所有的滑动面在滑动范围内必须与外部边界相交。如果滑动面的起点与终点不在滑动范围内，那么将放弃滑面（即不分析），如图 5.2-12 所示；

2）生成圆弧，在滑动范围内的部分外部边界定为被分析的滑面，即滑面为网格搜索生成的滑动圆弧，如图 5.2-13 所示：

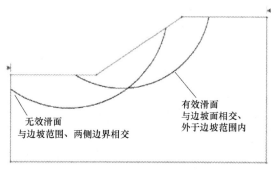

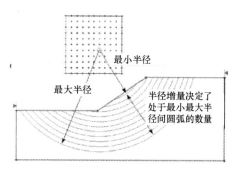

图 5.2-12　对有效滑面的边坡范围过滤

图 5.2-13　网格搜索的滑动圆弧的生成方法
（使用边坡范围以及半径增量）

对于每个滑动中心网格点，合适的最小及最大半径根据滑动中心到滑面的距离确定。半径增量用来确定在最小和最大半径圆弧内每个网格点上产生的圆弧滑动面的数目。

注意：

1）半径增量是每个网格点上最小及最大半径圆弧内间隔的数目。每个网格点上圆弧滑面的数目应该等于半径增量＋1。

2）通过网格搜索产生圆弧滑面的总数目＝（半径增量＋1）×（总的滑动中心）。例如，如图 5.2-11 例子中圆弧滑面的总数目等于 11×21×21＝4851 个。

（2）改变滑动界限

Slide 默认滑动范围给出了网格搜索的最大覆盖范围。如果希望对更精确的模型范围缩小网格搜索，可以通过 Define Limits 设置边坡范围。在窗口内点击 或者选择 Select：Surfaces→ Slope Limits → Define Limits 便可打开 Define Slope Limits 对话框（见图 5.2-14）。

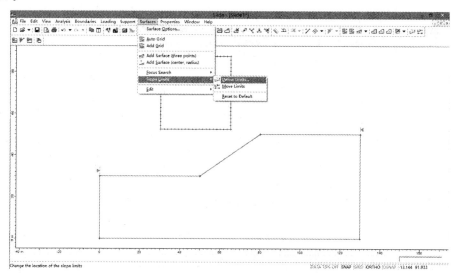

图 5.2-14　Define Slope Limits 对话框

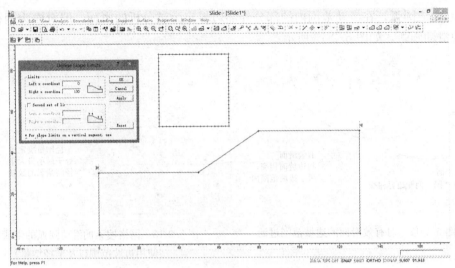

图 5.2-14　Define Slope Limits 对话框（续）

对话框允许设置边坡的左右范围或者定义两部分范围（如定义允许的滑面起点以及终点的范围）。

注意：滑动范围也可以用鼠标在 Move Limits 选项上移动。

（3）滑面选项

依次选择 Select：Surfaces→Surface Options 打开 Surface Options 对话框。该选项可以选择滑面模式与搜索方法、半径增量以及复合滑面等。默认的圆弧形滑面搜索模式对话框如图 5.2-15 所示。

需要注意的是，默认的滑动面形式是圆弧，用于网格搜索的半径增量同样在该对话框中输入。

5.2.4　材料特性

在窗口内选择 Select：Properties→Define Materials，打开 Define Material Properties 对话框。在 Define Material Properties 对话框中，在第一页（默认页）中输入以下参数（见图 5.2-16）。

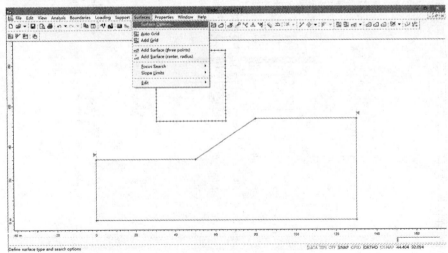

图 5.2-15　Surface Options 对话框

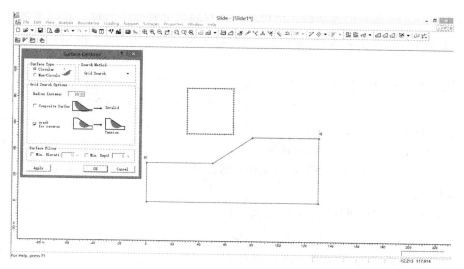

图 5.2-15　Surface Options 对话框 （续）

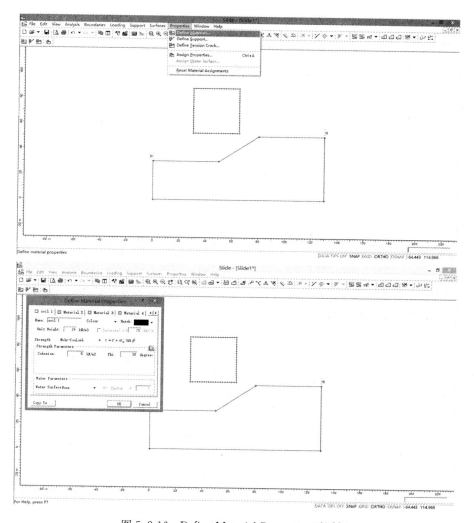

图 5.2-16　Define Material Properties 对话框

利用图 5.2-16 所示的对话框，可以对不同材料号分别赋予名称，并赋予强度按钮。作为算例分析，此处输入 C＝5kN/m² （黏聚力），FAI＝30° （摩擦角）。并点击 OK 按钮。

注意：因为此处模型为单一材料，仅需在第一页（默认页）中输入参数，Slide 会自动赋默认值（即 Define Material Properties 对话框中第一种材料特性）。

当创建外部边界，边界内部区域将自动填充在 Define Material Properties 对话框中定义的第一种材料的颜色，这代表默认的特性赋值。对于多种材料模型，有必要使用 Assign Properties 选项进行属性赋值，可采用右键选择模型区域打开选项进行修改。

5.2.5 分析方法

在窗口内点击图标 或依次点击 Select：Analysis→Project Settings。如图 5.2-17 所示。在 Project Settings 对话框中选择 Methods 页。Bishop 法以及 Janbu 法是默认选择的极限平衡分析方法。这里可以选择任意或者所有分析方法，计算时所选方法都将运算。

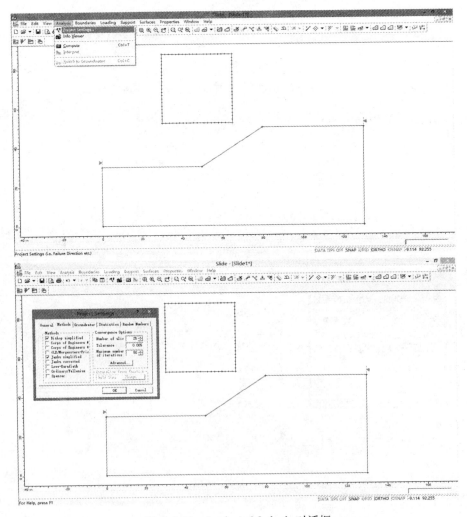

图 5.2-17 Analysis Methods 对话框

5.2.6　计算

开始分析模型前，将模型保存为 quick. sli. 格式（Slide 模型文件用 . SLI 文件后缀）。在窗口内点击图标 ▣ 或者依次选择 Select：File→Save。使用 Save 对话框保存文件。准备运行分析时，在窗口内点击图标 ▦ 或者依次选择 Select：Analysis→Compute。

点击后 Slide 计算引擎将进行计算分析。这仅仅需要几秒钟。当完成计算后，准备在 INTERPRET 窗口中观察结果。

5.2.7　解释

在窗口内点击图标 ◣ 或者依次选择 Select：Analysis→Interpret。可看到如下界面（见图 5.2-18）：

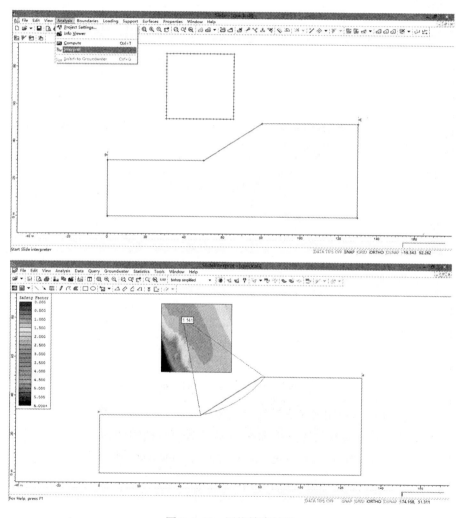

图 5.2-18　网格搜索结果

如果需要显示竖向条分，将鼠标放到搜索出的滑面上，选择 Show Slice 选项，得到如图 5.2-19 所示的条分滑面：

通过结果查询，可以看到：

（1）Bishop 简化法的最小滑面（如果计算采用 Bishop 分析法）；

（2）如果执行网格搜索，将会在滑动中心网格上看到安全系数等值线图。等值线图基于每个滑动中心计算的最小安全系数；

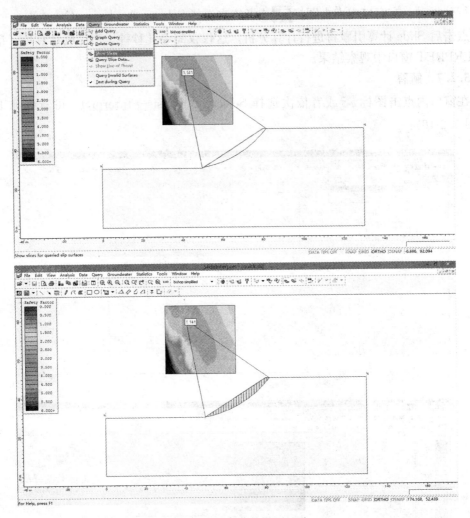

图 5.2-19　条分的滑面显示

（3）在 Slide 中，可以用各种方法输出图像文件；

（4）Export Image 选项允许直接保存当前视图为四种图像格式之一。分别为 JPEG（＊.jpg）、Windows Bitmap（＊.bmp）、Windows Enhanced Metafile（＊.emf）和 Windows Metafile（＊.wmf）。

5.3　材料以及荷载施加

以下说明如何模拟更为复杂的多材料边坡模型，及考虑孔隙水压力以及外部荷载。仍然采用 5.2 节所建立的简易模型，但在边坡体内添加一道夹层材料。

通过双击安装文件夹下 Slide 图标运行 Slide 模型，或者从开始菜单依次选择 Programs→Rocscience→Slide 5.0→Slide。

边坡范围等基本设置参照 5.2 节。在 Project Settings 对话框下选择地下水页面：依次选择 Select：Analysis→Project Settings，选择地下水页面（见图 5.3-1）。

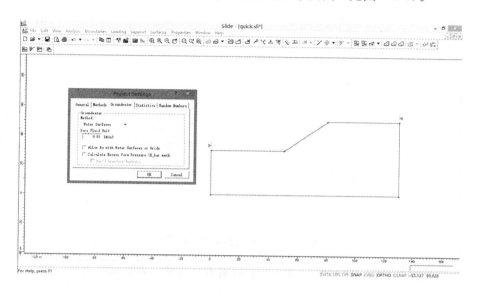

图 5.3-1 Project Settings 对话框

Slide 中有多种定义孔隙水压力环境的方法。默认方法为地下水方法＝地下水表面。

5.3.1 添加材料边界

在 Slide 中材料边界用来定义外部边界内不同材料区域之间的边界。首先添加两条材料边界，定义一个软弱夹层的位置。

在窗口内点击图标 或者依次选择 Select：Boundaries→Add Material Boundary。为了能捕捉坐标点，打开 View 菜单下的 grid 选项，选择 show，可在栅格点引导下进行坐标点捕捉：

（1）首先确保状态栏上的 Snap 选项激活。当 Snap 选项激活时，指针将在顶点位置处变成圆形或×，允许精确捕捉顶点。

（2）指针放在外部边界点（0，22）处，左击鼠标按钮。

（3）指针放在外部边界点（130，40）处，左击鼠标按钮。

（4）右击鼠标，选择完成（done 选项）。

第一条材料边界已经添加。现在添加第二条材料边界：依次选择：Boundaries→Add Material Boundary。通过捕捉外部边界点（0，20）及（130，38）重复步骤（2）～（4）添加第二条材料边界。模型如图 5.3-2 所示。

然后将鼠标放到夹层中，右键弹出对话框中点 Assign Material，选择材料 2，各材料属性可在该对话框 Material Properties 中定义。也可从工具栏或者 Properties 菜单中选择 Define Materials 来定义。

在窗口内点击图标 或者依次选择 Select：Properties→Define Materials。在 Define Materials 对话框中选择第一页（默认页）输入属性（夹层黏聚力 0，摩擦角 10°）。当第一

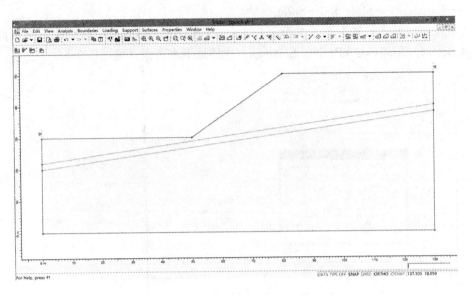

图 5.3-2　添加的外部及材料边界

种材料所有参数输入后，选择第二页，输入软弱夹层属性。材料属性设置见图 5.3-3。

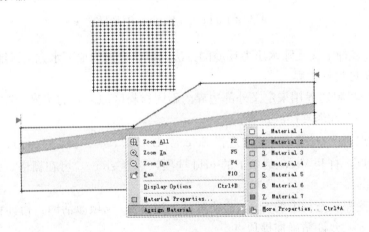

图 5.3-3　材料属性设置

接下来添加地下水位线，以便定义孔隙水压力环境。在窗口内点击图标或者依次选择 Select：Boundaries→Add Water Table。程序仍处于捕捉模式，用鼠标在现有的外部边界上捕捉前两个点，然后在提示线上输入其余点。结果见图 5.3-4。

该对话框允许在模型里为想用的材料选择复选框从而将地下水位线赋值到材料上。地下水位线必须赋值到材料上，以便让程序知道对于每种材料，孔隙压力如何计算。默认状态下，当添加地下水位线时，所有的复选框都处于已选状态，只需点击 OK 按钮，地下水位线将添加到模型中，并且自动赋值到所有材料（见图 5.3-4）。

Slide 共内嵌了 15 种岩体材料强度准则，可供计算选用：

（1）Generalized Hoek-Brown，广义霍克-布朗（H-B）模型。

（2）Vertical Stress Ratio 定义土体强度为条带竖向有效作用力的比值。

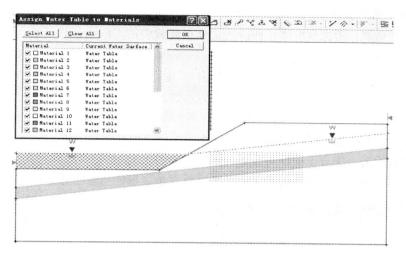

图 5.3-4　施加水位

（3）Barton-Bandis。

（4）Power Curve。

（5）Hyperbolic。

（6）Discrete Function。

（7）Drained-Undrained。

（8）Mohr-Coulomb。

（9）Undrained Undrained，模型中土体摩擦角 phi＝0，剪切强度仅为黏结力的函数，且黏结力随土层深度呈线性关系。

（10）No Strength（强度为 0）。

（11）Infinite Strength。

（12）Anisotropic Strength 为土体指定沿两条正交轴具有不同的强度参数。

（13）Shear/Normal Function。

（14）Anisotropic Function。

（15）Hoek-Brown 霍克-布朗（H-B）模型。

注意：

（1）地下水位线赋值到材料的过程，也可以在 Define Material Properties 对话框中完成。AssignWater Table 对话框是赋值捷径，允许一次将地下水位赋值到所有材料，优于单独使用 Define Material Properties 对话框。

（2）因为孔隙水压力利用地下水位计算，地下水位线必须穿过所有材料。如果没有，将不能对未定义地下水位线的滑面计算孔隙水压力，也无法计算安全系数。因此，要确保地下水位跨越模型中所有应用的材料区域，否则边坡在地下水未定义区域将无法分析。

（3）水面＝地下水位，因为当创建地下水位线时，已经利用 Assign Water Table 对话框将地下水位线赋值给所有材料。

5.3.2　添加分布荷载

外部荷载可以被定义为集中线荷载、分布荷载或者地震荷载。从工具栏或 Load 快捷键施加。Slide 程序提供了三种荷载模型：

（1）分布荷载：考虑到坡体延伸特征，分布荷载表征无限条带状荷载，单位为力/面积。其分布形式可为均匀或者线性。

（2）集中荷载：表征集中荷载，单位为力/长度，其中长度表示坡体延伸特征。

（3）地震力：水平向或者竖直向的地震力系数。

其中分布荷载三要素有：

（1）荷载大小：均布型由定值确定，线型由两端部值确定。

（2）荷载方向：垂直于边界、竖直（默认方向向下）、水平（默认指向坡内）与水平面夹角（自正 x 方向逆时针方向为正）及与边界夹角（指定与坡面夹角）。

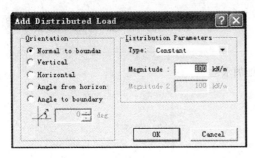

图 5.3-5　施加均布荷载对话框

（3）超孔隙压力：模拟瞬态加载。

首先从 loading 菜单中选择 Add Distributed Load。在窗口内点击图标 或者依次选择 Select：Loading → Add Distributed Load，打开 Add Distributed Load 对话框。如图 5.3-5 所示：

输入荷载大小＝100，保持其余参数为默认设置，点击 OK 按钮。当移动指针时，将看到一个小的红色十字跟随指针在最近边界上捕捉最近点。通过点击鼠标左键输入分布荷载的始末位置。也可以输入精确坐标，通过在提示线上输入坐标实现以上功能。

输入第二点后，均布荷载将添加到模型中。均布荷载由朝向输入两点之间外部边界的红色箭头线表示，荷载大小也将被显示。

此外，要注意荷载单位：当考虑模型的空间维数时，应特别注意均布荷载单位是 kN/m^2。因为 Slide 为二维分析，垂直模型方向假定为单位厚度，故在施加荷载时要注意数量的转换。对话框中显示的单位（kN/m）代表二维模型。这是因为极限平衡分析在单宽边坡上进行，所以沿着边坡边界每米范围内的荷载大小等于每平方米范围内的荷载大小。如果施加的为三角形分布荷载，则只需将图 5.3-5 对话框中 Type：Constant 下拉菜单改选为 Triangular 即可同样设置。

5.3.3　添加地震荷载

同样在 loading 下拉菜单下可以施加地震荷载，通过施加水平与垂直地震系数进行模拟地震影响（见图 5.3-6）。

此时在显示窗口的右上侧会出现地震荷载，见图 5.3-7。

地震力施加要素包括：

（1）地震力系数：地震力＝地震力系数×条带重量，分别考虑水平与垂直方向。

（2）超孔隙压力：模拟瞬态加载（见图 5.3-8）。

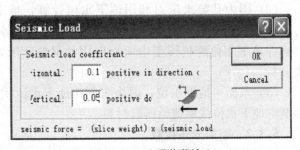

图 5.3-6　地震荷载输入

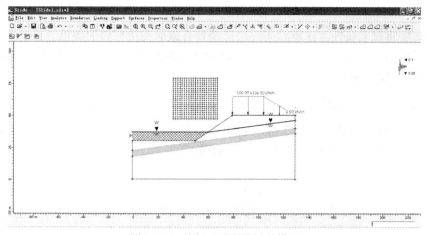

图 5.3-7　施加地震荷载后的模型

关于水位参数注意：

（1）水面＝地下水位线，这意味着地下水位线将被用作孔隙水压力计算；

（2）Slide 中的 Hu 系数被定义为因数，通过该因数乘以某点到地下水位线的垂直距离（或压力线）可以获得该点压力水头。Hu 可在 0 到 1 之间变化。Hu＝1 表示静水条件，Hu＝0 表示干

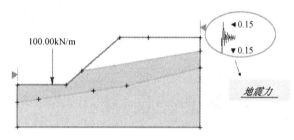

图 5.3-8　施加地震力后

燥土，中间数值被用来模拟由于渗流产生的水头损失，如图 5.3-9 所示。

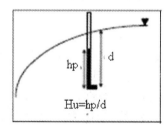

图 5.3-9　Hu 系数计算图

因为本例模型定义了两种材料，因此需用 Assign Properties 选项将属性赋到模型的正确区域。从工具栏或 Properties 菜单上选择 Assign Properties。在窗口内点击图标 或者依次选择 Select：Properties→Assign Properties，将会看到 Assign Properties 对话框。如图 5.3-10 所示：

在赋值之前应注意：

（1）默认状态下，当边界创建后，Slide 自动在 Define Material Properties 对话框中对模型所有区域赋第一种材料属性。

（2）由于只有两种材料，因此仅需对模型的软弱夹层赋属性即可。软弱夹层的上下介质默认为第一种材料的属性。

对软弱夹层赋属性仅需要点击两次属性。

（1）在 Assign Properties 对话框中用鼠标选择"软弱夹层"（注意材料名字即为在 Define Material Properties 对话框中输入的名字）。

（2）移动指针到模型中的软弱夹层的任何地方（也就是在材料边界之间狭长区域的任何地方），单击鼠标

图 5.3-10　Assign Properties 对话框

147

左键。

这样夹层将赋上属性。注意软弱夹层已经具有软弱夹层材料的颜色。通过单击对话框右上角的×按钮，关闭 Assign Properties 对话框（或者可以按 Escape 键关闭该对话框）。

5.3.4 计算图表查询

在窗口内点击图标███或者依次选择 Select：Analysis→Compute 后，然后通过点击图标██进入结果查询界面，可以看出危险滑面部分位于夹层中。由于施加了上部均布荷载、水压力、地震等荷载，安全系数由初始的 1.141 下降至 0.445。计算结果见图 5.3-11：

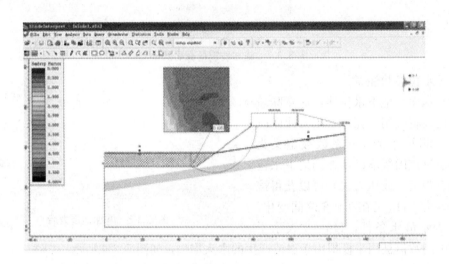

图 5.3-11　计算结果显示

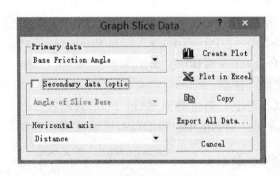

图 5.3-12　Graph Slice Data 对话框

通过依次点击 Select：Query→Graph Query，可以查看条块信息。

注意：如果仅单一查询，那么一旦点击 Graph Query 就将自动选择查询，并且立即看到 Graph Slice Data 对话框，如图 5.3-12 所示。如果有更多查询，首先得用鼠标选择一个（或多个）查询。

注意：

（1）在 Graph Slice Data 对话框里，从 Primary data 的下拉菜单中选择想绘制的数据。例如，选择基于法向应力（Base Normal Stress）的绘制。

（2）选择想使用的水平轴数据（距离，条分数目或者 X 坐标）。

（3）选择 Creat Plot，Slide 将会创建如图 5.3-13 所示的曲线。

此外，Slide 还提供更多有用的添加/图表查询捷径：

（1）创建查询之前可以在全局最小滑面上右击选择 Add Query，或从下拉菜单中选择 Add Query and Graph，或者创建查询之后右击选择 Graph Query 或其他选项。

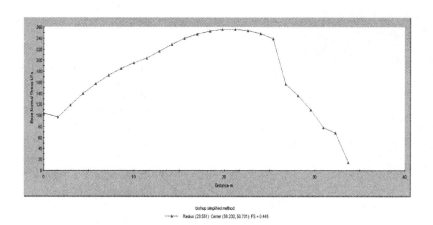

图 5.3-13　法向应力～距离曲线

（2）如果还未创建查询，可从工具栏上选择 Graph Query，Slide 将自动为全局最小滑面创建查询，并显示 Graph Slice Data 对话框。

（3）同样，如果查询还未存在，可以选择 Show Slices 或 Query Slice Data 自动为全局最小滑面创建查询。

在创建分条数据图表后，可利用选项自定义图表数据及外观：

（1）图表属性

在图表上右击鼠标，选择 Chart Properties。该对话框允许改变轴标题，最小及最大值等。

（2）改变图表数据

在图表上右击鼠标，选择 Change Plot Data。将显示 Graph Slice Data 对话框，该对话框允许为完全不同的数据绘制曲线，而仍然保留相同视图。

（3）灰度图

右击鼠标选择 Grayscale，视图将变成灰色，适合捕捉黑白图片。Grayscale 也可从工具栏中及 View 菜单中使用，且任意时刻都可以开关。

（4）改变分析方法

在创建图表后，还可以改变分析方法。从工具栏中任意选择一种方法，与之相对应的数据即会显示。

需要注意的是：

① 根据显示的数据，结果随分析方法可能改变也可能不变。例如，分条重量将不随分析方法改变，而法向应力（Base Normal Stress）将随分析方法改变；

② 如果被选分析方法的最小滑面与最初添加查询的滑面不同，那么就可能显示无数据。

（5）查询中显示的分条

Show Slices 选项用来显示分析中的实际分条，在当前视图存在所有查询。在窗口内点击图标 或者依次选择 Select：Query→Show Slices，打开分条显示。

使用 Zoom Window 选项获得较近视图，屏幕如图 5.3-14 所示。

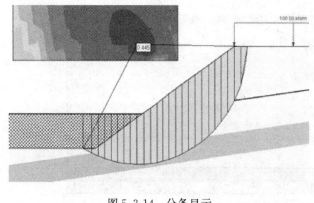

图 5.3-14 分条显示

Show Slices 选项也可用于其他目的，例如：

1）右击鼠标选择 Display Options，选择 Slope Stability 页。

2）关闭分条边界，打开背景填充。观察 45°填充图案充满整个滑坡范围。

3）改变填充颜色，选择不同的填充图案。用不同的分条显示选项组合并进行试验，并观察结果。

Show Slices 选项仅仅显示 Display Options 对话框打开的分条。通过在 Display 对话框中选择 Defaults 按钮，然后在 Defaults 对话框中选择 "make current setting default"，当前显示选项可以保存为程序默认。

（6）查询分条数据

Query Slice Data 选项允许观察滑动范围内的单个分条的详细分析结果。在窗口内点击图标🏷️或者依次选择 Select：Query→Query Slice Data。

1）将会看到 Slice Data 对话框，它提示："点击分条观察分条数据"。

2）在任意分条上点击，分条数据将会在对话框中显示，如图 5.3-15 所示。

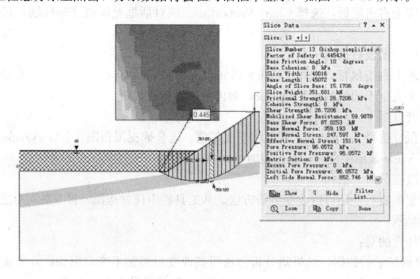

图 5.3-15　Slice Data 对话框

3）力的箭头将在分条中显示，代表作用在分条上的多种力，比如分条重量、分条间力以及基本力。

4）选择不同的分条，观察数据。可以直接在模型上点击，也可以用对话框顶部的左/右箭头选择分条。

5）在 Slice Data 对话框选择 Zoom，当前选择的分条将放大到视图中央。

6）在 Slice Data 对话框右上角选择"卷起"箭头按钮（不要选择×按钮），对话框将会卷起（缩小而不关闭），允许观察整个屏幕。注意：也可以双击对话框标题栏以最小化/最大化对话框。例如，在卷起并移开 Slice Data 对话框后，屏幕显示如图 5.3-16所示。

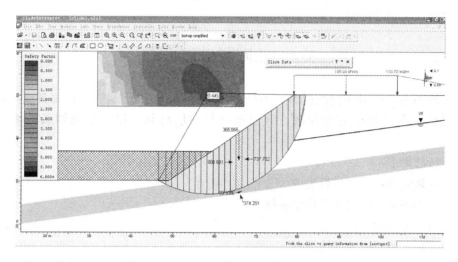

图 5.3-16　Query Slice Data 显示的分条力

7）通过选择对话框标题栏的"下拉"箭头按钮可最大化 Slice Data 对话框。选择Hide/Show 按钮观察结果。

8）点击 Copy 按钮把当前分条数据复制到 Windows 剪贴板，从而可粘贴到另外的Windows 应用程序（比如用于报告编写）。

9）Filter List 按钮允许自定义显示对话框中的数据列表。

10）选择对话框右上角的×按钮关闭 Slice Data 对话框或者点击 Done 按钮。

（7）删除查询

查询也可以通过工具栏或 Query 菜单中的 Delete Query 选项删除。删除单个查询的方便途径是在查询上右击，选择 Delete Query。例如：

1）在最小滑面查询上右击（可以在滑面任何地方右击或在连接滑动中心到滑面终点的半径线上）。

2）从下拉菜单中选择 Delete Query，查询将被删除（全局最小滑面现在又以绿色显示，表示查询不再存在）。

（8）沿边坡的安全系数曲线

最后，将展示 Slide 中另一个数据解释特征。在窗口内点击图标 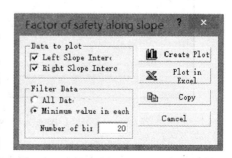 或者依次选择 Select：Data→Graph SF along Slope。在如下对话框选择Create Plot（见图 5.3-17）：

这将沿边坡的表面创建安全系数曲线。安全系数数值从每个滑面与边坡的交叉点获得。该曲线对于确定与最小安全系数滑面相对应的边坡区

图 5.3-17　Graph SF along Slope 对话框

域很有用，而且可以包含失稳区域。水平平铺视图可以同时显示曲线以及边坡，针对结果的展示非常有用。

依次选择 Select：Window→Tile Horizontally，可以使用 Zoom 选项获得与曲线相对应的边坡范围（提示：首先选择 Zoom All，然后使用鼠标平移，如果有必要，可将边坡缩放到与曲线相同的比例）。

5.4　非圆弧滑面指南

本节使用与 5.3 节相同的模型，不重复建模过程，仅从已经存储的文件读取，相应的去除地震荷载及坡顶分布荷载，保留水位与夹层材料，以分析非圆弧滑面的搜索方法。

模型特征如下：

（1）含软弱夹层的多材料边坡。

（2）由地下水位线定义的孔隙水压力。

（3）均匀分布的外部荷载。

（4）采用非圆弧滑面的块搜索。

双击安装文件夹下 Slide 图标运行 Slide 模型，或者从开始菜单依次选择 Programs→Rocscience→Slide 5.0→Slide。

在窗口内点击图标🖼或者依次选择 Select：File → Open，打开保存的文件。

5.4.1　非圆弧滑面设置

首先将 Surface Options 对话框中 Surface Type 改为 Non-Circular。依次选择 Select：Surfaces→Surface Options，打开 Surface Options 对话框（见图 5.4-1）。

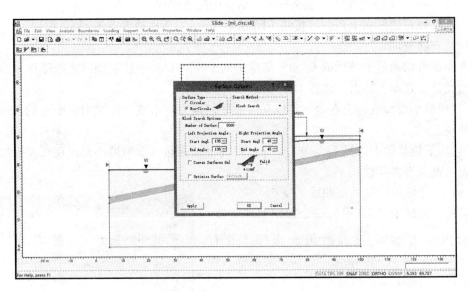

图 5.4-1　Surface Options 对话框

在 Surface Options 对话框中，将 Surface Type 改为 Non-Circular。注意 Slide 中非圆

弧滑面有两种不同的搜索方法可用：块搜索或者路径搜索。这里采用块搜索的所有默认选项，点击 OK 按钮。

注意此时网格搜索滑动中心网格已经从视图中隐藏，因为它对于非圆弧滑面搜索不适用。选择 Zoom All 将模型放置于视图中央。提示：可以右击鼠标选择 Zoom All，或者用 F2 快捷键。

5.4.2 块搜索

Slide 中之所以叫做"块搜索"，是因为典型的非圆弧滑块由主动材料块、被动材料块以及中间材料块三部分组成，如图 5.4-2 所示：

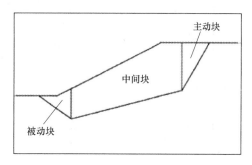

图 5.4-2　主动块，中间块及被动块

为了实现块搜索，必须创建一个或更多块搜索对象（窗口、线、点或者多段线）。块搜索对象被用作随机生成滑面顶点的位置。对于含有狭窄软弱夹层的模型，执行块搜索的最好途径是使用 Block Search Polyline 选项。该选项按如下操作：

（1）首先在多段线上生成两点，通过定义选项。

（2）滑面由两点间的多段线限制。

（3）方向角用来从两点延伸滑面到地表。

（4）对所需滑面重复步骤 1～3。

接下来在模型上添加多段线。从工具栏或者 Block Search 子菜单选择 Add Block Search Polyline 选项。注意：现在该选项以及 Surfaces 菜单仅对非圆弧滑面可用，因为在 Surfaces Options 对话框中已将滑面类型从圆弧改为非圆弧。

在窗口内点击图标 ⬚ 或者依次选择 Select：Surfaces→Block Search→Add Polyline，可看到如下对话框（见图 5.4-3）：

该对话框允许在多段线上确定如何生成两点。点可以在任意位置随机生成（Any Line Segment 选项）或随机生成首末线段或固定多段线端点。大多数情况下，最好用 Any Line Segment 选项设定沿多段线最大化搜索范围。对话框中已经是默认选择，所以仅须点击 OK 按钮。

现在输入点定义多段线，它既可通过鼠标输入点，也可在提示线上输入以下点（图 5.4-4）。

Block Search Polyline 搜索对象现在已经添加到含有软弱夹层的模型中。注意：箭头可以显示在线的任意一边。箭头代表左右两个方向角指向，方向角用来指示滑面到地表的方向。可以在 Surface Options 对话框中自定义方向角，此处使用默认角度（见图 5.4-5）。

使用 Block Search Polyline 选项的原因是：

（1）块搜索多段线总是沿线段生成两点，然后滑面由两点间的多段线限制。

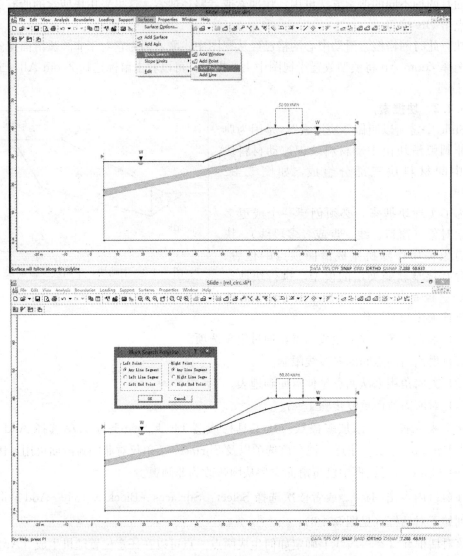

图 5.4-3　Block Search Polyline 对话框

```
Enter point [esc=quit]: 39 23
Enter point [u=undo, esc=quit]: 81 31
Enter point [u=undo, esc=quit]: press Enter or
right-click and select Done
```

图 5.4-4　输入点的坐标

（2）在通常情况下，当块搜索多段线由多条线段组成时，沿着不规则（非线性）的软弱夹层定义块搜索非常简单。

（3）Block Search Polyline 可由单一线段组成。两点仍然由单一线段生成，这对于沿线性软弱夹层定义块搜索非常简单。

与其他块搜索对象相比，窗口、线或者点仅为每个对象生成单一滑面顶点。对于块搜索的线对象，滑面不跟随线段，只要保证线段上存在单一顶点。

为了利用块搜索线对象创建相同搜索，需要定义联合线性的两条块搜索线段。沿着不规则（非线性）的软弱夹层定义块搜索将更加困难（尽管可以在软弱夹层每个弯曲点通过 Block Search Line objects 以及 Block Search Point objects 结合来定义）。

一般来说，可以定义任意数目的块搜索对象，也可以使用任意组合。如用块搜索多段线与窗口、线、点结合或者与另一多段线结合（只要没有其他搜索对象与多段线叠加）。

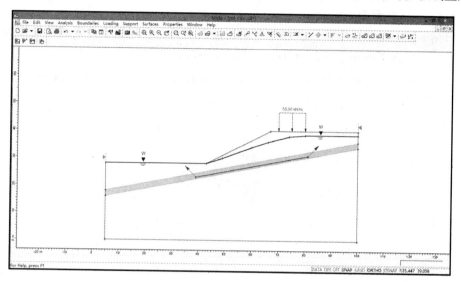

图 5.4-5　在软弱夹层定义的块搜索多段线

Slide 计算引擎将进行计算分析。当完成计算后，在 INTERPRET 中显示结果，如图 5.4-6 所示：

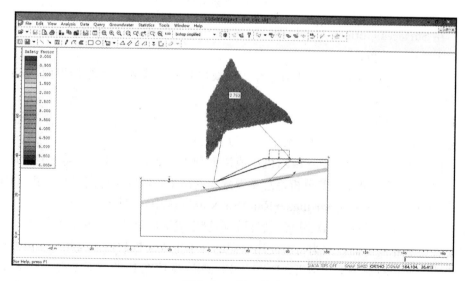

图 5.4-6　滑面搜索

默认状态下将显示 Bishop 法的全局最小滑面。同样注意边坡上方的一簇点。对于非圆弧搜索，这些点由 Slide 自动生成，而且是用来进行瞬时平衡计算的轴点。每个非圆弧滑面都生成一个轴点，用滑面坐标确定最合适的圆弧。该圆弧的中心被用作非圆弧滑面的

155

轴点。图 5.4-6 可看出 Bishop 分析法的最小安全系数是 0.763，块搜索可以发现具有更小安全系数的滑面。因此非圆弧（分段线性）滑面比圆弧滑面更适合寻找沿软弱夹层的滑面。

从工具栏选择 Janbu Simplified 分析法，尝试观察安全系数以及滑面，可发现 Bishop 以及 Janbu 法具有完全相同的最小滑面。

5.4.3 最优化滑面

Optimize Surfaces 选项是一个非常有用的搜索工具。它利用块搜索的结果作为起点，允许继续搜索具有更小安全系数的滑面（见图 5.4-7）。

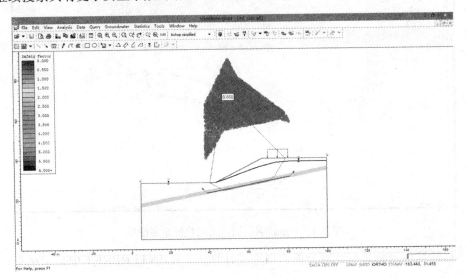

图 5.4-7 优化搜索出的滑面

（1）在 Surfaces Options 对话框中，勾选 Optimize Surfaces 选择框；

（2）重新运行分析；

（3）发现 Optimize Surfaces 选项已经明显找出具有更小安全系数的滑面。Bishop 法最小安全系数＝0.668。

5.4.4 随机滑面生成

块搜索是依据生成的随机数目确定的，为了生成滑面：

（1）利用 Block Search Objects 随机生成滑面顶点位置，以及随机生成方向角（如果角范围确定）。然而，如果重新分析，总是得到相同结果。原因是使用了伪随机（Pseudo-Random）选项（在 Project Settings→Random Numbers 中）（见图 5.4-8）。

伪随机（Pseudo-Random）分析意思是，尽管生成滑面时使用随机数目，但每次重新分析时都会生成相同滑面，因为每次使用相同的种子生成随机数目。因此对非圆弧滑面即使随机生成滑面也将获得重复结果。Pseudo-Random 选项在 Project Settings 里设置；

（2）也可以使用 Project Settings→Random Numbers 中的随机选项。每次重新分析使用不同的种子，将产生不同的滑面，从而获得不同的最小安全系数及滑面。不妨利用 Random Number 生成选项，采用 Project Settings 中的 Random Number Generation 选项重新计算几次，并观察结果。

为了更清楚地观察真实随机取值的效果，可以在 Surface Options 对话框中输入更少的滑面（比如 200）。

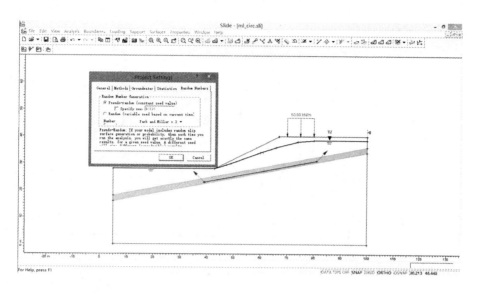

图 5.4-8　随机滑面设置

5.5　复合滑面指南

该节使用与前面相同的模型（局部修改），示范如何执行圆弧滑面搜索，并允许复合圆弧/非圆弧滑动面共同分析。

模型特征：

（1）不渗透材料上含有软弱夹层的多材料边坡（比如岩床或者具有更高强度的土体）。

（2）由地下水位线定义的孔隙压力。

（3）均匀分布的外部荷载。

（4）复合滑面选项的圆弧网格搜索。

（5）示范自动改进搜索选项。

通过双击安装文件夹下 Slide 图标运行 Slide 模型或者从开始菜单选择 Programs→Rocscience→Slide 5.0→Slide。最大化窗口，以便整个屏幕都可用于显示模型。因为使用与前一节相同的模型，因此将不重复建模过程，而是简单从文件读取。

5.5.1　滑面选项

首先，在 Surface Options 对话框中选择 Composite Surfaces 选项。依次选择 Select：Surfaces→Surface Options（见图 5.5-1）。在 Surface Options 对话框中勾选 Composite Surfaces 选择框，点击 OK 按钮。

复合滑面指的是当在 Slide 中分析圆弧滑面时，如果圆弧滑面超过了外部边界的范围，滑面将被中断，无法分析。根据外部边界以及搜索参数（网格位置、边坡范围等），圆弧滑面搜索可以生成许多这种滑面。

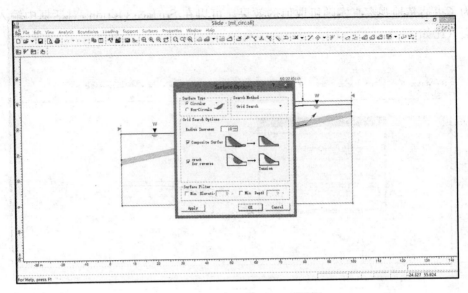

图 5.5-1　Surface Options 对话框

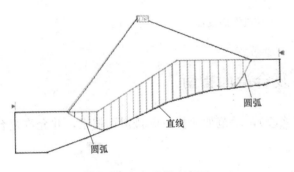

图 5.5-2　复合滑面例子

如果 Composite Surfaces 选项可用，那么超过外部边界的圆弧滑面就可以在圆弧交叉点之间沿着边界的边缘上自动与外部边界形状一致，如图5.5-2 所示。

复合滑面可以模拟岩床表面，如通过输入外部边界边缘的合适坐标。然后通过 Composite Surfaces 选项执行与岩床形状一致的圆弧滑面搜索。这些滑面将被分析而不会中断。沿着复合滑面线性部分的每块分条使用的材料力将立即变为每块分条基础上的材料力。

5.5.2　编辑边界

为了使用上节模型，必须提高外部边界最低边缘，以便与两种材料边界的位置一致。此时，可以使用 Slide 中非常有用的右键编辑能力，Slide 中的大多数编辑操作都可以通过右击快捷方式执行，具体方法如下所述：

（1）首先，需要删除材料边界。在材料边界右击鼠标，将会出现下拉菜单。从下拉菜单中选择 Delete Boundary，材料边界将被删除。

（2）其次，删除外部边界底部的两顶点。在外部边界的左下顶点右击鼠标，从下拉菜单选择 Delete Vertex。左下顶点将被删除。

（3）在外部边界的右下顶点右击鼠标，从下拉菜单选择 Delete Vertex，右下顶点将被删除。

（4）现在外部边界的下边缘删除的材料边界处于同一位置。无论何时删除顶点，将用剩余的顶点重新绘制边界，外部边界已经很快移至下材料边界顶点位置。

（5）选择 Zoom All 将模型移至视图中央。提示：快捷方法是右击鼠标选择 Zoom All

或者可以使用 F2 快捷键缩放。

（6）最后，在编辑边界的过程中，软弱夹层材料赋值已经重置。这可以很容易地重新赋值。

（7）在软弱夹层上右击鼠标（即在材料边界以及下外部边界之间）。不要在边界上点击，而在两边界之间点击。

（8）从下拉菜单选择 Assign Material 子菜单，并选择软弱夹层材料。软弱夹层材料赋值又将起作用。

经过（1）～（8）步骤对边界的编辑，可得如图 5.5-3 所示的模型：

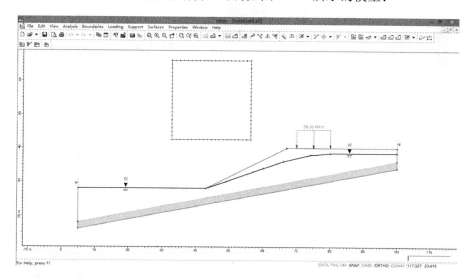

图 5.5-3　修改后的外部边界

5.5.3　计算以及结果分析

启动 Slide 计算引擎将进行计算分析。当完成计算后，在 INTERPRET 中显示结果。结果如图 5.5-4 所示：

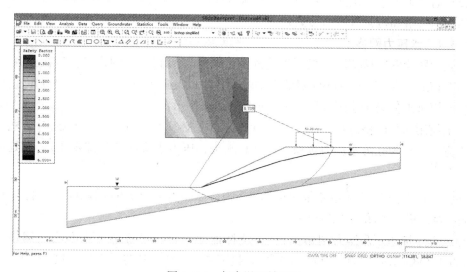

图 5.5-4　复合滑面结果图

可以看到，最小滑面是一个复合圆弧/非圆弧滑面，具有比前面圆弧搜索明显更小的安全系数。从工具栏或 Query 选项中选择 Show Slices，观察复合滑面的分条，见图5.5-5。

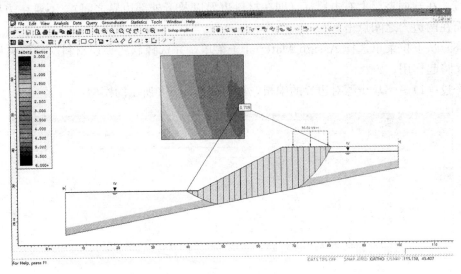

图 5.5-5　最小滑面的分条

5.6　水压力网格使用

该节讲述如何在 Slide 中使用水压力网格模拟孔隙水压力，及如何模拟地表积水（ponded water）两种不同方法。

模型特征：

（1）孔隙水压力网格（总水头）。

（2）通过地下水位定义的边坡上的积水（ponded water）。

（3）圆弧滑面搜索（网格搜索）。

5.6.1　水压力网格

首先设置绘图区域范围，以便当输入图形时可以看到创建的模型。依次选择 Select：View→Limits，在 View Limits 对话框中输入最小以及最大 x-y 坐标，点击 OK 按钮。该范围将使模型近似处于绘图区域中央。如图 5.6-1 所示：

为了使用水压网格进行孔隙水压力计算，首先必须在 Project Settings 对话框中设置地下水方法为三种孔隙水压力选项之一（总水头、压力水头或者孔隙水压）。此处使用离散总水头数值。

在窗口内点击图标 或者依次选择 Select：Analysis→Project Settings，打开 Project Settings 对话框。如图 5.6-2 所示。

输入程序标题"水压力网格测试"。选择地下水页，设置地下水方法＝网格（总水头），点击 OK 按钮。当程序设置完毕后，接下来添加外部边界。Slide 中必须定义的首要边界是外部边界。为了添加外部边界，从工具栏或 Boundaries 菜单选择 Add External

Boundary。在屏幕右下角的提示线上输入如下坐标（见图 5.6-3）：

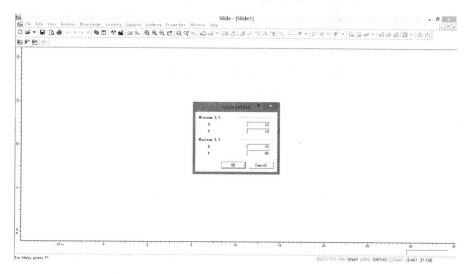

图 5.6-1　View Limits 对话框

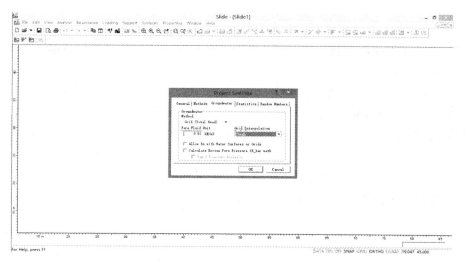

图 5.6-2　地下水分析方法选择框

注意在输入最后一个点后输入 c，将自动连接首尾两点（封闭边界），退出添加外部边界选项。外部边界添加完毕后，添加水压力网格到模型上，从 Boundaries 菜单上选择 Water Pressure Grid 选项。

```
Enter vertex [esc=quit]: 15 20
Enter vertex [u=undo,esc=quit]: 65 20
Enter vertex [u=undo,esc=quit]: 65 35
Enter vertex [c=close,u=undo,esc=quit]:50 35
Enter vertex [c=close,u=undo,esc=quit]:30 25
Enter vertex [c=close,u=undo,esc=quit]: 15 25
Enter vertex [c=close,u=undo,esc=quit]: c
```

图 5.6-3　外部边界坐标设置

定义水压力网格的点可以在这个对话框中输入 X、Y 坐标以及在每个网格点定义压力的数值（总水头）。也可以使用 Water Pressure Grid 对话框里的 Import 按钮简单读入。

在 Water Pressure Grid 对话框里选择 Import 按钮，将会看到打开文件对话框。水压

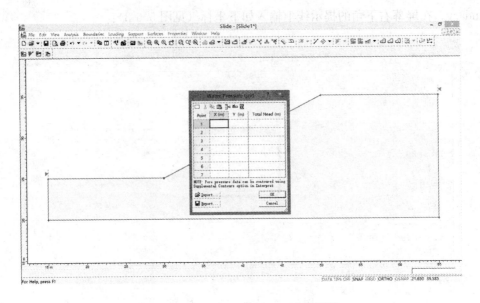

图 5.6-4　Water Pressure Grid 对话框

力网格可以从 Slide 里的多种文件格式输入（图 5.6-4），包括：

（1）PWP 扩展名的文件（这些是简单的 ASCII 文本文件，文件每行包括 X、Y 以及每个网格点数值）。

（2）DXF 格式文件（如果流场用 AutoCAD 绘制，DXF 格式将有用）。

此处将读入一个 PWP 文件。

（1）打开叫做 tutorial5.pwp 的文件。网格数据将在水压力网格对话框中出现。

（2）在 Water Pressure Grid 对话框中选择 OK 按钮，网格将被添加到网格上。每个蓝色三角形符号代表一个网格点。

模型应该显示如图 5.6-5 所示：

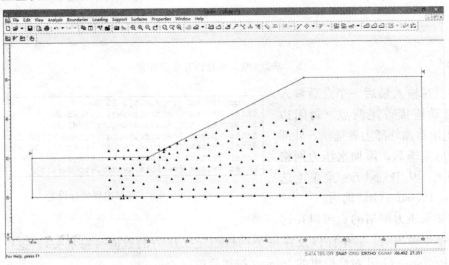

图 5.6-5　添加到模型的水压力网格

这种水压力网格数据可以来自于流网、野外测量或者数值分析，比如 Slide 中可用的地下水渗流分析。网格点数值是总水头，利用数字化写字板以及 AutoCAD 等将流网数字化以获得该数值（网格最初保存为 DXF 文件，然后转化为 PWP 文件）。

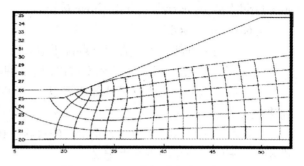

图 5.6-6　用于获得总水头的流网

Slide 也有使用压力水头或者孔隙压力网格的功能，在 Project Settings 对话框中可以选择（见图 5.6-6）。

网格点的实际数值可以用 Display Options 对话框显示，以利于迅速浏览。右击鼠标从下拉菜单中选择 Display Options，在该对话框中，选择 Water Pressure Grid Values 选项，点击 Close 按钮，数值最初将重叠。使用 Zoom 选项（也就是缩放窗口、缩放鼠标或者简单旋转鼠标滑轮）近似缩放到网格的中心，以便数值可读。现在选择 Zoom All 将整个模型显示在屏幕上（提示：也可以使用 F2 快捷键）。如图 5.6-7 所示：

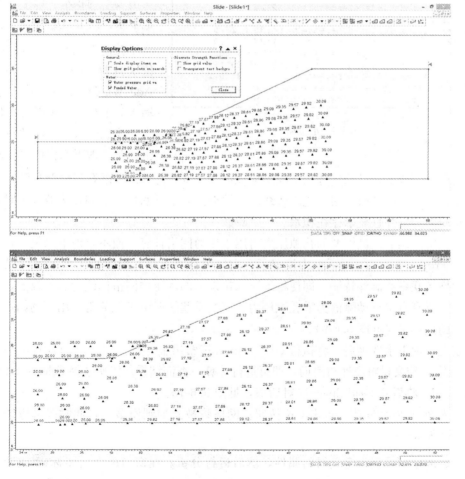

图 5.6-7　显示在模型上的水压力网格数值

再次隐藏网格数值。右击鼠标选择显示选项（Display Options），清除 Water Pressure Grid Values 选择框，点击 Close 按钮。

5.6.2 定义积水

注意模型左侧部分水压力网格点位于地表以上。因为模型也包括坡脚处尚未定义的积水（ponded water）。Slide 中的积水可以用下面两种方法定义。

（1）如果地下水位线位于外部边界以上，Slide 将自动在地下水位线及外部边界之间创建积水区域；

（2）积水也可以定义为"无重量"的材料。积水区域包含在外部边界之内，并用材料边界以与土体区域相同方式去定义。

注意：水压力网格不能定义积水（ponded water），只是用来获得土体中的孔隙压力数值。网格不模拟因积水产生作用在边坡上的重量及静水压力。

5.6.3 添加地下水位

地下水位线可以为边坡模型定义孔隙压力条件，在此地下水位线将不用于孔隙压力计算，而采用水压力网格计算孔隙压力。不管采用何种方法定义孔隙压力（除了有限元分析方法），地下水位线总是可以定义边坡上的积水。以下示范添加地下水位线并观察如何工作。

```
Enter vertex [esc=quit]: 15 26
Enter vertex [u=undo,esc=quit]: 32 26
Enter vertex [enter=done,esc=quit]: 33.9 26.9
Enter vertex [enter=done,esc=quit]:35.8 27.5
Enter vertex [enter=done,esc=quit]:37.3 27.9
Enter vertex [enter=done,esc=quit]: 39.8 28.3
Enter vertex [enter=done,esc=quit]: 45 29.1
Enter vertex [enter=done,esc=quit]: 52.3 30.2
Enter vertex [enter=done,esc=quit]: 65.1 31.8
Enter vertex [enter=done,esc=quit]: press Enter
```

图 5.6-8　水位输入

在窗口内点击图标 或者依次选择 Select：Boundaries→Add Water Table。在提示线上输入如下坐标（见图 5.6-8）。

注意输入最后的顶点后，点击回车，地下水位线将添加到模型，退出 Add Water Table 选项。模型应该如图 5.6-9 所示：可以看到模型左侧，地表与地下水位线之间的区域已用蓝色阴影线图案填充。当地下水位线绘制在边坡以上时，该区域将自动确定，并且显示存在积水。

正如所强调的，该模型的孔隙压力将用水压力网格计算，而不是地下水位线，原因是已经在 Project Settings 对话框中设定了孔隙压力计算方法。但要指出地下水位线与孔隙压力网格相联系的额外特征：即使将地下水位以上的水压力网格修改为非零数值，地下水位线以上所有点将自动赋值为零孔隙压力。这在某些情况下可能非常有用，例如定义水压力网格的点不足时（图 5.6-9）。

定义了地下水选项后，将执行 Grid Search 搜索出临界圆弧滑面（即具有最小安全系数的滑面），定义材料属性与滑面，即可进行计算，查询结果。依次选择 Select：Surfaces→Auto Grid，将看到 Grid Spacing 对话框，见图 5.6-10：

输入 20×20 的间距，点击 OK 按钮。网格将被添加到模型上，此时屏幕应该显示如图5.6-11所示。

为完成模型，仍得定义材料属性，然后运行分析。在窗口内点击图标 或者依次选择 Select：roperties→Define Materials。在 Define Material Properties 对话框中，在首页

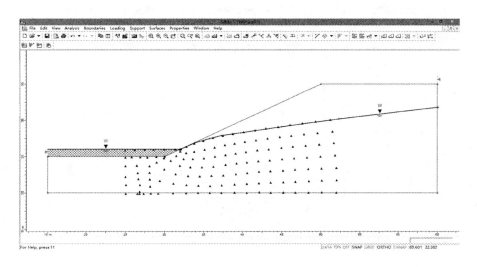

图 5.6-9　添加地下水位定义积水

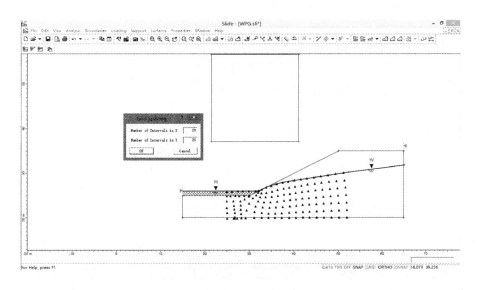

图 5.6-10　Grid Spacing 对话框

（默认页）输入参数。

在 Define Material Properties 对话框中（见图 5.6-12），Water Parameters 下的 Grid (Total Head) 可以开关，这允许对任意给定土体添加或删除水压力网格的影响。如果关闭水压力网格，那么土体中的孔隙压力将变为零。

注意：因为处理单一的材料模型，而且在选择的第一页（默认）输入属性，因此不必为模型赋属性。Slide 自动赋默认属性（即在 Define aterial Properties 对话框中的第一种材料属性）。

现在可以运行计算分析以及解释结果。Slide 计算引擎将进行计算分析。当完成计算后，在 INTERPRET 中显示结果。结果如图 5.6-13 所示。

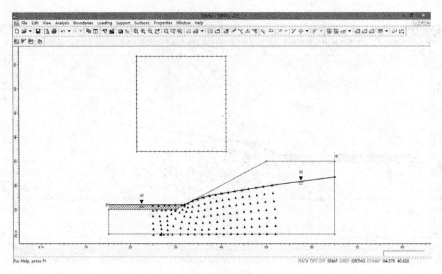

图 5.6-11　添加到模型的滑动中心网格

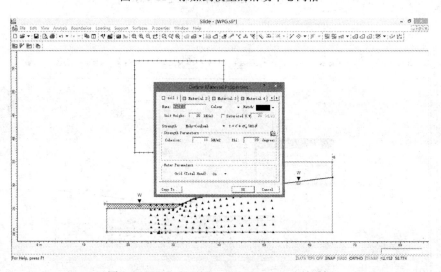

图 5.6-12　Define Material Properties 对话框

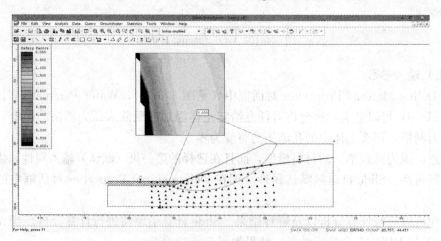

图 5.6-13　圆弧滑面网格搜索结果

默认状态下，Bishop 分析法的最小滑面首先显示，最小安全系数为 1.499。观察滑动中心网格，在这个例子中，网格左边有一个空白（白色）区域没有等值线图，在许多滑动中心网格点没有生成有效滑动圆弧时就会发生该现象。对于该网格，这些点生成的大多数圆弧已经与模型左侧外部边界的水平线段相交，通常将导致无驱动力以及无效滑面（不能计算安全系数）。

5.7　支护措施分析

Slide 中可以模拟边坡加固的多种型式，包括土工织物（GeoTextile）、土钉（Soil Nail）、末端锚杆支护（End Anchored）、砂浆锚杆（Grouted Tieback）、带摩擦砂浆锚杆（Grouted Tieback With Friction）和微型桩（Micro Pile）。

首先分析一个无支护边坡，然后添加支护重新分析，其中土层参数取 $c=20\mathrm{kN/m^2}$，$\varphi=40°$，$\gamma=20\mathrm{kN/m^3}$；夹层参数 $c=0\mathrm{kN/m^2}$，$\varphi=20°$，$\gamma=20\mathrm{kN/m^3}$。采用圆弧安全系数搜索计算得安全系数（见图 5.7-1），最小安全系数为 0.992。

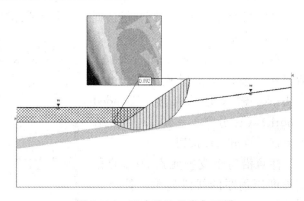

图 5.7-1　无支护边坡安全系数

如果利用已有的模型，可将以前存储的模型导入，然后修改参数即可。在图 5.7-1 中可看到 Bishop 简化分析法的最小滑面，这个滑面的最小安全系数是 0.992，因此边坡正好处于临界平衡，为了保持稳定当然需要支护。选择 Janbu 分析法，Janbu 法找到不同的最小滑面，但是安全系数 0.860，也小于 1。

返回模型器，添加支护重新运行分析。在 SLIDE INTERPRET 程序中，从工具栏或者 File 菜单中选择 Modeler 按钮。支护元素可单独利用 Support 菜单中的 Add Support 选项添加到模型。如果许多支护元素以规则形式添加，可以使用 Support 菜单中的 Add Support Pattern 选项。

5.7.1　添加支护形式

依次选择 Select：Support→Add Support Pattern，弹出 Support Pattern 对话框。如图 5.7-2 所示。

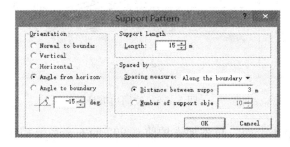

图 5.7-2　添加支护形式对话框

设置方位角＝水平角（Angle from Horizontal），Angle＝－15°，长度＝15m 以及间距＝3m，点击 OK 按钮。当移动鼠标时，注意跟随在指针旁的小红十字捕捉最近外部边界上的最近点。

为了定义支护形式，必须在外部边界上输入支护位置的始末点。点可以利

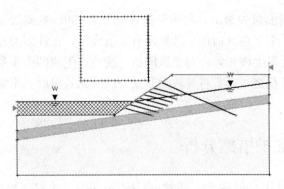

图 5.7-3　添加支护后的边坡模型

用鼠标输入，当红十字位于想要的位置时点击鼠标左键。当然也可用提示线输入精确点。如果需要添加单根锚索，则可采用　图标或者采用 Support→Add Support 进行添加，如图 5.7-3 所示。

这些数值是在 Support Pattern 对话框中输入。接下来可以定义支护属性。

5.7.2　支护属性

从工具栏或者 Properties 菜单选择 Define Support。在 Slide 中，可以使用 6 种支护形式，分别为端部锚杆、土工布、砂浆锚杆、带摩擦砂浆锚杆、土钉和桩。此处使用砂浆锚杆（Grouted Tieback）支护说明。如图 5.7-4 所示：

在 Define Support Properties 对话框中，选择支护形式为 Grouted Tieback。输入黏结长度（Bonded Length）（百分数）＝50 以及黏结力＝15，点击 OK 按钮。

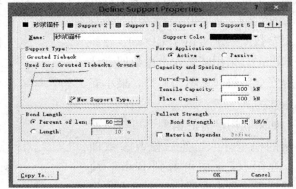

图 5.7-4　Define Support Properties 对话框

注意沿每个支护元素 50％的黏结长度用稍厚的线段显示。黏结长度总是从元素末端测量。

在分析模型之前，用不同的文件名保存，以便能够比较以前没有支护的分析结果。然后运行分析，在 INTERPRET 中观察结果。依次选择 Select：Analysis→Interpret 打开 SLIDE INTERPRET 程序，应该可以见到如图 5.7-5 所示图形：

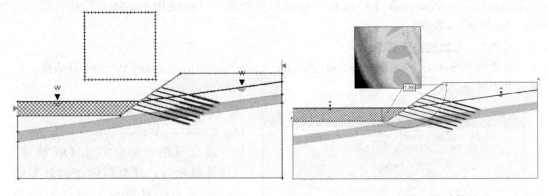

图 5.7-5　施加了锚固作用的模型　　　　　图 5.7-6　锚固边坡计算结果

图 5.7-6 显示的是 Bishop 分析法的最小滑面。与添加支护前 0.992 的安全系数相比，现在的最小安全系数是 1.306。这可以看到支护对最小滑面的作用。支护使得最小滑面强

迫移至加固区域外部。

5.7.3 显示支护力

所有支护元素的支护力图表可以用 Show Support Forces 选项显示。在窗口内点击图标✏️或者依次选择 Select：Data→Show Support Forces。

见图 5.7-7，如果支护力显示的比例不协调，打开 Support Force Options，将 Size of Largest value 调低即可。为了屏幕看上去与图类似，可采取如下措施：

（1）关闭所有滑面，将支护放大。

（2）从 Data 菜单或工具栏中选择 Support Forces Options。Support Forces Options 对话框允许设定支护力显示外观。

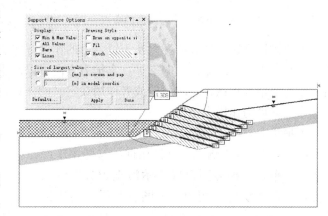

图 5.7-7 显示支护力对话框

（3）重新显示图例。选择 View→Legend Options→Show Legend。点击 OK 按钮。

（4）当支护力显示后，注意图例沿支护长度方向显示失稳模式（红色＝拉伸，绿色＝拉起）。支护力图代表可用的支护力，它可以沿着支护长度的任意点对给定的支护元素移动。

通过评估每个可能的失稳模式沿支护的长度方向变化可以确定支护力图。例如，对于砂浆锚杆，可能的失稳模式有：

（1）拉起；

（2）拉伸失稳（锚杆健在的）；

（3）剥离（支护残余留在边坡里）。

沿着支护长度的每一点可提供最小力的失稳模式确定力图、力图以及滑面与支护元素的交点决定了应用到滑面上力的大小。

5.7.4 Slide 中支护执行探讨

（1）与滑面相交

首先，支护为了在给定的滑面上起作用，支护必须与滑面相交。如果支护不与滑面相交，那么将没有支护力作用到滑面上，因而支护对滑面的安全系数无作用（见图 5.7-8 和图 5.7-9）。

图 5.7-8 支护与滑面不相交-对安全系数无作用

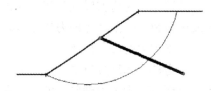

图 5.7-9 支护与滑面相交-对安全系数起作用

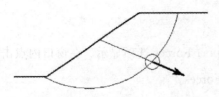

图 5.7-10　支护力作用在支护与滑面的交点

（2）支护力作用位置

当支护与滑面相交时，力在滑面与支护交叉点处作用。作用力是简单线荷载，具有单宽边坡力的单位（见图 5.7-10）。

（3）支护力作用方向

支护力作用方向取决于所使用的支护种类。对于末端锚杆支护、砂浆锚杆以及土钉，力的作用方向假定与支护方向平行，如图5.7-10所示。对于土工布或者定义的支护，支护力方向可以作用到滑面的切线方向与支护方向之间，以某个角度将该角切成两份或者作用在定义的任意角上。

（4）支护力作用大小

支护力作用大小将取决于在 Define Support Properties 对话框中输入的支护属性。这些用来确定支护力图，支护力图仅仅表示沿支护长度的任意点作用到滑块的作用力。力图以及滑面与支护的交叉点决定了作用到滑面上力的大小（见图 5.7-11）。

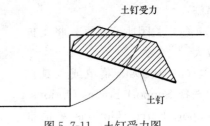

图 5.7-11　土钉受力图

（5）对比主动支护与被动支护

对于 Define Support Properties 对话框中的每个支护形式，可以选择应用力方法—主动或者被动。

安全系数被定义为抵抗力与滑动力的比值。滑动力包括每个土条的部分重力，地震力，裂隙水。抵抗力由黏聚力以及滑面的摩擦力产生。

Slide 中的主动支护包含在方程 5.7.1 中。

$$F = \frac{抵抗力 + T_N \tan\phi}{滑动力 - T_s} \tag{5.7.1}$$

式中，T_N 及 T_s 是通过支护应用在分条底部的正常力及剪切力。

主动支护在安全系数计算中被假定为以如式 5.7.1 方式减小滑动力。在任何移动发生之前施加力在滑坡上的砂浆锚杆，张拉锚索或者岩石锚杆可以被认为是主动支护。

Slide 中被动支护包含在方程 5.7.2 中。

$$F = \frac{抵抗力 + T_N \tan\phi + T_s}{滑动力} \tag{5.7.2}$$

通过这个定义，被动支护在安全系数计算中被假定为通过抑制剪切力来增加抵抗力。

在边坡发生移动之后，产生抵抗力的土钉或者土工布可以被认为被动支护。因为边坡上荷载以及移动的确切顺序事先不会知道，主动或者被动支护力的选择有点随意。可以自己确定哪种方法对边坡以及分析的支护系统更适合。通常，被动支护总是求出比主动支护小的安全系数（当主动支护力作用可以计算有效安全系数时）。

（6）支护力的反分析

支护力选项的反分析是 Slide 中另一种非常有用的特征。这个选项在支护设计的初步阶段是有用的。为了得到确切的安全系数，它允许确定需要最大支护力的临界滑面。确定的支护力大小可以用来估计所需的支护力与间距。确定的滑面可以用来估计支护的长度。

5.8 概率分析

Slide软件有广泛的概率分析功能。几乎所有输入参数都可以被定义为随机变量。包括：（1）材料属性；（2）支护属性；（3）地下水位位置/压力水头线；（4）荷载/地震荷载；（5）拉裂位置/水位。

5.8.1 可靠性分析

为了定义随机变量，需要为输入参数指定统计分布，这就需要考虑参数数值的不确定度。Slide可以定义任意数目随机变量或随机变量组合，然后为每个随机变量生成一组随机样本。当进行概率分析时，生成安全系数的分布图，从图中得到边坡失稳（或者可靠性）可能性。

随机变量的统计分布基本性质：

（1）均值（数学期望）；

（2）方差；

（3）最大/最小值：采用相对值确定随机数生成范围，应该注意的是：

1）对于每个随机数，相对值域不可同时定义为零，否则不会产生随机数。

2）在正态分布中，通常密度函数为对称分布，但允许不对称。

3）随机变量为自由液面时，相对值由在模型图形界面上输入的水位边界确定。

边坡稳定性的概率分析是传统确定性分析（安全系数）的补充。边坡稳定性的概率分析可以获得很多有用的见解。但在全局最小分析中，所有分析均针对全局最小滑裂面进行，在整体边坡分析中搜索所有滑裂面。

依次选择Select：Analysis→Project settings→Statistics，选择可靠度分析（Probabilistic analysis）。如果选择Sensitivity analysis，则为敏感性分析。

同时可选择随机数生成方式，见图5.8-1和图5.8-2。通常采用固定种子生成的伪随机数在相同条件下可计算出相同的结果。这可通过修改随机数生成方式来修改，从而使得每次计算结果均带有随机性。

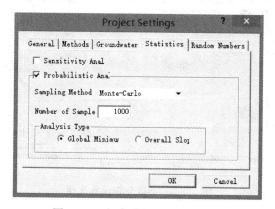

图5.8-1　概率分析设置对话框一

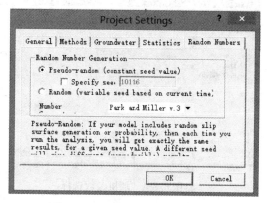

图5.8-2　概率分析设置对话框二

例如，具有相同安全系数的两边坡可能没有相同的失稳可能性。这取决于输入的随机变量数值。

依次选择 Select：Statistics→Materials→弹出 Materials Statistics 对话框，见图 5.8-3。点击 add，增加一个材料（此处仅考虑断层材料随机）。继续选择断层材料的三个参数（黏聚力、摩擦角和重度）为随机变量，如图 5.8-4 所示。继续选择各随机变量法分布函数（可选正态分布、均匀分布、三角分布、ββ 分布、指数分布和对数分布），如图 5.8-5 所示，点击 OK 按钮。

接着设置各随机变量的统计参数（由于此处选择的是正态分布，故需要设置均值、方差、最小值和最大值），见图 5.8-6，设置完毕后点 OK 按钮。进行计算，计算完毕后，可在 Interpret 中进行可靠性计算。

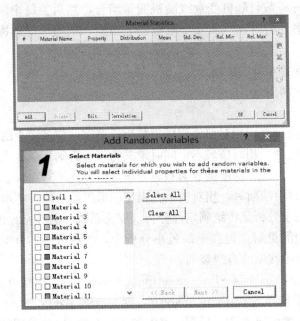

图 5.8-3　材料参数随机性对话框

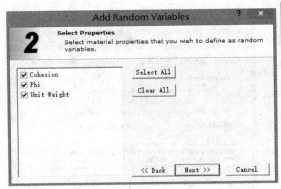

图 5.8-4　随机参数选择

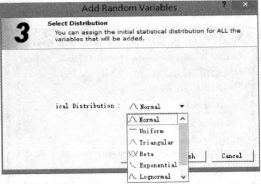

图 5.8-5　参数分布函数选择

见图 5.8-7，依次选择 Interpret→Statistics→Histogram Prot（柱状图），可绘制各随机变量值、各计算方法计算结果的柱状图。并可设置条件高亮显示某些值，以体现可靠性计算的结果。

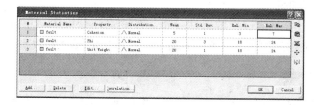

图 5.8-6　随机分布参数输入

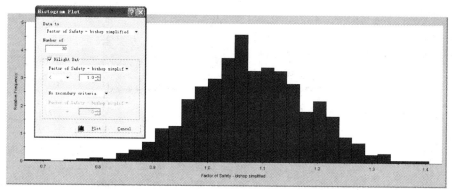

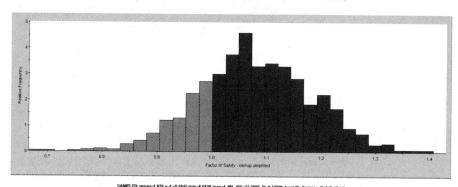

图 5.8-7　安全系数柱状图，失稳分析（Fs＜1）突显，失稳概率 22.3％

同样可绘制安全系数或变量累积曲线（见图 5.8-8）、散点分布曲线和收敛性曲线等。

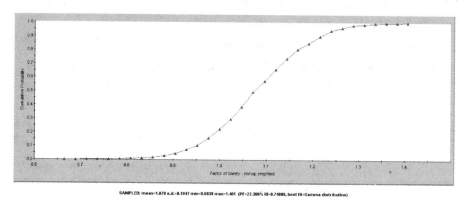

图 5.8-8　安全系数累积曲线

5.8.2 敏感性分析

利用 Slide 可以很容易地进行敏感性分析。在敏感性分析中，单独变量对安全系数的作用通过在最小与最大值之间均匀变化来确定。这将生成安全系数～变量图。

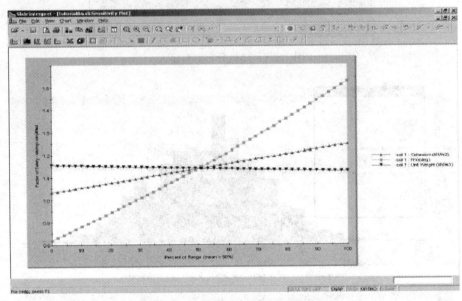

图 5.8-9　三个变量的敏感性图

含有 3 种变量的敏感性分析如图 5.8-9 所示。当有多个变量绘图时，图的水平轴依据百分数变化（最小数值＝0 及最大数值变量＝100％）。从图 5.8-9 中，可以看出：

（1）摩擦角有急剧变化的曲线，表示对安全系数影响最大。

（2）单位重量有几乎水平的直线，表示对安全系数影响最小。

（3）黏聚力是中间的曲线。

5.9　利用 Slide 软件进行边坡稳定设计

Slide 软件为以滑坡为特征的边坡设计提供了基本工具，但边坡稳定的判断与设计必须基于安全规范的规定，分别考虑不同工况开展运算，不同工况下荷载的施加与力学特性、力学参数的确定必须慎之又慎。

如在水电水利工程领域，针对岩土边坡通常可借鉴《水电水利工程边坡设计规范》DL/T 5353—2006，根据主要建筑物级别然后确定边坡的稳定性控制标准。如属于Ⅰ级建筑物、边坡失稳影响大，则可将边坡归属为 A 类Ⅰ级。则边坡设计安全系数可按照表5.9-1 控制。

边坡设计安全系数　　　　　　　　　　　　　　　　　　　　表 5.9-1

级　别	类别及工况	A 类枢纽工程区边坡		
		持久状况	短暂状况	偶然状况
Ⅰ级		1.25	1.15	1.05
Ⅱ级		1.15	1.05	1.05

174

在该表中，共分为三类工况，而实际工程中的工况要远比这三类工况更为复杂，不同工况所考虑的荷载也不相同。但按照每种工况所持续的时间，均可转化为这三类情况控制。持久工况其持续时间较长、可能贯穿整个服务期，满足这一条件的情况有：

（1）自然斜坡稳定：需要考虑边坡自重、地表持久荷载等。

（2）人工边坡稳定：需要考虑边坡自重、地表持久荷载、锚固措施等。

短暂工况其持续时间较短，可能只有几小时、几天或者几个月，满足该类情况的条件有：

（1）开挖工况（开挖期）：需要考虑边坡自重、开挖坡型、活荷载等。

（2）水位变化工况：在持久荷载基础上，考虑水位上升或下降的影响。

（3）短暂蓄水期：在考虑持久荷载条件下，水位维持在某一高度如死水位、校核水位或水位骤升、骤降等。

偶然工况其产生具有随机性，通常指地震工况。我国水电工程边坡多采用地震基本烈度下的超越概率法进行设计，如采用 50 年超越概率 10％的地震烈度进行控制，50 年超越概率 5％进行复核。

注意：在边坡设计中，一般不将偶然工况作为控制工况来设计。即不能通过支护等措施使地震达到设计要求，而此时持久工况与偶然工况远超控制标准，这会大大增加工程费用。而是借助持久或者短暂工况，使之恰好满足设计要求后，验算地震工况的稳定性。

在进行具体工况分析时，需要仔细研究该工况下存在哪些载荷，水力效应等，然后选择合适的方法进行研究。在确定性分析基础上，要考虑参数确定的误差，进行敏感性分析、可靠性分析等。

习题与思考题

1. 对任一自然边坡，自己设计开挖与支护措施，分析其稳定性变化规律？

2. 对边坡进行锚杆设计时，如何将设置的锚固力与三维情况相对应？

3. 水库边坡在库水上升与下降时，对边坡的稳定有何影响？在计算时应如何考虑？

第6章　表面楔形体稳定分析软件 Swedge 使用

Swedge 软件是一个快速、交互式和便于使用的分析工具，用于评估岩质边坡的表层楔形体（由两个相交的断面、斜坡面和一个可选择的张力裂隙定义）稳定性。楔形体稳定性能用确定性分析方法（安全系数）或概率分析方法（失效可能性）评价。确定性分析中 Swedge 计算了一个具有已知方位的楔形体安全系数。在概率分析中能通过输入统计数据来表达节理方位和力的不确定性，从而计算出服从概率分布的安全系数。

其建模主要包括：

（1）水压力。

（2）外力和地震力。

（3）主动或被动锚杆支护。

（4）喷混凝土支护。

在所有情况下，楔形体假定的失效模式是一种平移滑动（旋转和倾倒均不考虑）。Swedge 中使用的稳定性方法可参考《岩质边坡工程》一书（Rock Slope Engineering, Rev. 第三版，作者：E. Hoek & J. W. Bray，第 341～351 页）。

6.1　软件介绍

6.1.1　Swedge 输入（图 6.1-1）

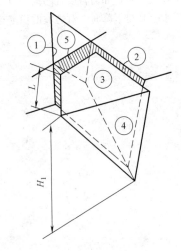

图例

1, 2= 失效平面(2组交叉节理面)
3= 上部地表面
4= 斜表面
5= 张力裂隙
H_1= 边坡高度(垂直距离)
　　与平面1相关。
L= 顶部张力裂隙距离,
　　由平面1的轨迹量得。

图 6.1-1　Swedge 中典型的楔形体几何学

在岩质边坡中，利用 Swedge 计算一个四面楔形体的平移滑动安全系数，需要输入下述信息：

（1）两个交叉断面（节理组）。

（2）斜坡表面。

（3）上部地表面。

（4）一条张力裂隙（可选择的）。

典型问题的几何体如图 6.1-1 所示。

当一对不连续面在一个数据域中被随机选中时，它是未知的，体现在以下几个方面：

（1）这组平面能形成一个楔形体（相交直线可能陷得太深而不能呈现出斜表面或太浅而不能与上部地表面相交）。

（2）某个平面覆盖了其他平面，这影响了平面上的法向反力计算。

（3）从边坡底部视角来看，某个平面位于其他平面的左侧或右侧，为了解决这些不确定性，解法采用下述方法：

1）将其中一个平面标识为 1，另一个标识为 2。

2）允许其中一个平面覆盖另一个（如图 6.1-2 所示）。

3）顶部可以倒悬于边坡底部之上。

4）在任一平面上都有可能失去接触，这取决于楔形体几何形状，也取决于施加在平面上的水压力量级。

在早期的解法中应检查两个平面是否出自一个楔形体。此外，Swedge 还检查了张力裂隙如何与其他平面相交，张力裂隙截断楔形体必须以运动学上可接受的方式。

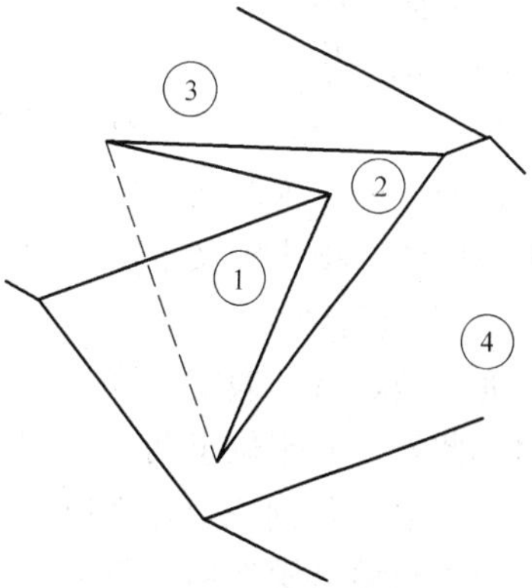

图 6.1-2　一个平面覆盖另一个
平面时楔形体形成的情况

（1）节理组

任一节理组在输入数据对话框中均以节理 1 或节理 2 来定义。边坡高度和张力裂隙顶部距离的量测与节理组 1 相关（见图 6.1-1）。

（2）上部地表和斜坡面

注意并没有坡顶倾斜度的限制（上部地表和斜坡面平面的相交直线），因此上部和斜坡面倾角方向没有完全一致的必要。上部地表和斜坡面即图 6.1-1 中相应的平面 3 和平面 4。

（3）倒悬边坡

如果顶部倒悬于边坡底部之上，在输入数据对话框中选择倒悬复选框，并输入地表和斜坡面平面合适的倾角和倾向。

（4）张力裂隙

张力裂隙的轨迹线长度就是从顶部开始的张力裂隙距离，沿表面 1 的轨迹量测（图 6.1-1 中长度 L 即轨迹线长度）。

Swedge 检查张力裂隙如何与其他平面相交，只接受那些张力裂隙以图 6.1-1 中的方式截断楔形体的情况。如果张力裂隙平面与其他平面没有组成一个可接受的楔形体，当点击确定按钮时将弹出一条警告信息。

（5）边坡高度

边坡高度即图 6.1-1 中的垂直距离 H_1，与平面 1 相关。边坡高度决定了楔形体的尺寸，除非选择了"马道宽度"选项。

（6）马道宽度

Swedge 中的楔形体尺寸由边坡高度决定。也可以通过选择"马道宽度"复选框并输入一个定值，将楔形体放大至一个马道宽度。马道宽度的定义为从坡顶起算，到地表坡面上最后一个楔形体顶点的垂直距离。

注意：马道宽度必须被定义成可由边坡高度定义的最小的楔形体。如果马道宽度的值太大，边坡高度将定义楔形体尺寸，则马道宽度失效。如果定义了张力裂隙，马道宽度不能比张力裂隙的轨迹长度小。这种情况下会弹出一条错误提示。

（7）外力

在数据输入对话框中选中外力选项时，一个或多个外力就能施加到楔形体上，外力也能通过支护作用施加。

（8）水压力

当水压力缺省时，没有水压力作用于 Swedge 模型，分析适用于干燥边坡。

选择数据输入对话框中的水压力复选框，可在分析中加入水压力。通过类型列表选择三个不同的选项来定义水压力：

1）充填裂隙

充填裂隙选项假定强降雨极限情况发生，裂隙（节理 1、节理 2 和张裂隙）完全被水充填。此外，假定位于两个失效平面（节理 1 和节理 2）交线上的某些点，其压力从自由表面的零值变化到一个最大值。

对于充填裂隙选项，Swedge 计算在失效平面上的平均水压力值如下：

① 不考虑张力裂隙

$$\mu_1 = \mu_2 = \gamma_w \times \frac{H_w}{6} \tag{6.1.1}$$

式中，μ_1、μ_2 分别为失效平面 1 和 2 的平均水压力值；γ_w 为单位水重；H_w 为楔形体总重。

② 考虑张力裂隙

$$\mu_1 = \mu_2 = \mu_3 = \gamma_w = \frac{H_{5w}}{3} \tag{6.1.2}$$

式中，μ_1、μ_2 和 μ_3 分别为失效平面 1 和 2 以及张力裂隙的平均水压力值；γ_w 为单位水重；H_{5w} 为上部地表以下张力裂隙的顶底深度。

上式是在缺乏更多精确资料下的简单估计。

注意：为模拟裂隙水压力，可以在零值和实际单位水重之间改变单位水重，以有效的改变水压力（如式 6.1.1 和式 6.1.2）。这允许在评估水压力对楔形体安全系数的影响时进行敏感性分析，从而使裂隙充填率或自定义压力成为一个选项。

2）裂隙充填率

裂隙充填率是在水完全充填状态下的百分比，允许指定裂隙中的平均水重。鉴于楔形体几何形状和水压力方程式的出处，注意到平均水压力和裂隙充填率的关系不是线性的，实际上是三次方关系。

例如，如果裂隙充填率为 50% 时：

$$\mu_{50\%}=(0.5)^3\times\mu_{100\%}=0.125\times\mu_{100\%} \tag{6.1.3}$$

3）自定义水压力

自定义水压力选项允许单独指定每一个平面上的实际平均水压力。这是最灵活的水压力选项，当实际水压力数据在楔形体失效平面上可用时有用，当然这只是平均值，因为每个平面可能只有一个值（节理 1、2 和张力裂隙）。

（9）地震力

地震力可施加于楔形体上，在数据输入对话框上选中地震复选框，输入以下数据：

1）地震系数

地震系数是一个无量纲的数目，其当作重力加速度的一部分定义了地震加速度。一般地震系数可能在 0.1~0.2 之间。如果 α 为地震系数，g 为重力加速度，取值 9.81m/s^2，m 为楔形体质量，则施加于楔形体的地震力 $F=\alpha mg$。

2）方向

"交叉线"将在节理 1 和 2 的交叉线方向（倾角和倾向）施加地震力；"水平 & 交叉方向"将水平地施加地震力，但与节理 1 和 2 的交叉直线的倾向保持一致；"定义"允许定义地震力的任意方向。

（10）概率输入

如果分析类型为概率型的，能在概率论数据输入对话框中定义以下几个随机变量：

1）所有平面（如节理 1 和 2、地表、斜坡面和张力裂隙）上的倾角和倾向；

2）节理 1 和 2 的物理力学参数（黏结力和内摩擦角）。

对每个随机变量，输入一个合适的平均数，标准偏差，相对最小和最大值。注意最小/最大值在数据输入对话框中指定为相对数据（即从均值算起的相对距离），而不是一个绝对值。定义一个随机变量，首先选择一个统计分布。六个可用的分布为：正态分布、均匀分布、三角形分布、β 分布、指数分布、对数分布和正态分布。

① 正态分布

正态分布（或高斯分布）是概率分布函数中最常用的类型，经常用在岩土工程的概率研究中。推荐选择正态分布概率密度函数，除非在 Swedge 中有很好的理由采用其他的概率密度函数。正态分布中大约 68% 的观测值应当属于一种均值的标准差，约 95% 的观测值应当属于两种均值的标准差（图 6.1-3）。

② 截断正态分布

截断正态分布可被定义为设定变量中想要的最小值或者最大值。为了实用目的，如果最小值和最大值是至少 3 种均值的标准差，可以获得一种完全的正态分布。如果最小值（最大值）为少于 3 种均值的标准差，正态分布将显然被截断。

③ 均匀分布

均匀分布能被用来模仿两个值之间的一个随机变化，在该区间中所有值出现几率相同。均匀分布被最小和最大值完全指定。均值就是最小和最大值的平均数，不能独立指定（图 6.1-4）。

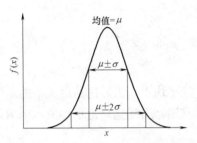

图 6.1-3　正态分布概率密度函数

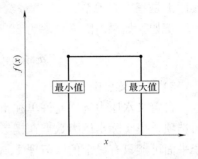

图 6.1-4　均匀分布概率密度函数

其他概率分布在此不再赘述。

6.1.2　Swedge 分析

运行 Swedge 分析工具，输入所有需要的数据后，点击数据输入对话框中的确定按钮即可。

当分析类型为确定性分析时，安全系数将立即被计算并展示在对话框的右下角，同样会出现在工具栏中。

如果分析类型为概率分析时，失效概率将被计算并展示在工具栏上。

注意：一个概率分析在选择工具栏对应的按钮后能在任何时间内重启。如果随机取样选项处于关闭状态，每次重启概率分析都将产生不同的结果。

（1）几何确认

在计算一个给定的楔形体安全系数之前，Swedge 检查模型的几何关系是否正确。

1）如果分析类型为确定性分析，在输入数据出问题时将收到一条警告信息。

2）如果分析类型为概率分析，在数据的输入时首先要确认。如果随机的方位数据不能形成一个有效的楔形体，整个概率分析将被中断，并收到一条警告信息。如果楔形体有效，但无效的楔形体在统计取样时产生，则这些结果被抛弃，但分析得以继续进行。概率分析中的有效楔形体的数目在分析信息浏览器选项中列出。

（2）滑动面

在一个 Swedge 分析中，对于一个特定的楔形体，分析摘要将显示出沿交线滑动（倾向/倾角）。考虑楔形体的几何形状和水压力的量级，滑动也可能沿以下路径发生：

1）两个失效平面。

2）一个失效平面。

3）无失效平面（无接触）。

安全系数表明了在两个失效平面（节理组）上的滑动，交线涉及了两个失效平面（节理 1 和 2）。

在某些情况下，两个失效平面可能失去接触，这取决于楔形体的几何形状和水压力的量级。在此情况下，分析摘要会显示在节理 1 上滑动或在节理 2 上滑动。如果水压力太高，楔形体将漂浮起来，此时分析摘要会显示两个失效平面失去接触。

最后，如果锚杆的总容量太大（仅对于主动锚固模型）或者如果一个大的外力施加在抵抗滑动的方向上，分析摘要将显示沿交线向上滑行（倾向/倾角）。这表明锚杆力或外力足够大以至于可能推动楔形体沿边坡往上走。

在一个确定性分析中，伴有安全系数的滑动平面将显示在数据输入对话框中。在概率分析中，这个信息在信息浏览器中列出。

6.2 软件操作流程

双击安装文件夹里的 Swedge 图标运行 Swedge 或者从开始菜单选择 Programs→Rocscience→Swedge。如果 Swedge 应用程序窗口还未最大化，将其最大化，以便能在全屏中看到模型。

接下来建立一个新模型，点击图标□ 或者选择：文件（File）→新建（New）。一个楔形体模型将立即出现在屏幕上，如图 6.2-1 所示。任何时候打开一个新的文件，默认的数据输入将生成一个有效的楔形体。

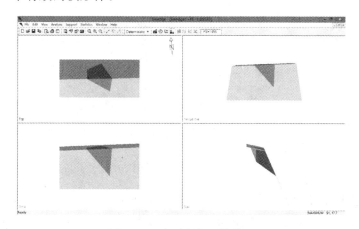

图 6.2-1　新建的楔形体模型

首先将注意到显示的四视图分隔屏幕样式：

（1）顶视图。

（2）前视图。

（3）侧视图。

（4）透视视图。

注意：顶视图、前视图和侧视图两两正交（即视角以 90 度变化）。

6.2.1　项目设定

项目设定允许输入一个任务名称，选择计算单位和分析类型。点击图标 或者选择：分析（Analysis）→项目设定（Project Settings）（图 6.2-2）。

输入"SWEDGE Quick Start Tutorial"作为任务名称，在 Units 一栏选择 Metric，分析类型选择 Deterministic（确定性），单击 OK。注意：

（1）任务名称出现在信息浏览器的清单里，也会在楔形体视角的打印输出中出现。

（2）单位决定了在数据输入对话框中的长度单位和力单位。

6.2.2　数据输入

点击图标 或者选择：分析（Analysis）→输入数据（Input Data）（图 6.2-3）。

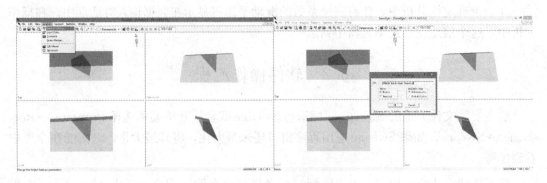

图 6.2-2　项目设定对话框

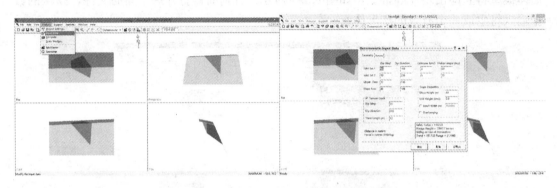

图 6.2-3　数据输入对话框（适用于确定性分析）

在此对话框中看到的已输入几何学数据是默认数据，其生成了一个有效的默认楔形体，每次都将启动一个新文件。检查此对话框中输入的数据。在选择此对话框时，注意右下角显示的安全系数、楔形体重量等信息。安全系数（FS=…）同样在 Swedge 工具栏中显示，并出现在屏幕的顶部。点击"取消"关闭对话框。

6.2.3　视图操作

鼠标左键和右键能交互地按如下方式操作：

（1）模型的透视视图允许模型用鼠标左键以任意角度旋转。

（2）在四个视图中都能用鼠标右键将楔形体移出边坡（图 6.2-4）。

注意：如果鼠标有滑轮，转动滑轮同样也能将楔形体移出边坡。

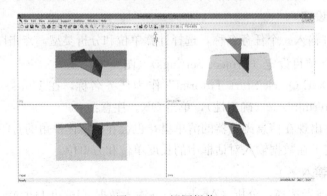

图 6.2-4　视图操作

（1）旋转模型

1）在透视视图中无论何处按住鼠标左键不放，光标变成一个"环向箭头"符号，表示可以旋转模型。

2）按住鼠标左键，四处移动光标。模型将随着光标的移动方向而旋转。

3）退出旋转模式，松开鼠标左键。光标变回正常箭头模式。

4）重复上述步骤以任意角度旋转模型。

（2）将楔形体移出边坡

1）在四个视图中的任一个按住鼠标右键不放，注意光标变成一种"上下箭头"符号。

2）按住鼠标左键，上下移动光标。楔形体将向上或向下滑出边坡。

注意：

① 如果模型没有张力裂隙，楔形体将沿节理1和2的交线上下滑动。

② 如果模型有张力裂隙，楔形体将沿节理1和2的交线下滑，沿张力裂隙平面上滑。

③ 结束这种模式，松开鼠标右键，光标转化成正常箭头模式。

重置楔形体回到其正常位置，在任意一个视图中点击和松开鼠标右键。楔形体将对齐到其正常位置。

（3）旋转和移动

旋转和移动选项能用于任何次序。模型能在移动楔形体后旋转，同样楔形体能在旋转后移动。这保证从任何可能角度灵活观察边坡和楔形体。

注意：旋转模型仅仅影响到透视视角，而将楔形体移出边坡会影响到所有视角（顶、前、侧和透视视角）。

（4）重新调整视图尺寸

可采用多种方法改变顶/前/侧/透视视图的相对尺寸：

1）双击任何视图将最大化该视图（图6.2-5）。再次双击，将回到四个视图模式。

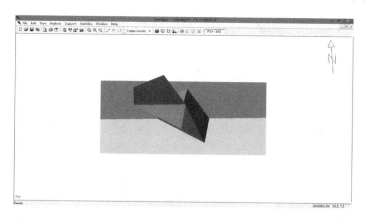

图 6.2-5　最大化透视视图

2）作为选择，在视图之间的竖直或水平分隔线上，或在四个视图交叉点上盘旋光标。光标将变成一个平行线或四箭头符号。按住鼠标左键不放，拖拉以调整视图尺寸。

3）最大化视图也能由视角（View）→布局（Layout）选项完成。重置四个视图到相同尺寸，点击视角（View）→布局（Layout）→所有视图（All Views）。

4）缩放（50%～800%）点击图标<img_1 icon> 或者点击视角（View）→缩放菜单（Zoom），增加或减小所有视图中模型的显示尺寸。

单个视图被放大或缩小可使用键盘上的"Page Up，Page Down"键或数字键盘里的"＋，－"键或工具栏中的缩放（Zoom）选项。但必须首先在对应视图点击一下鼠标，以使其处于激活状态。

（5）显示选项

点击图标<img icon>或者选择：视角（View）→显示选项（Display Options），如图6.2-6所示。

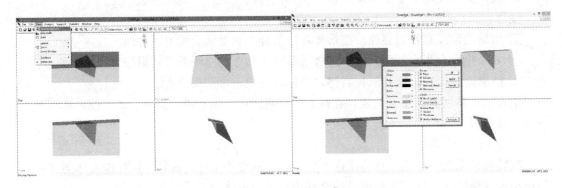

图 6.2-6　Display Options 对话框

选择新的边坡、楔形体和背景颜色，点击执行（Apply）按钮。将画图模式（Drawing Mode）从阴影（Shaded）改成线框（Wireframe），并点击执行（Apply）按钮。选择默认（Defaults）按钮而回到默认状态，点击确定（OK）或取消（Cancel）退出对话框，如图6.2-7所示。

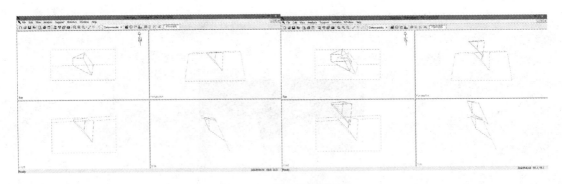

图 6.2-7　线框绘图模式

当使用删除锚杆或编辑锚杆选项时涉及了锚杆的颜色的选择。如果这些操作已经使用过执行（Apply）按钮，显示选项对话框中的取消（Cancel）按钮并不会取消所有改变。

6.2.4　改变数据输入和重新计算安全系数

改变输入数据和重新计算一个新的安全系数时只要输入需要的数据并选择确定按钮。

在确定性分析中，安全系数被立即计算出来并显示于对话框的右下角。点击图标

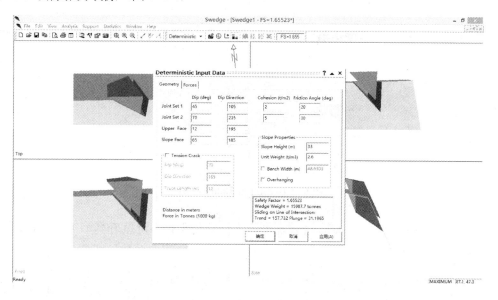或者选择：分析（Analysis）→输入数据（Input Data）。先去除张力裂隙，观察其对安全系数和楔形体几何产生的影响。

（1）去除张力裂隙（图 6.2-8）

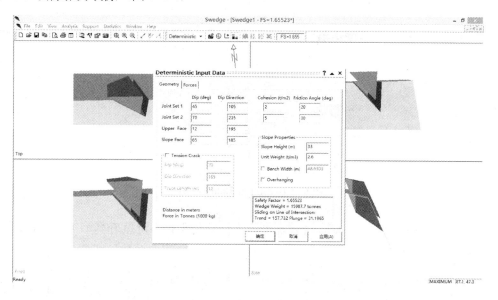

图 6.2-8 去除模型中的张力裂隙

1）要去除模型中的张力裂隙，只需在数据输入对话框中取消选择张力裂隙复选框。

2）选择确认按钮，一个新的安全系数立即计算出来。去除张力裂隙使安全系数从 1.65 增加到 1.75（同时注意增加的还有楔形体重量）。

3）选择取消，关闭数据输入对话框，能看到一个新的楔形体。它应当展示如图 6.2-9 所示：

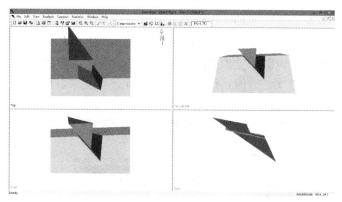

图 6.2-9 移除了张力裂隙的楔形体

注意：选择对话框右下角的箭头，数据输入对话框也可不关闭而最小化。

（2）输入一个新的楔形体

输入一个完全不同的楔形体数据。点击图标或者选择：分析（Analysis）→输入数据（Input Data）。

1）输入如下数据并单击执行（Apply）（图 6.2-10）。

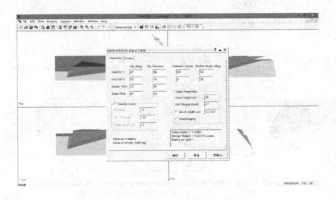

图 6.2-10　Input Data 对话框

2）选择 Cancel 关闭对话框，或者点击箭头将其最小化，可以看到如下的楔形体，其安全系数见图 6.2-11。

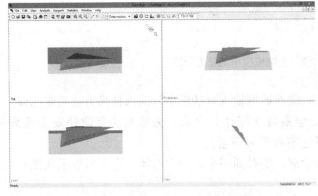

图 6.2-11　一个新的楔形体

（3）水压力

缺省情况下，水压力没有施加于一个楔形体模型上。为了将水压力纳入分析中：

1）选择数据输入对话框中的水压力复选框。

2）选择一个水压力类型（在这个例子中将使用默认的充填裂隙选项）。

3）选择执行（Apply）按钮。安全系数减少到 0.53，这表示了一个不稳定楔形体，需要支护来阻止失效。充填裂隙选择选项假定处于暴雨极限工况，以至于水压力最大值（平均值）作用于失效平面上（图 6.2-12）。

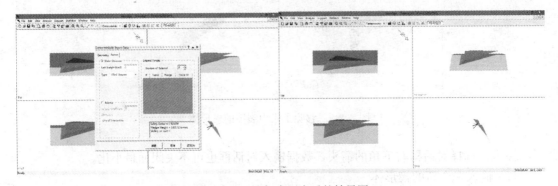

图 6.2-12　施加水压力后的结果图

注意：箭头代表呈现在模型上的外力。

（4）外力

现在添加某一方向单独的外力，以便于它能稳固楔形体。

1）用鼠标选择外力的数目＝1。

2）输入走向（Trend）＝225，倾角（Plunge）＝20，量值（Magnitude）＝1000（t）。

3）选择执行。安全系数（此时水压力仍在）增加到 0.73（仍然是个失稳的楔形体）（图 6.2-13）。

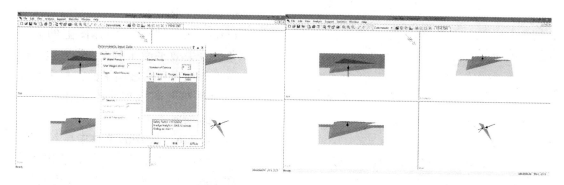

图 6.2-13　施加外力后的结果图

注意：箭头代表了呈现在模型上的外力。

（5）地震力

分析中考虑地震力。选择地震力复选框，如图 6.2-14 所示，输入一个 0.2 的地震系数（Seismic Coefficient）。选择方向为"用户定义"（User Defined），输入倾角＝0，倾向＝52。选择执行，安全系数下降到了 0.51。

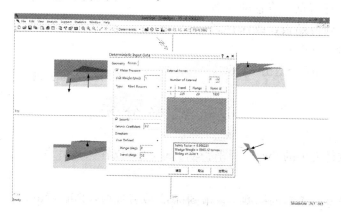

图 6.2-14　施加地震力后的结果图

注意：一个箭头代表地震力已经施加到模型上。

（6）关于数据输入对话框的更多内容

Swedge 中的数据输入对话框运行时与普通对话框稍有不同：

1）它是一个"卷式"对话框，因为通过点击对话框右上角的箭头，它能"卷上"（最小化）或重新"卷下"。同时，用鼠标左键双击对话框上的标题栏，也能最小化/最大化对话框。

2）当执行其他任务时它仍能被留在屏幕上。当不需要时，它能被"卷上"并用鼠标左键拖出界面。

3）如果多个文件被打开，数据输入对话框将在现用文件中显示数据。

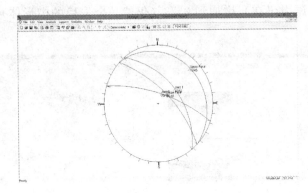

图 6.2-15　Swedge 输入数据平面的赤平投影

6.2.5　输入数据平面的立体投影

Swedge 的输入数据可转化为平面赤平投影，选择工具栏中的立体图（Stereonet）按钮。立体图上的大圆象征着失效平面 1 和 2、张力裂隙以及上部地表和斜坡面平面。每个平面的倾角和倾向也展示在其上，如图 6.2-15 所示。

6.2.6　从 Dips 文件中导入数据

Dips 是采用球面投影方法构造地质学的几何图解和统计学分析软件，Swedge 形成楔形体几何的平面可采用文件（File）菜单中的导入（Import）选项从 Dips 平面文件（.dwp 文件名的延伸）中读入 Swedge。

6.2.7　信息浏览器

可以通过信息浏览器选项检查。点击图标🔲或者选择：分析（Analysis)→信息浏览器（Info Viewer）。卷动滑轮可查看所有信息。信息浏览器中的正文能被拷到剪贴板，或保存到文件，或被打印（图 6.2-16）。

选择：文件（File)→退出（Exit）。

图 6.2-16　信息浏览器列表

6.3　概　率　分　析

双击安装文件夹中的 Swedge 图标运行 Swedge 或者从开始菜单选择 Programs→Rocscience→Swedge。

现在开始创建一个新的模型。点击图标🔲或者选择：File→New。

6.3.1　项目设定

项目设定允许输入一个任务名称，选择一个单位制和分析类型，将分析类型（Analysis Type）转换为概率分析（Probabilistic）。点击图标🔲或者选择：分析（Analysis)→项目设定（Project Settings）。输入"SWEDGE Probabilistic Tutorial"作为任务标题。在 Units 一栏选择 Metric，分析类型选择 Probabilistic，单击 OK（图 6.3-1）。

注意：

（1）使用 Swedge 工具栏中间的下拉列表框，分析类型也能在任何时候转换。

（2）任务名称出现在信息浏览器的清单里，也会在楔形体的打印输出中出现。

（3）单位决定了在数据输入对话框与分析中的长度单位和力单位。

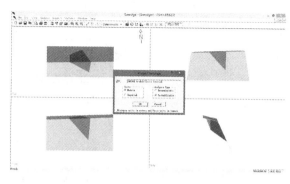

图 6.3-1　Project Settings 对话框

6.3.2　概率数据输入

点击图标 或者选择：分析（Analysis）→输入数据（Input Data）。可看到概率数据输入对话框如图 6.3-2 所示：

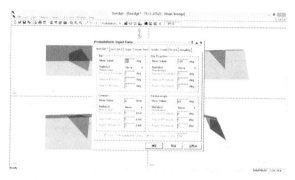

图 6.3-2　Input Data 对话框

（1）定义随机变量

在 Swedge 中定义一个随机变量：

1）首先选择变量的一个统计分布。

2）输入标准差、最小值和最大值。注意最小值/最大值被定义为从均值起算的相对距离，而不是绝对值。

3）统计分布为空时任一变量将被假定为精确得知，不会在统计取样范围内。

此处，采用默认的均值输入数据，并定义正态统计分布中的如下变量：

1）节理组 1 的倾角和倾向。

2）节理组 1 的黏结力和摩擦力。

3）节理组 2 的倾角和倾向。

4）节理组 2 的黏结力和摩擦角。

5）张力裂隙的倾角和倾向。

（2）节理组 1

确定节理组 1 标签在数据输入对话框中被选中，并输入以下数据（图 6.3-3）：

（3）节理组 2

选择节理组 2 标签并输入以下数据（图 6.3-4）：

（4）张力裂隙

选择张力裂隙标签并输入以下数

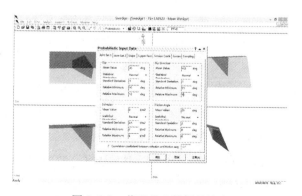

图 6.3-3　节理组 1 数据的输入

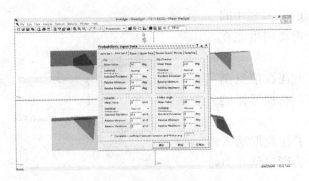

图 6.3-4　节理组 2 数据的输入

据（图 6.3-5）：

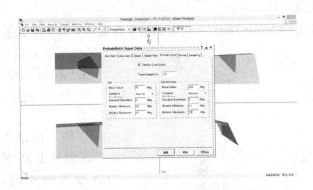

图 6.3-5　张力裂隙数据的输入

（5）边坡

选择边坡标签，假定边坡平面的方位是精确得知的，所以不会输入上部地表或边坡的方位统计数据（即使这些变量的统计分布为空的情况）。在本例中输入边坡高度＝31m（图 6.3-6）。

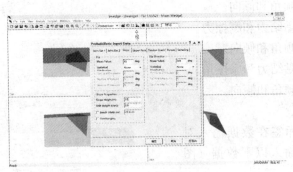

图 6.3-6　边坡数据的输入

（6）力

选择力标签，选择水压力复选框，并使用默认的充填裂隙选项（图 6.3-7）。

（7）取样

将使用默认的取样方法和大量的样本（蒙特卡洛法，1000 个样本）。确保伪随机取样（Pseudo-Random Sampling）是关闭的。

6.3.3 概率分析

执行 Swedge 中的概率分析，选择数据输入对话框中的 Apply 或 OK。注意：

（1）Apply 将在不关闭对话框的情况下运行分析功能。

（2）点击 OK 按钮，运行分析功能，并关闭对话框。

采用刚刚输入的参数运行，计算进程显示于状态栏。

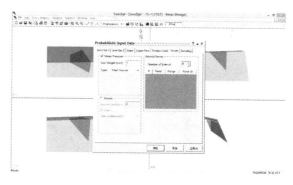

图 6.3-7　力的输入

（1）失效概率

概率分析中最关心的是失效概率。这将显示于屏幕顶部的工具栏中。如果已正确地输入数据，应能获得一个失效概率在 10% ~ 12% 左右（例如，PF=0.121 意味着 12.1% 的失效概率）。但是输入数据的取样建立于采用蒙特卡洛分析产生的随机数字基础上。所以每次用这些相同的数据计算时，失效概率并不完全一样。

（2）楔形体显示

概率分析后最初显示的楔形体是建立在输入平均值基础上，且作为标准楔形体使用。它将表现得与基于确定性输入数据的楔形体完全一致。由概率分析产生的其他楔形体被展示出来。

（3）柱状图

在概率分析后绘制成果柱状图。点击图标![icon]或者选择：统计（Statistics）→显示柱状图（Plot Histogram）。选择 OK 按钮显示安全系数的柱状图（图 6.3-8）。

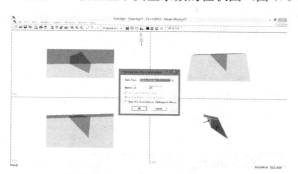

图 6.3-8　Plot Histogram 对话框

对所有由蒙特卡洛取样输入数据生成的有效楔形体来说，此柱状图表示安全系数的分布。位于分布左侧的红条意味着安全系数小于 1.0 的楔形体。

1）平均安全系数

注意均值、标准差、最小值和最大值都展示于柱状图之下（图 6.3-9）。从一个概率分析中得到的平均安全系数（即由概率分析产生的所有安全系数的均值）没有必要和标准楔形体的安全系数（即与输入数据的均值相应的楔形体的安全系数）保持一致，这两个值一般不相等。

转换楔形体视图来改变它。在楔形体视图的标题栏中，标准楔形体的安全系数呈现出

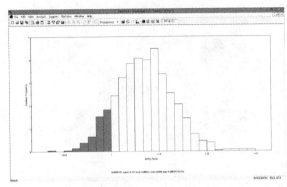

图 6.3-9　安全系数柱状图

来，将该值与柱状图底部列出的平均安全系数作比较。

2）查看其他楔形体

将柱状图和楔形体视图拼装，以便于两个都可以见（图 6.3-10）。选择：窗口（Window）→ 垂直拼接（Tile Vertically）。

柱状图（散点图也一样）的一个有用特征是：如果在图上任何部位双击鼠标左键，最近的相关楔形体将显示在楔形体视图中。例如：

① 沿柱状图双击任意一点。

② 注意一个不同的楔形体展示出来。

③ 该楔形体的安全系数在楔形体标题栏中显示出来，标题栏将显示正在查看的被选楔形体，而不是标准楔形体。

④ 沿柱状图双击多个不同点，注意展示于楔形体视图中的不同的楔形体和安全系数，例如，双击红色安全系数区域，可以看到一个安全系数<1 的楔形体。

这个特征允许查看由概率统计生成的与沿柱状图分布任意一点对应的楔形体。

除了楔形体视图之外，所有其他可用的视角（例如信息浏览器和赤平投影视角）也可被更新以显示当前被选楔形体。

注意：

① 这个特征能在任何由 Swedge 生成的统计数据的柱状图中使用，且不仅限于安全系数柱状图。

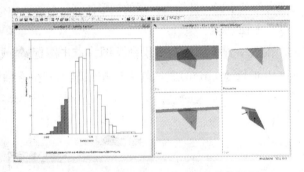

图 6.3-10　安全系数柱状图和楔形体视图

② 这个特征对散点图也适用。想要重置所有视图以便标准楔形体能被显示。选择：视图（View）→重置楔形体（Reset Wedge）。这将在楔形体视图中显示标准楔形体，且其他所有可用的视图（比如浏览器和赤平投影视角）也将被更新以显示标准楔形体数据。

3）柱状图的其他数据

除了安全系数以外，可能也将绘制以下参数的柱状图：

① 楔形体重量。

② 倾角或节理组 1 和 2 的交线长度。

③ 最大的节理持久性。

④ 输入的任何随机变量（即输入的服从一个统计分布的任何变量）。

例如：点击图标▓或者选择统计（Statistics)→绘制柱状图（Plot Histogram）。在这个对话框中，设定数据类型为楔形体重量，并选择 OK 按钮。楔形体重量分布的柱状图将生成（图 6.3-11）。

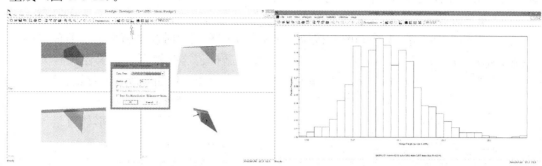

图 6.3-11　楔形体重量分布的柱状图

注意：描述上述安全系数柱状图的一切特征都适用于其他数据类型，如果双击楔形体重量柱状图，最近的相关楔形体将在楔形体视图中显示出来。

接下来生成更多的柱状图，点击图标![icon]或者选择统计（Statistics）→绘制柱状图（Plot Histogram）。将绘制一个输入数据随机变量的柱状图（图 6.3-12）。设定数据类型（the Data Type）＝节理 1 的倾角（Dip of Joint 1）。选择输入分布绘制（the Plot Input Distribution）复选框，点击 OK 按钮。

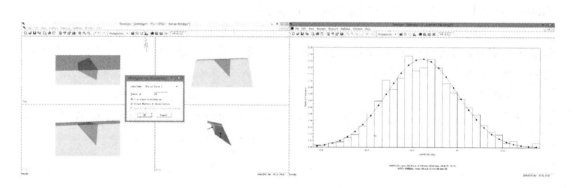

图 6.3-12　输入数据的随机变量的柱状图的绘制

此柱状图显示了节理 1 输入数据变量中的倾角如何采用蒙特卡洛分析进行取样。当在数据输入对话框中输入节理 1 倾角的均值、标准差、最小值和最大值时，与柱状图重叠的曲线正是所定义的正态分布。

接下来显示更多的柱状图绘制的特征和失效楔形体显示选项。右键单击柱状图，选择显示失效楔形体（Show Failed Wedges）（图 6.3-13）。

失效楔形体（即楔形体安全系数＜1）的分布高亮显示在柱状图上。

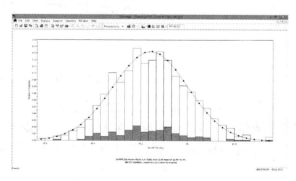

图 6.3-13　节理 1 的倾角-蒙特卡洛正态分布
取样，失效楔形体分布被显示

这个选项允许查看楔形体失效和任何输入或输出变量间的分布关系。

（4）重启分析

选择工具栏中计算（Compute）按钮，概率分析能在任何时候重新启动。但首先得重新拼装这些视图。如果还没有关闭任一视图，应当继续将其保留在屏幕上：

1）楔形体视图。

2）安全系数、楔形体重量、节理1的倾角柱状图。

如果关闭了任何一个柱状图，按前述重新生成它们。现在拼装这四个视图。点击图标 或者选择：窗口（Window）→垂直拼装（Tile Vertically）（图 6.3-14）。

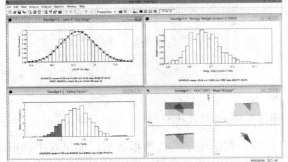

图 6.3-14　拼好的柱状图和楔形体视图

选择 Swedge 工具栏中的计算（Compute）按钮，点击图标 或者选择：Analysis→Compute。注意：柱状图和失效概率被新的分析结果更新。

现在连续点击计算几次，观察柱状图和失效概率的变化。这种绘图形式论证了Swedge 蒙特卡洛分析，一般分析重启时失效概率每次都会不同。

注意：当重新计算时，楔形体视图并没有改变，从默认状态标准楔形体（即建立在平均输入数据基础上的楔形体）显示开始，它就不受重启分析的影响。如果多重启几次进行分析，将发现失效概率从 9% 变到 14%。

（5）累积分布（S 曲线）

除了柱状图之外，统计结果的累积分布（S 曲线）也能绘制。点击图标 或者选择：统计（Statistics）→绘制累积曲线（Plot Cumulative）（图 6.3-15）。

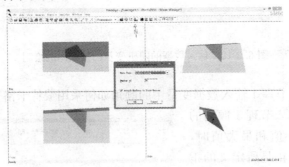

图 6.3-15　Plot Cumulative 对话框

选择 OK 按钮。将产生累积曲线安全系数分布，如图 6.3-16 所示。注意：图上可见的带顶点线段。这是取样器允许获得累积分布曲线上任意一点的坐标。

1）使用取样器，只需在图上任何地方单击鼠标左键，样本将跳到那个位置，并显示结果。

2）作为选择之一，按住图上的鼠标左键，将看到一个双箭头图标，向左或向右移动鼠标，取样器将连续显示沿曲线上点的值。

取样器的显示可以在右击菜单里被打开或关闭，或者使用统计菜单中的子菜单。

多次拼装视图，重新进行计算分析。选择：窗口（Window）→垂直拼装（Tile Vertically）。选择：分析（Analysis）→计算（Compute）。注意每次重启分析时，累积分布沿柱状图更新。

（6）散点图绘制

散点图绘制允许检查分析变量之间的关系。为产生一个散点图，点击图标或者选择：统计（Statistics）→绘制散点图（Plot Scatter）（图 6.3-17）。

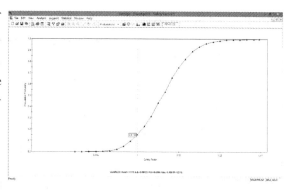

图 6.3-16　累积曲线安全系数分布

在散点图对话框中，选择想要绘制在 X 和 Y 轴上的变量，例如，安全系数和楔形体重量。选中显示回归线选项（Show Regression Line），显示基于数据的最佳拟合直线。选择 OK 按钮以生成图。正如图 6.3-18 所示，安全系数和楔形体重量的相关性非常小。

列于绘图底部的相关系数显示，两个变量的相关程度被绘制。相关系数能从−1 变到 1，该数字接近于 0 表示一个较差的相关性，该数字接近于 1 或−1 显示了一个良好的相关性。注

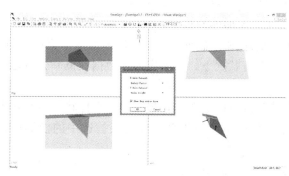

图 6.3-17　Plot Scatter 对话框

意，一个负的相关系数仅表示最佳拟合线性回归线的斜率是负的。

α 和 β 也被列在图的底部，分别表示 Y 轴截距和斜率，为散点图数据的最佳拟合线性回归线。

注意：

1）在一个散点图上双击鼠标，可以显示图上最近楔形体的数据。

2）显示失效楔形体选项对散点图也有效，例如，右击并选择显示失效楔形体。所有安全系数<1 的楔形体将以红色高亮显示在散点图上。

3）如黏结力与摩擦角作为参数特例，可定义一个相关系数进行计算分析。

（7）信息浏览器

检查一下概率分析中列出的信息浏览器（图 6.3-19）。点击图标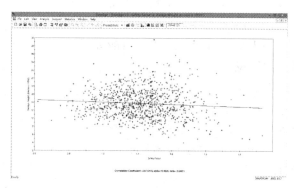或者选择：分析

图 6.3-18　安全系数 VS 楔形体重量的散点图

195

（Analysis）→信息浏览器（Info Viewer）。

图 6.3-19　信息浏览器

注意有效的、失效的和安全的楔形体取决于几何体的输入。输入数据的概率取样产生无效的楔形几何体是可能的。总之：

1）失效楔形体的数目＋安全楔形体的数目＝有效楔形体的数目。

2）样本的数目－有效楔形体的数目＝无效楔形体的数目。

与绘图视图一样，如果重新开始分析，信息浏览器列表自动更新来反映最近的数据。注意信息浏览器中当前的楔形体数据列表。缺省状况下，标准楔形体数据在概率分析之后显示。

正如先前指出的，如果在一个柱状图或者散点图上双击，最近的楔形体将被显示在楔形体视图中，当前在信息浏览器中的楔形体数据也将被更新，以反映被选中的楔形体数据。具体操作如下：

1）关闭（或最小化）可能在屏幕上看到的所有信息，除了信息浏览器和安全系数柱状图。

2）选择垂直拼装工具栏按钮。

3）如果有必要，在信息浏览器视图中滑下鼠标滑轮，以便于当前楔形体数据可见。

4）双击安全系数柱状图上不同的点，注意当前楔形体数据被更新以显示被选楔形体的数据（图 6.3-20）。

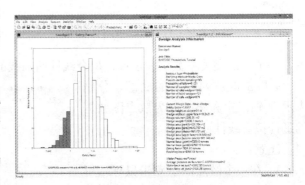

图 6.3-20　被选当前楔形体的数据

5）重置当前楔形体数据为平均数据：

选择：视图（View）→重置楔形体（Reset Wedge）。

6.4　支护分析

在 Swedge 模型中，可以通过添加锚杆或喷混凝土等措施，分析支护对块体稳定性的影响。

首先新建一个分析文件：点击图标 ⬜ 或者选择 File→New。

6.4.1 添加锚杆

通过工具栏或 Support 菜单中添加锚杆（add bolt）选项可以实现锚杆的添加：点击图标 ✐ 或者选择 Support→Add Bolt。

（1）移动鼠标到顶视图或前视图窗口。

（2）这时鼠标会变成"箭头/锚杆"的形状。

（3）当把光标移动到楔形体上时，"箭头"及"锚杆"会变成一条直线，这表明可以在楔形体上添加锚杆了。

（4）点击鼠标左键，在楔形体上需添加锚杆的位置。

（5）锚杆的初始方向为垂直于所有点击的楔形体面（即楔形体顶面或边坡面），在弹出的"锚杆特性"对话框中可以修改锚杆的方向，如图 6.4-1 所示。

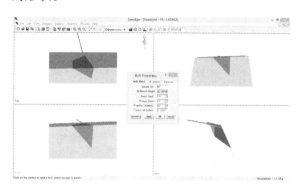

图 6.4-1　锚杆特性对话框

（6）可点击锚杆特性对话框（这是可选择的）中的"最优化"按钮优化锚杆方向以获得最大的安全系数。

（7）注意添加锚杆以考虑对安全系数的影响。当添加锚杆后，程序自动重新计算楔形体稳定的安全系数（缺省的锚杆锚固力为 20t，此时对安全系数的影响很小，因为缺省的楔形体重量有 16000t）。

（8）关于锚杆特性对话框

1）当使用各个列表框右侧的箭头修改锚固力、倾向及倾角时，安全系数会立即重新计算。

2）修改数值也可以直接在列表框中输入，此时需点击应用按钮才能重新计算安全系数。

3）当修改锚杆的倾向及倾角时，可以看到屏幕上的锚杆力方向实时更新。

（9）当修改完锚杆的方向、长度及锚固力时，点击确定按钮完成锚杆的添加。

（10）如果对锚杆施加的位置不满意或者放弃添加锚杆时，则点击取消按钮删除锚杆。

（11）重复以上步骤可以在模型上添加一系列锚杆。可尝试采用较大的锚固力，观察此时对安全系数的影响。

注：

1）在透视图中无法添加锚杆。

2）在侧视图中可以添加锚杆，但是一般不推荐采用此方法，因为该视图中无法准确定位锚杆的位置。

6.4.2 Swedge 中锚杆的实现方法

锚杆在 Swedge 稳定分析中按以下方式实现：

（1）锚固力和锚固方向。

1）锚杆通过其锚固力及锚固方向（倾向/倾角）影响块体的安全系数。

2）锚杆的锚固力和锚固方向以矢量形式添加，在安全系数计算中考虑为通过楔形体质心的单一等效作用力，该原则对于主动及被动型锚杆均适用。

3）对于相同锚固方向的一系列锚杆，可用锚固力是这一系列锚杆锚固力总和的单根锚杆代替。

（2）锚杆长度和位置

1）Swedge 中锚杆长度按如下方式影响安全系数：当锚杆穿过整个楔形体时（即锚固长度＞0），计算中完全考虑锚杆的锚固力；当锚杆未穿过整个楔形体时（即锚固长度＜0），此时锚杆对楔形体的稳定性没有影响（即有效锚固力＝0）。

2）锚杆在楔形体表面的打设位置对于块体的安全系数没有影响。因为在块体稳定分析中，所有作用力均假设通过块体的形心，而不是锚杆打设的实际位置。

（3）锚杆作用力与外力

1）当锚杆为主动型锚杆时，锚杆的作用力等效于大小和方向都相同的外力。

2）当锚杆为被动型锚杆时，锚杆作用力与外力不等效。

（4）多重锚杆

模型中可以添加任意数量的锚杆。不过在 Swedge 中，锚杆只简化为通过块体形心的力矢量，作用力的大小等于锚杆的锚固力。因此，对安全系数的影响而言，锚杆群的作用效应可以简化为：

1）等效锚固力和锚固方向的少量锚杆，甚至单根锚杆。

2）等效的外部作用力。

不过，多重锚杆可以用来观察锚杆的实际布设状况以及锚杆的长度和间距，或者进行现有失稳块体支护系统安全系数的反分析。

（5）主动及被动型锚杆

安全系数等于抗滑力与滑动力的比值，滑动力包括块体重力沿滑动方向的分力、地震力及水压力。抗滑力则来自于滑动面的黏结力和摩擦力。

由于预先很难准确判断岩质边坡面加载与滑动的先后顺序，主动或被动型支护的选择有时候是随意的。因此应判断具体采用哪种支护系统更适用于所分析的块体。通常来说，被动型支护的安全系数低于主动型支护。

6.4.3　锚杆显示

锚杆添加后，当把楔形体移出边坡时，锚杆仍留在边坡中并且完全可见，方便对锚杆布设位置进行更详细的检查。

可以单击右键并拖拽或滚动鼠标滚轮，将楔形体移出边坡。移出楔形体后，在透视视图中旋转模型，可从任意角度观察锚杆。在"显示选项"中，可自定义锚杆颜色，也可在"线框显示"模式下观察锚杆的布设。

6.4.4　特定安全系数所需的支护力

"锚杆特性"对话框中的"安全系数"选项可用于确定特定安全系数所需的支护力大小。

（1）在"锚杆特性"对话框（当添加或编辑锚杆时）中，选中安全系数选项，输入一个期望的安全系数（例如 2.0）（图 6.4-2）。

（2）单击"应用"按钮，锚固力自动更新，显示要达到指定安全系数所需的锚固力。

由于锚杆特性对话框只适用单根锚杆，因此可通过以下方法使用安全系数选项：

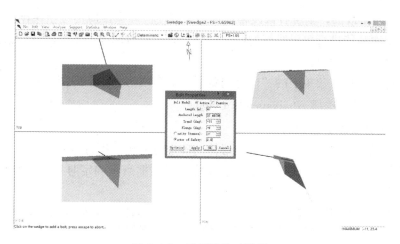

图 6.4-2　锚杆特性对话框

① 添加单根锚杆。

② 使用安全系数选项确定块体所需的总支护力。

③ 利用计算所得的支护力进行更进一步的设计，例如确定某一锚固力锚杆的根数，这里假设所有锚杆均以相同的方向布设。

6.4.5　删除锚杆

通过"支护"菜单中的"删除锚杆"选项或工具栏上的图标删除锚杆特性。点击图标或者选择 Support→Edit Bolt。可以在顶视图、前视图及侧视图中删除锚杆（透视视图中无法删除锚杆）：

（1）移动光标至顶视图、前视图或侧视图中。

（2）鼠标指针变成一个小方块。

（3）将指针定位在需删除的锚杆上。

（4）此时锚杆颜色改变，表明已选中，同时状态栏中显示被选锚杆的相关特性，可以帮助确认是否为需删除的锚杆。

（5）选中锚杆后再点击鼠标左键，锚杆被删除。

（6）新的安全系数立即被重新计算。

（7）重复步骤 3～5 继续删除锚杆。

（8）按 ESC 可退出锚杆删除。

选择 Support→Delete Bolt 后按星号（＊）可立即删除模型中的全部锚杆。

注意：锚杆的颜色及被选锚杆的颜色可在"显示选项"对话框中修改，以便于查看。

6.4.6　编辑锚杆

通过"支护"菜单中的"编辑锚杆"选项或工具栏上的图标编辑锚杆特性。点击图标或者选择 Support→Edit Bolt。锚杆编辑的选择与上节中删除锚杆的选择过程一致，当锚杆被选中后：

（1）屏幕中心弹出"锚杆特性"对话框。

（2）修改锚杆的相应特性，方法同初始添加锚杆过程。

（3）完成锚杆特性修改后，点击确定保存修改。

（4）如果点击取消，则所有修改将被取消，即使已经点击应用按钮保存过修改数据。

注意：每次只能进行单根锚杆的特性编辑，无法同时修改一系列的特性数据。

6.4.7 显示锚杆特性

可以通过"分析"菜单中的"信息浏览器"命令或工具栏上的图标显示所有锚杆的数据。点击图标 或者选择 Analysis→Infoviewer。

6.4.8 失效概率分析中的锚杆

以上关于锚杆的讨论均基于单一楔形体的确定性分析。进行概率分析时：

（1）每次添加或编辑锚杆后（即在锚杆特性对话框点击确定时），都会启动一次概率分析。

（2）若点击"应用"按钮，则仅仅计算标准楔形体的新安全系数，而不进行概率分析。

（3）每根锚杆删除时，都会重新计算一次标准块体的安全系数，只有当退出"删除锚杆"命令后，才会启动概率分析。

注意：在概率性分析中，当组成楔形体切割面的方向是一个随机变量时，此时使用锚杆时需谨慎，因为锚杆是基于标准块体添加的。在进行概率分析时，当楔形体方向改变时，此时锚杆的方向便不再适用于新产生的块体。只有当随机变量仅有滑动面的强度参数（黏结力和摩擦角）时，才不存在这一问题，因为此时楔形体的几何形状是固定的。

6.4.9 喷射混凝土

选择 Support 菜单中的 shotcrete 命令施加边坡面喷射混凝土。选择 Support→Shotcrete。在 shotcrete 对话框中选择喷混凝土复选框，然后输入喷混凝土的厚度和抗剪强度（图 6.4-3）。

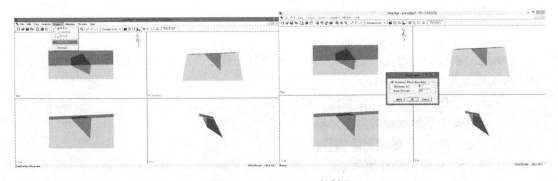

图 6.4-3　shotcrete 对话框

点击"确定"后，重新计算。当前文件的所有视图将会实时更新，注意喷混凝土支护对安全系数的影响。

注意：也可以点击"应用"按钮进行重新计算而不关闭对话框，这样便于进行不同参数下的分析（即不同的喷层厚度和抗剪强度）。另外，只能在斜坡面上喷射混凝土，当在喷混凝土对话框中点击"确定"或"应用"后，边坡面的颜色会变成灰色，表明斜坡面上存在喷混凝土，表面上不能喷混凝土。

6.4.10 Swedge 中喷混凝土的实现方法

在 Swedge 中，喷混凝土是按如下方式进行考虑的：

（1）喷混凝土提供的最大支护力等于节理 1 和 2 在斜坡面上的轨迹长度之和与喷层厚度和抗剪强度的乘积。

（2）喷层支护力的作用方向垂直于斜坡面并指向边坡内。

（3）与 Swedge 中其他作用力（如锚固力、外力和地震力等）一样，喷层支护力也通过楔形体形心。

（4）在安全系数计算中，喷层支护力是作为被动支护力考虑的。

提示：喷层支护力的大小以及节理 1 和 2 在斜坡面上的轨迹长度可以在"信息浏览器"列表中查看。

6.5　本　章　小　结

Swedge 软件为工程中常见的边坡楔形体稳定分析与设计提供了工具。

其主要功能与特点可总结如下：

（1）提供一个集成图形环境，能够快速、方便地输入数据以及展示 3D 模型。

（2）内置丰富的分析选项，包括确定性分析、随机分析、组合分析、敏感度分析以及持久性分析。

（3）荷载有水压力、地震应力、外荷载和压力。

（4）锚杆和喷射混凝土等支护方法。

（5）安全系数、楔体重量和输入参数的累积分布曲线。

（6）统计分析产生的任意楔体的显示查看。

（7）两个随机变量相互关系曲线的绘制。

（8）楔体尺寸的调整。

（9）Dips 中参数导入。

（10）一键导出数据和图表至 EXCEL。

习题与思考题

1. 采用如表 6-1 所示节理面方位与参数，利用 Swedge 计算其稳定性，并设计锚杆支护。

节理面方位与参数　　　　　　　　　　　　　　　　表 6-1

	倾向	倾角	c	$\varphi(°)$
	(°)	(°)	(kPa)	(°)
节理 1	141	45	20.0	20.0
节理 2	219	40	20.0	20.0
滑坡面	180	70		
上表面	180	0		

2. 如果楔形体两个滑面受力特性不一样，采用刚体极限平衡法计算的滑面力与数值计算结果有多大差距？试分别采用 Swedge 与 Flac3D 模拟如表 6-1 所示楔形体，并对比其稳定性。

第 7 章　地下隧洞楔形体稳定分析软件 Unwedge 使用

Unwedge 是一款用于结构不连续及地下开挖所形成的三维楔体稳定性分析的交互式软件，多用于分析岩体中存在不连续结构面的地下开挖问题。Unwedge 计算潜在不稳定楔形体的安全系数，并可分析支护系统对楔形体稳定性的影响。

7.1　软　件　介　绍

首先介绍 Unwedge 的一些基本特征，然后采用一个水电工程的地下洞室演示如何建立模型及对模型进行分析。所建立的模型在安装文件目录下可找到：Unwedge3.0→Examples→Tutorial 01 Quick Start. weg file。

Unswedge 软件操作界面如图 7.1-1 所示，为了熟悉其操作，采用如下内容进行介绍：（1）基本设置；（2）确定模型断面形状；（3）隧洞基本信息；（4）节理方位信息；（5）节理参数；（6）楔形体三维视图；（7）视图和显示选项；（8）楔形体分析信息；（9）数据显示条；（10）信息显示器；（11）端部楔形体。

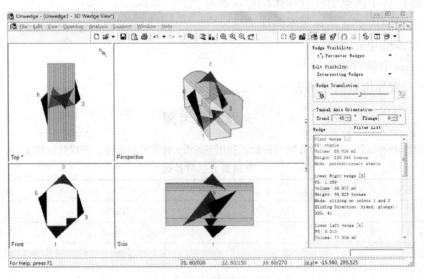

图 7.1-1　软件操作界面

7.1.1　程序设定

使用 Unwedge 时需要注意一些假定条件或者限制条件：

（1）Unwedge 用来分析硬岩地下洞穴开挖面周边楔形体的安全稳定性，节理面是连续延伸的，不会发生应力导致块体破坏的情形。Unwedge 假定楔形体为刚体，楔形体自身不发生形状的变化或者破坏，所指的位移是指不连续面上产生的位移。

（2）Unwedge 中所分析的块体是四面体，由三组相交的结构面切割而成。每次最多只能分析三个结构面，如果多于三个结构面，Unwedge 将把所有可能的组合情况考虑在内并进行计算分析。

（3）Unwedge 假定所有的结构面都是平直的，不能起伏不平。

（4）Unwedge 中，组成楔形体的所有结构面都假定在区域内连续分布。结构面在切割成楔形体的整个区域不中断，这意味着在楔形体移动过程中没有新裂缝出现。

（5）不连续面可在围岩中的任何位置出现。

（6）Unwedge 假定地下洞室的横断面沿轴线方向不变。

（7）Unwedge 默认楔形体仅受重力作用，不考虑开挖引起的应力重分布。这可能使计算结果趋于保守，得到更小的安全系数。如果需要消除上述误差，可用 Field Stress 选项来尽可能真实地模拟实际情况。

（8）Unwedge 通常根据程序默认的隧道纵向长度和已确定的节理走向先求所能切割出的最大块体的安全系数。而实际的块体尺寸可能小于该值，用 Scale Wedges 命令可实际确定块体尺寸。

7.1.2　程序界面

Unwedge 有两种程序界面：视窗及工具条。视窗指为了完成不同模型及数据的分析任务，Unwedge 提供了以下几种视图模式：Opening Section View 选项显示开挖横断面；3D Wedge View 显示开挖及楔形体的三维视图；Support Design 用来增加或编辑支护。

以下的工具栏选项可以显示不同的视图要求（图 7.1-2）：

Unwedge 提供了交互式的工具条按钮栏，这为大多数的模型及视图操作提供了捷径，楔形体信息控制栏也可显示计算分析结果。

图 7.1-2　工具栏选项

7.1.3　定义模型

如果模型已经定义完成，那么直接双击安装文件目录里的 Unwedge 图标，或者从开始菜单→程序→Rocscience→Unwedge 3.0→Unwedge。将 Unwedge 应用窗口最大化，得到整个模型全屏视图。一旦 Unwedge 程序启动，会创建一个新的空白文件，从而允许立刻创建一个新模型。

（1）基本设置

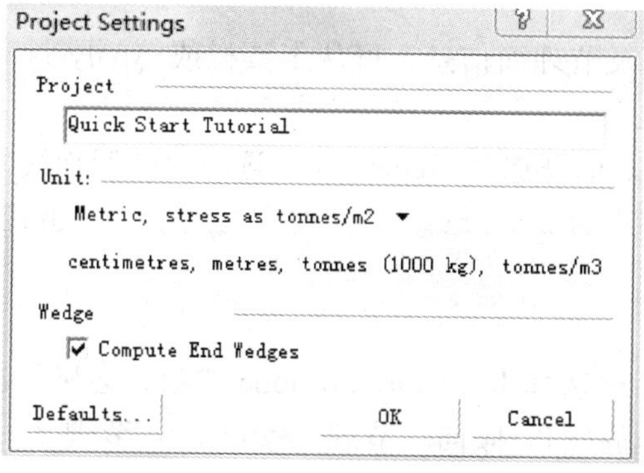

基本设置对话框允许输入工程名称、选择单位、选择是否计算端部楔形体等。首先从工具栏或 analysis 菜单选择 Project Settings 选项：点击图标 或者选择 Select：Analysis → Project Settings（图 7.1-3）。

输入 Quick Start Tutorial 作为工程名称，默认使用米制，应力单位为 t/m^2，以确保单位统一。同时确保 Compute End Wedges 选项被选中，点击 OK 按钮。

图 7.1-3　基本设置对话框

注意：选择 Defaults 按钮，则基本设置（包括单位）恢复到默认状态。

（2）开挖断面视图

Unwedge 中开挖横断面是二维的，可用 Add Opening Section 命令来定义或者直接导入 DXF 文件。在此使用 Add Opening Section 命令。

注意：只有在 Opening Section View 模式下才可以定义或修改横断面。如果已经新建了一个文件，那么当前视图应该处于 Opening Section view 模式。如果不是则从工具栏选择相应图标，或者从 View 菜单选择 Select View 子菜单。具体操作为 Select：View→Select View →Opening Section 或者点击图标 ⊡ 。

（3）增加开挖断面

现在增加开挖断面，从工具栏或者 Opening 菜单选择 Add Opening Section 选项：Select：Opening→Add Opening Section。在屏幕右下侧的显示栏内输入下列坐标，每行输入结束时按回车键，以此表示一对坐标输入完毕或者输入单个字母（a 代表 arc，c 代表 close）（图 7.1-4）。

```
Enter vertex [t=table,a=arc,esc=cancel]: 264.5 303
Enter vertex [t=table,a=arc,u=undo,esc=cancel]: 273 303
Enter vertex [...]: 273 306
Enter vertex [...]: 277.5 306
Enter vertex [...]: 277.5 317
Enter vertex [...]: a
Enter number of segments in arc: 12
Enter second arc point [esc=cancel]: 271 320
Enter third arc point [esc=cancel]: 264.5 317
Enter vertex [...]: c
```

图 7.1-4　断面控制点输入

最后输入字母 c 后，边界会自动闭合（最后一个端点会自动连接到第一个端点）。在 Unwedge 中弧线是由一系列直线连接而成。当定义开挖横断面时，右键即可弹出弧线选项及其他快捷键选项。

开挖断面自动视图缩放至窗口中央，若没有自动缩放，则选择 Zoom Extents 命令（⊕）或者按 F2 以便将开挖断面缩放至窗口中央。如图 7.1-5 所示。

接下来定义隧洞基本信息、节理方位信息及节理面信息。

（4）隧洞基本信息

为了定义隧洞基本信息、节理方位信息及节理面信息，可从工具栏或 Analysis 菜单选择 Input Data 选项进行设置。

首先定义隧洞基本信息，在 Input Data 对话框选择 General tab 选项。隧洞轴线方位输入 Trend = 45、Plunge =0，岩石单位容重为 $2.7t/m^3$。确保地震力选项没有被选中，如图 7.1-6 所示。

（5）节理方位信息

输入节理方位信息。在 Input Data 对话框选择 Joint Orientations 选项，会显示默认的节理方位信息。按照顺序输入 3 个节理面的倾角/倾向：节理 1＝60/30，节理 2＝60/150，节理 3＝60/270。

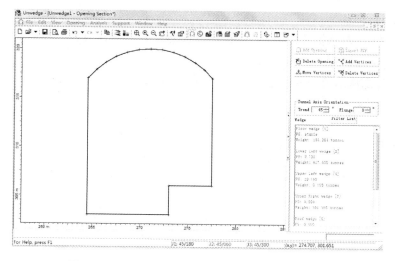

图 7.1-5　Opening Section View 中定义的开挖边界

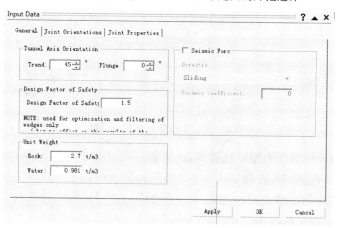

图 7.1-6　隧洞信息输入对话框

注意图 7.1-7 中对话框右侧的立体展示图。图上的圆弧表示节理方位信息，同时隧洞轴线（虚线表示）方位在立体图上也有表达。

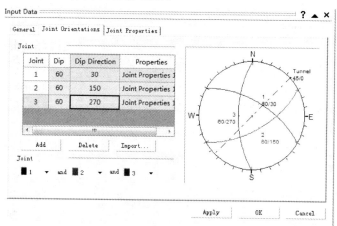

图 7.1-7　节理方位输入对话框

（6）节理面信息

在 Input Data 对话框选择 JointProperties 选项，定义两种节理类型：平滑的或者粗糙的，如图 7.1-8 所示。

1）首先将默认的节理类型重命名为"rough joint"（右键选择重命名命令，将名字改为"rough joint"）。

2）对"rough joint"输入 Mohr-Coulomb 准则所需参数：摩擦角为 35°，黏聚力为 1 tonne/m² 。剩余其他选项为默认值。

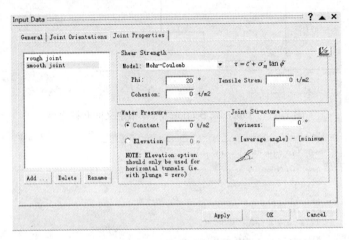

图 7.1-8　节理参数设置对话框

3）为了新增一种节理类型，选择 Add 按钮。在 Add Joint Property 对话框里，一切选项保持默认值，选择 OK 按钮。

4）重命名新建的节理类型为"smooth joint"（在对话框左边选择新建的节理，右键选择重命名命令，将名称改为"smooth joint"）。

5）对"smooth joint"输入 Mohr-Coulomb 准则所需参数：摩擦角为 20°，黏聚力为 0。剩余其他选项为默认值。

6）现在需要将节理面信息分配给具体的节理。重新回到 Joint Orientation 选项，注意到所有的节理都会自动被赋予第一种节理类型（rough joint）的参数值。

7）保持节理 1 的参数值不变，将"smooth joint"型节理的参数赋给节理 2 及节理 3。如图 7.1-9所示。

8）选择 OK 按钮，将所有输入信息保存。

现在已完成数据输入，可以查看分析结果。

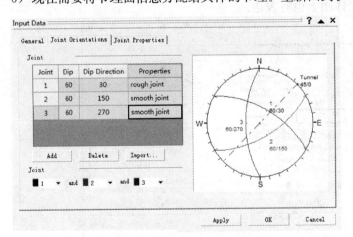

图 7.1-9　节理粗糙程度设置对话框

7.1.4　分析结果

Unwedge 中一旦数据被输入或修改，那么楔形体稳定分析就会自动进行，所以一般没必要选择 Compute 选项。只要开挖横断面被确定，就可以随时查看计算结果。

一般最希望看到楔形体三维视图，因为最直观。为转到三维视图，从工具栏选择 3D Wedge View 按钮或者从 View 菜单选择 Select View 子菜单。依次选择 Select：View→Select View→3D Wedge View，可得到如图 7.1-10 所示三维视图。它提供了 4 个不同角度的视窗：一个三维透视图及另外的顶视图、前视图、侧视图。默认条件下，所有周边的楔形体都会在三维视图中显示。

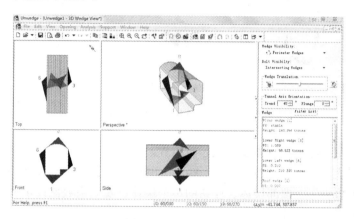

图 7.1-10　三维视图

一些视图选项及三维视图快捷方式，可以方便地显示。

（1）模型旋转

在三维透视图模式下，Unwedge 模型能够通过鼠标左键以任意角度旋转：

1）在透视模式下点击鼠标左键并按住不放，此时鼠标就会变成一个圆形箭头，表示可以将模型旋转了。

2）按住左键，移动鼠标，模型会根据鼠标移动的方向旋转。

3）想退出旋转模式，松开鼠标左键，则鼠标箭头就会恢复到正常状态。想将视图恢复到未旋转前的状态，从工具栏或鼠标右键命令选择 Reset Rotation 命令。

（2）楔形体移动

楔形体可以从起始位置沿着开挖边界移动。单个楔形体可被移动，或者所有楔形体可被同时调动。楔形体能够被移进或移出楔形体开挖边界。每个楔形体的移动方向通常是沿着滑动方向，见图 7.1-11。

如下方法均可用来移动楔形体：

1）用鼠标点击或拖动工具栏中的楔形体移动块（图 7.1-11 图标所示）。

2）按住键盘上的 shift 或 ctrl 键，然后滚动鼠标滚轮（shift 键是大的移动，ctrl 键是小的移动）。

3）单个楔形体移动可通过鼠标左键点击或拖动。将鼠标箭头移动到想要拖动的楔形体上，等鼠标箭头显示为 ↕ 时即可点击拖动鼠标。

4）从工具栏或鼠标右键菜单中选择 Reset Wedge Movement 选项，或在任意视图下，

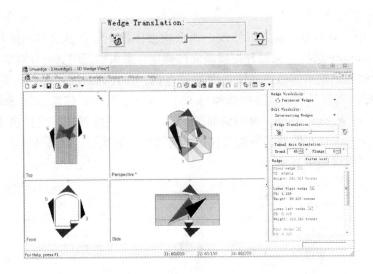

图 7.1-11　楔形体从开挖边界移动

双击鼠标中间滚轮，可将楔形体还原到起始位置。

在三维视图状态下，工具栏中的 Wedge Visibility 命令可以显示想观察的楔形体，包括所有块体、周边块体、端部块体、任意的单个块体、安全系数比设定安全系数小的块体和自定义的块体组合型式等内容。

比如：从工具栏 Wedge Visibility 下拉菜单中选择 All Wedges，屏幕显示如图 7.1-12 所示，所有块体均将显示，包括周边和端部的楔形体。如果从下拉菜单中选择 Perimeter Wedges，那么只显示周边楔形体。

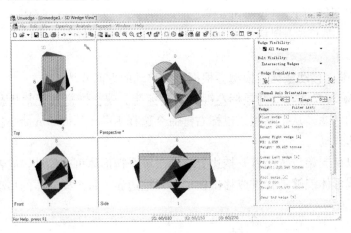

图 7.1-12　All Wedge 所有块体显示

在三维视图模式下，可以定义窗格或者子视图窗口大小（顶视图/前视图/侧视图/透视图），或将任何一个视图窗口最大化。为了将其中一个窗格最大化，在该窗格中双击鼠标左键，再次双击可以恢复到原先的视图窗口（图 7.1-13）。也可通过拖动水平或竖直分栏条来调整四个窗格的大小。

提示：如果已将窗格重新划分大小，想恢复到原先状态则可先双击任意一个窗格，再

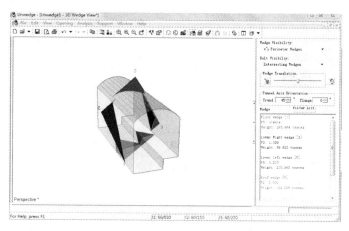

图 7.1-13 最大化透视模式窗口

双击窗格就可以恢复到最原先的状态。

（3）缩放及移动功能

不管是在二维视图窗口（横断面模式下）还是在三维视图窗口（三维视图模式下）都可以使用缩放及移动功能。缩放及移动具体有以下功能：

1）Zoom Extents 选项将模型恢复到最原始的大小及位置。

2）Zoom In 将模型缩小至原先的 90％。

3）Zoom Out 将模型放大至原先的 111％。

4）Pan 将模型在窗格范围内上下左右移动。

缩放及移动选项可通过工具栏、view 菜单的 Zoom 子菜单、各种键盘命令、鼠标快捷键使用。快捷键包括如下：

1）滚动鼠标滚轮可将视图缩小或放大。

2）F2，F4，F5 分别对应了 Zoom Extents，Zoom Out 和 Zoom In。

3）如果在使用任何一个缩放功能的时候按住 shift 键，那么三维视图模式下的四个窗口将同时缩放。移动的快捷键是按住鼠标滚轮并在窗口内拖动。

（4）楔形体信息

对于任何一个楔形体，Unwedge 都将有详细的分析结果（比如安全系数，楔形体重量、体积，节理延伸长度和滑动方向等）。可以由以下方式获得上述信息：

1）右侧工具栏-Wedge Information 控制栏。

2）当想查看某个块体信息时，鼠标停放在该块体时会弹出一个提示菜单，显示块体信息。

（5）工具栏的 Info Viewer 快捷方式

右侧工具栏中的 Wedge Information 控制栏显示了所有可见块体的计算分析结果（图7.1-14）。块体由名称和编号来相互区分，同时 Wedge Information 控制栏里面某个块体的信息颜色与三维视图中实际块体颜色一致。显示的块体信息只是可见的块体的信息（比如通过 Wedge Visibility 选项控制显示的块体）。

（6）其他功能

1）检查楔形体的安全系数

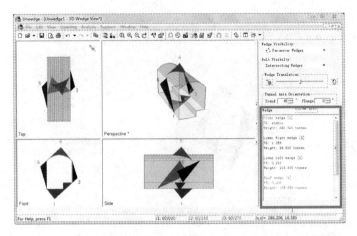

图 7.1-14　右侧工具栏突出显示的 Wedge Information 控制栏

注意到大部分楔形体的安全系数小于 1，显示为了保持块体稳定性必须加一些支护措施。

2）楔形体信息过滤器

可以选择显示楔形体信息控制栏的楔形体信息，这个可通过楔形体信息过滤器实现。楔形体信息过滤器的信息也是 Data Tips 或 the Info Viewer 显示的内容，如即将在下一部分讨论的内容。

3）信息提示条

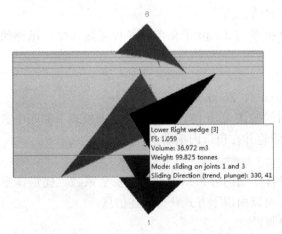

图 7.1-15　弹出菜单显示块体信息

信息提示条是 Unwedge 提供的一种很实用的工具，通过把鼠标放置在想考察的实体上就会显示输入的参数、分析结果。信息是以弹出菜单的形式展示。

以下的信息以弹出菜单的形式显示：每个楔形体的形状信息；节理信息；支护信息（锚杆、喷混凝土和压力）；开挖断面顶点坐标，例如，把鼠标放在任意一个块体上，就会看到块体相关信息，如图 7.1-15 所示。

信息提示条默认状态下是开启的。然而，通过 view 菜单 Data Tips 子菜单可以将信息提示条最小化或者关掉。如果没有看到任何关于块体的信息，可以在 view 菜单 Data Tips 子菜单选中 Maximum 选项就可以显示块体信息。

另外一个有用的提示：在任何一个块体上点击鼠标右键，从弹出菜单选择 Show Joint Colours 选项，每个块体的节理面颜色就会显示。此时将鼠标放置在任何一个节理面上，就会按照图 7.1-16 显示节理特征参数。

再次点击鼠标右键任何一个楔形体，将 Show Joint Colours 选项去掉。注意：Display Options 对话框的 General 选项也可以用来显示节理颜色，在该对话框内，可以自定义颜色来显示相关节理。

为显示信息窗口，从工具栏选择 Info
Viewer 选项或者点击图标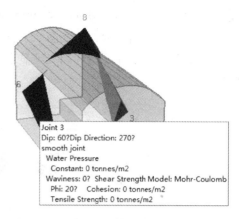，或者从 View
菜单选择 Select View 子菜单 Select：View→
Select View→Info Viewer。如果点击鼠标右
键信息窗口，弹出的子菜单将提示选择显示
想查看的信息，另外也可以将显示的信息重
新保存至磁盘。点击 返回至楔形体三维
视图。

图 7.1-16　关于楔形体节理信息的弹出菜单

① 端部楔形体

Unwedge 中有两种楔形体：周边楔形体
和端部楔形体。周边楔形体是由开挖边界所
形成的楔形体。端部楔形体是由开挖掌子面所形成的楔形体。在三维视图模式下，端部楔
形体可通过工具栏的 Wedge Visibility 下拉菜单选择显示端部楔形体。比如从 Wedge Vis-
ibility 下拉菜单选择 End Wedges，将会看到如图 7.1-17 所示画面：

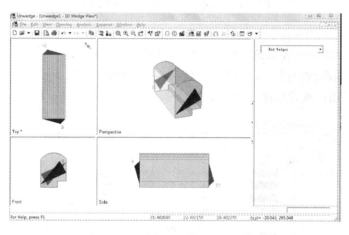

图 7.1-17　端部楔形体三维模式视图

注意：端部楔形体取决于节理及隧道方位信息，端部楔形体可能存在也可能不存在。
端部楔形体也可以通过 End Wedge View 来显示，这将显示每个端部楔形体的透视模式下
的视图信息。

如果开挖断面轴线是竖直的，那么端部楔形体就是顶部和底部的块体。默认情况下，
Unwedge 将计算端部楔形体。如果只关心周边楔形体，那么可以在工程设置中将计算端
部楔形体选项去掉。一般是不需要这么做的。然而，如果使用 Tunnel Axis Plot 选项来优
化隧道方位时，将计算端部楔形体功能关掉可以使优化计算速度加快。

② 复合透视窗口

Unwedge 中另外一个视图模式是 Multi Perspective View，在这种视图模式下所有的
块体（包括端部楔形体）都将在一个单独的窗口中显示。为了转到这种视图模式，从工具
栏选择 Multi Perspective View 选项，或者从 View 菜单选择 Select view 子菜单：点击图

标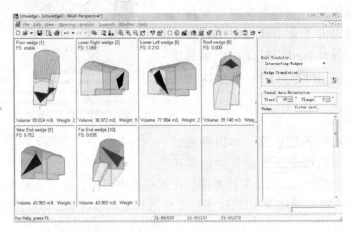或者 Select：View→Select View→Multi Perspective。

注意到在复合透视窗口中（图 7.1-18），每一个楔形体的信息直接在各自的窗口内显示，复合透视窗口的显示特性和三维显示模式有类似之处（双击显示窗口将控制面板最大化等等）。

图 7.1-18　复合透视窗口显示楔形体

③ 显示选项

显示选项对话框能够使自定义模型的各种外观显示（图 7.1-19）。每一种视图（比如三维视图、开挖横断面视图、支护视图）都有各自不同的选项。可以从工具栏 display options 选项点击使用，或者选择 View 菜单：Select：View→Display Options。

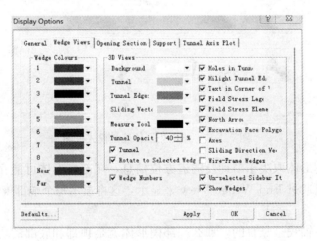

图 7.1-19　显示对话框

为使显示选项对话框达到程序默认的状态，点击 defaults 按钮，选中 "Make current settings the default"。

7.2　楔形体缩放

通常情况下 Unwedge 首先计算由开挖所形成的最大可能块体。本节通过 scale wedges 选项，展示如何将楔形体实际尺寸减小，以再现现场实际块体大小的功能。

常规条件下，确定块体大小（楔形体的准确体积）是非常重要的。因为块体的大小决定了支护的型式（比如锚杆间距、位置、方位或者喷混凝土厚度等），这可以根据揭露的节理延伸长度、楔形体面积等信息确定。

7.2.1　模型

以 Tutorial 02 Scaling Wedges. weg 为例说明，模型可在 Unwedge 安装目录下 Examples＞Tutorials 文件夹找到。选择 Select：File→Open，打开文件后外观如图 7.2-1 所示。从图中可以看到，所有周边楔形体（顶部、侧边和底部）都是开挖横断面所能形成的最大的楔形体。隧道轴线方位角为 15°，因为模型展示的是一条倾斜的隧道，而不是水平的。

7.2.2　楔形体缩放

为了获取楔形体的实际大小，从 Anlysis 菜单选择 scale wedges 命令。Select：Analysis→Scale Wedges，可看到图 7.2-2 的对话框：

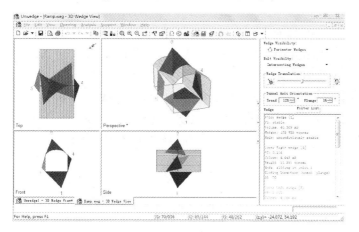

图 7.2-1　大周边块体　　　　　　　　图 7.2-2　缩放对话框

楔形体的大小可以通过节理长度、延伸性或块体数据（体积，节理面面积等等）而更改。可以同时修改多种参数，此处逐步输入以说明过程。首先选择 Joint 1（Trace Length）单选框，并在 Scaling Value 栏输入 4，选择 OK 按钮，见图 7.2-3。

则显示界面如图 7.2-4 所示：

注意所有的楔形体都变小。为了显示某块体已经缩放，在块体号码旁边将显示字母"s"（比如顶部的块体显示的号码为"8s"）。如果没看到上述号码，返回到 display 选项，选择 select wedge view 选项，确保 wedge number 单选框处于选中状态。在工具栏点击 filter list 按钮。

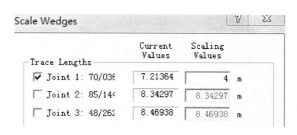

图 7.2-3　节理面设置对话框

（1）在 Wedge Information Filter 对话框中，选择 Defaults 按钮（这样可确保只有 Wedge Name、Factor of Safety 和 Wedge Weight 处于选中状态），见图 7.2-5。

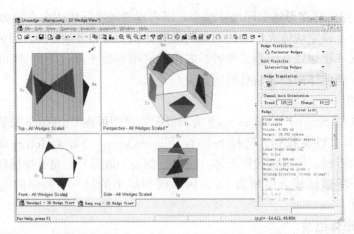

图 7.2-4　楔形体大小由节理 1 的延伸长度（4m）为主导参数进行缩放

（2）选择 Scaled By 单选框和 Joint Trace Lengths 单选框，如图 7.2-6 所示，点击 OK 按钮。

查看工具栏的 Wedge Information 控制面板并注意到对于所有楔形体，Scaled By ＝ Joint 1 Trace Length，Joint 1 Trace Length ＝ 4 meters。这与在 Scale Wedges 对话框当中只输入 Joint 1 Trace Length ＝ 4 是相一致的。

应注意：当选中 All Wedges 选项时（Scale Wedges 对话框中），并不意味着所有的楔形体都将被缩放，只表示所有的楔形体可考虑缩放。只有当楔形体某一尺寸大于某个缩放参数时才缩放。如果某楔形体所有参数都小于缩放参数，缩放对该楔形体没有影响。

图 7.2-5　显示信息过滤选择框

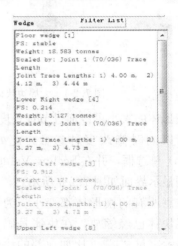

图 7.2-6　节理 1 的延伸长度控制缩放后的楔形体信息

输入更多的缩放参数。Select：Analysis→Scale Wedges。在 Scale Wedges 对话框中，选择 Joint 2（Trace Length）单选框，并且输入 Scaling Value 为 4m，点击 OK 按钮，见图 7.2-7。

现在查看工具栏中的楔形体信息栏，结果将显示如下信息：

1）对于顶部和底部的楔形体：Scaled By ＝ Joint 2 Trace Length and Joint 2 Trace

Length ＝ 4 meters。

2）对于左边及右边的楔形体，Scaled By ＝ Joint 1 Trace Length and Joint 1 Trace Length ＝ 4 meters。

3）对于顶部和底部的楔形体，节理 2 延伸长度（缩放参数值）成了主导参数（节理 1 延伸长度小于 4m）。

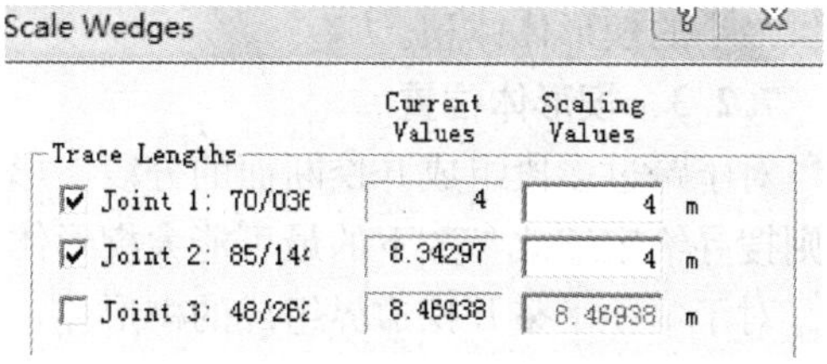

图 7.2-7　修改第二个节理缩放参数

4）对于左边及右边的楔形体，节理 1 延伸长度（缩放参数值）是主导参数。因为节理 2 延伸长度小于 4m，因此节理 2 延伸长度（缩放参数值）对楔形体并无影响。

这表明：当输入多于一个参数值，给定的楔形体最终只由一个参数控制缩放，这个参数就是能确定最小楔形体体积的参数。如果 Wedges to Scale＝All Wedges（在 scale wedges 对话框中），并且输入多个缩放参数，那么对于不同的楔形体主导参数可能不同。

输入第三个缩放参数。Select：Analysis→Scale Wedges。在 Scale Wedges 对话框中选择 Joint 3（Trace Length）单选框，并且输入 Scaling Value 为 4m，点击 OK 按钮，见图 7.2-8。

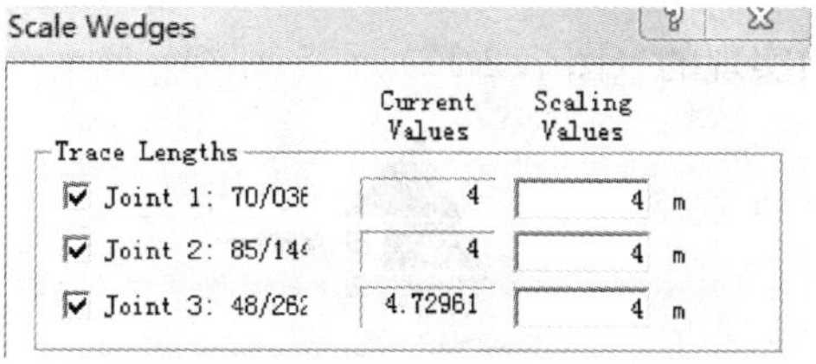

查看工具栏中的楔形体信息栏，见图 7.2-9，结果将显示如下信息：

1）对于所有楔形体，Scaled By ＝ Joint 3 Trace Length；

2）对于所有楔形体，Joint 3 Trace Length ＝ 4 meters；

3）所有楔形体的节理 1 和节理 2 的实际长度均小于 4m，节理 3 延伸长度缩放参数值（4m）是主导缩放参数。

图 7.2-8　修改第三个节理缩放参数

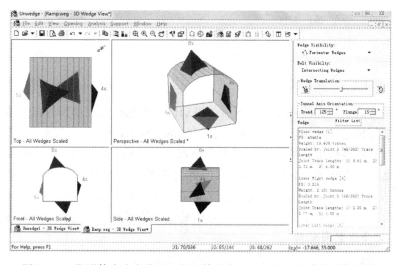

图 7.2-9　楔形体大小由节理 3 的延伸长度（4m）为主导参数进行缩放

提示：如果打开 scale wedges 对话框，将节理 1 延伸长度单选框和节理 2 延伸长度单选框勾掉，点击 OK 按钮之后会发现结果没有变化。因为节理 3 延伸长度的缩放参数能够提供最小的楔形体体积。

7.2.3 楔形体位置

对于跨过多段组成开挖断面的分段楔形体（如顶部楔形体），Unwedge 采用特殊运算法则搜寻给定缩放参数下的最可能大楔形体体积及周边楔形体的位置。

对于单一平整开挖边界组成的楔形体，搜索程序并不适用，缩放后楔形体的位置将大致在平开挖整边界的中央位置。

7.2.4 缩放单独的楔形体

同样可以考虑对单个楔形体进行缩放。可允许针对某个确定楔形体输入缩放参数。从 scale wedges 对话框中 Wedge to Scale 选项选择需要的楔形体，见图 7.2-10。也可以直接在某个楔形体上右键，从弹出菜单中选择 Scale Wedge 来缩放该楔形体。这会显示 scale wedges 对话框，表明该对话框中楔形体已被选中。

例如在顶部楔形体上点击鼠标右键，从弹出菜单中选择 Scale Wedges：8 Roof，见图 7.2-11 所示。在 Scale Wedges 对话框中，选择 Joint 2 Trace Length 单选框，并且输入 3m，点击 OK 按钮。现在查看楔形体信息控制面板。顶部楔形体由 Joint 2 Trace Length = 3m 控制进行缩放。但所有其他的楔形体是由 Joint 2 Trace Length = 3m 控制进行缩放，其他楔形体的缩放是通过 All Wedges 选项实现的（图 7.2-12）。

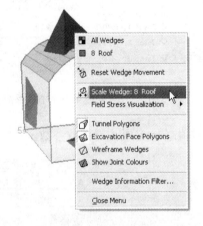

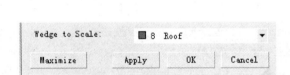

图 7.2-10　单独楔形体选择　　　　　图 7.2-11　选择楔形体缩放

通过这种方式，可以缩放单独或所有的楔形体。当选择缩放单独的楔形体时，缩放参数对于每个楔形体是单独输入的，对话框将记住每个楔形体所输入的缩放参数。

提示：针对所有楔形体同时也针对单个楔形体如果在 Scale Wedges 对话框中指定缩放参数，那么对每个楔形体，Unwedge 程序将会使用能够确定最小楔形体的那个缩放参数。为了将所有楔形体重新设置为体积最大，在 Scale Wedges 对话框中选择 Maximiz 按钮，清除所有缩放参数，不管是所有的楔形体缩放参数还是单独输入的缩放参数。

7.2.5 安全系数及缩放

现在来简要讨论一下楔形体缩放对安全系数及支护的影响。

节理强度的影响：如果节理面的抗剪强度仅仅是摩擦强度，楔形体缩放对安全系数并无影响。可以在当前的例子中检验一下（所有节理面抗剪强度均为 Phi = 30°，黏聚力为 0）；如果节理面的抗剪强度包括了黏聚力在内，那么楔形体的安全系数将大体上取决于楔

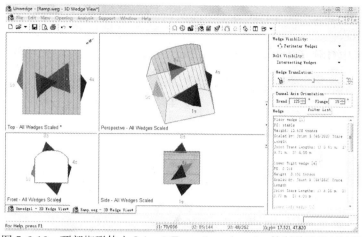

图 7.2-12 顶部楔形体由 Joint 2 Trace Length ＝3m 控制单独进行缩放

形体的大小；其他参数比如水压力、围岩压力或者其他参数都可以影响到楔形体大小及楔形体安全系数。

如果支护已经施加到一个楔形体上（锚杆或者喷混凝土），那么此时改变楔形体大小一般就会影响楔形体的安全系数。这是由于下面几个因素影响：楔形体大小会影响穿过该楔形体的锚杆的数量；楔形体大小会影响锚杆的入岩深度；对于有粘结锚杆，在楔形体内的长度以及在围岩内的长度会决定施加了多大的力在楔形体上。如果已经喷了混凝土，楔形体的大小会直接影响到楔形体在开挖边界的出露长度，进而会影响到由喷混凝土所施加的支护力。

总之，楔形体缩放在支护设计中占据了很重要的地位，因为楔形体大小对锚杆型式、间距、角度和喷层厚度都有较大影响。

7.3　支　护　设　计

采用与第一节相同的地下洞室内楔形体，演示如何在周边楔形体上加支护（锚杆或混凝土），以增加需要支护楔形体的安全系数，如图 7.3-1 所示。

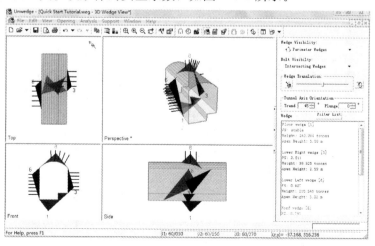

图 7.3-1　导入模型视图

7.3.1 周边支护

（1）锚杆型式

从安装目录中打开 Tutorial 01 Quick Start. weg。模型如图 7.3-2 所示：

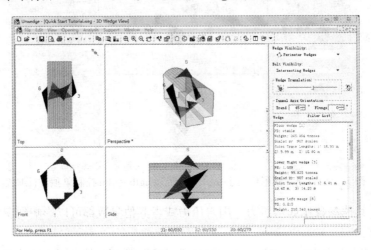

图 7.3-2 周边楔形体模型

图中周边楔形体（顶部、侧边和底部楔形体）是开挖横断面最大可能楔形体。此处使用最大楔形体，楔形体的大小可以通过 Scale Wedges 选项进行缩放。

（2）周边支护设计视图

为了往周边楔形体上增加支护，首先转到 Perimeter Support Design 视图。从工具栏选择 Perimeter Support 选项或者从 View 菜单 Select View 子菜单中选择。点击图标 或者 Select：View→ Select View→ Perimeter Support，可看到图 7.3-3 窗口。

Perimeter Support Design 视图是二维视图，允许在开挖边界上增加或编辑支护（锚杆、混凝土或外压力）。该视图模式下可定义功能：开挖边界；在开挖边界上以二维模式显示周边楔形体；显示已加在周边楔形体上的支护。二维显示模式能方便、简单、快速地

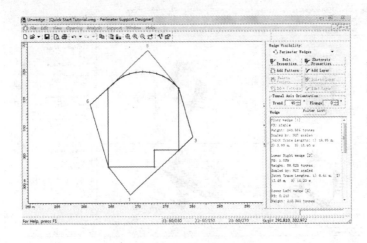

图 7.3-3 周边支护设计视图

将锚杆、喷混凝土和外压力等支护措施加到周边楔形体上。

（3）楔形体顶点高度

在施加锚杆前，首先查看下楔形体顶点高度以便确定锚杆长度。顶点高度是从楔形体顶点到开挖边界的最短距离，从开挖横断面的二维视图中可以确定。其过程如下：

1）从工具栏选择 filter list 选项；

2）在楔形体信息选择对话框选择 defaults 按钮；

3）选择 apex height 单选框，点击 OK 按钮；

4）工具栏中的楔形体信息控制面板如图 7.3-4 所示；

图 7.3-4　楔形体信息控制板

由于顶部楔形体高度为 3.85m，左侧楔形体高度为 3.32m，右侧楔形体高度为 2.59m，因此可以使用 5m 长锚杆以对这些楔形体进行支护。

7.3.2　施加锚杆支护

（1）施加锚杆

锚杆施加范围是开挖边界的上部及左右两侧，从工具栏或者从 Support 菜单选择 add bolt pattern 选项。点击图标 [Add Pattern] 或者 Select：Support→ Add Bolt Pattern，可以打开 Add Bolt Pattern on Perimeter 对话框，如图 7.3-5 所示。

输入锚杆长度为 5m，其他数据默认，点击 OK 按钮。就可以用鼠标以绘图的方式添加锚杆，方法如下：

1）注意当移动鼠标时，一个红色小图标随鼠标沿着开挖边界移动。

2）将鼠标在右侧的楔形体顶部周围移动，顶点坐标为（277.5，306）。当红色小图标准确的位于顶点时（实际上红色小图标会自动搜寻距离最近的顶点），点击鼠标左键，这将确定锚杆的起始点。

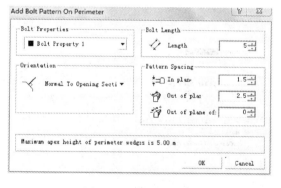

图 7.3-5　加锚对话框

3）在整个开挖边界上都有锚杆分布，当沿着开挖边界以逆时针方向移动鼠标时，随着鼠标的移动锚杆逐步加到开挖边界上。

4）沿着开挖边界逆时针方向移动鼠标并在边界加锚杆。

5）当红色的小图标在开挖边界左侧顶部（264.5，303）时，点击鼠标左键，锚杆就会如图 7.3-6 所示加到开挖边界上。

6）如果操作错误导致锚杆不是按照预期加在边界上，只需从工具栏或者 edit 菜单选择 undo 命令。再按照第 2 步和第 5 步的步骤，直到锚杆满足要求。

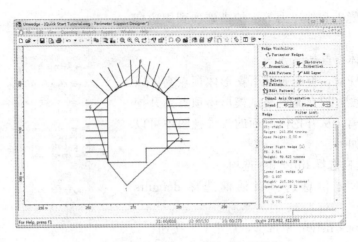

图 7.3-6　在开挖边界两侧及顶部加锚杆

注意：锚杆间距为 1.5m，这可在 Add Bolt Pattern 对话框中的 In-plane Spacing 选项确定。所有锚杆在与开挖边界相交部位均与开挖边界垂直，这是由于在 Add Bolt Pattern 对话框中选择了 Normal orientation 选项。锚杆布置的起点从鼠标点击的第一个点开始，终点未必是鼠标点击的第二点（除非鼠标两次点击点之间的距离恰好是 in-plane spacing 所设置距离的整数倍）。

（2）锚杆特性

为定义锚杆特性，从工具栏或者从 support 菜单选择 Bolt Properties 选项。将显示图 7.3-7 对话框：

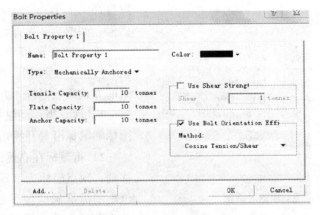

图 7.3-7　锚杆特性设置对话框

使用默认的锚杆型式及参数（机械锚固式锚杆且单杆承载力 10t），在 Bolt Propertie 对话框中点击 cancel。这种锚杆特性参数（Bolt Property 1）默认应用到边界锚杆上，无需指定锚杆的特性。Unwedge 中还可考虑的锚杆型式包括注浆式锚杆，锚索，膨胀式锚杆等。

7.3.3　锚杆支护三维视图

点击图标 或者 Select：View→ Select View→ 3D Wedge View，在三维视图模式下查看模型，如图 7.3-8 所示。

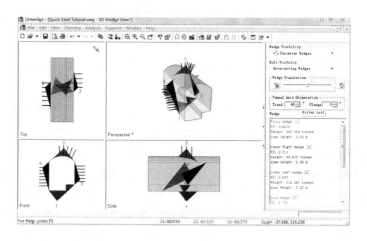

图 7.3-8　锚杆三维视图

默认情况下只有与楔形体相交的锚杆才显示。

（1）双击透视模式视图使该窗口最大化；

（2）旋转视图（鼠标点击左键后按住不放，然后旋转），观察锚杆是如何与楔形体相交；

（3）点击并拖动楔形体使它们离开开挖边界，注意锚杆仍然会留在原先的位置，并不随楔形体一起移动；

（4）双击鼠标滚轮将楔形体还原到起始位置。

在工具栏选择 Bolt Visibility = All 可以查看所有的锚杆如图 7.3-9 所示。然而，没有与楔形体相交的锚杆对于计算分析不起作用，不会影响安全系数。

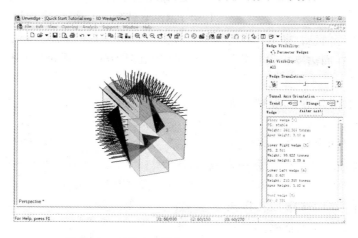

图 7.3-9　显示所有锚杆（Bolt Visibility＝All）

查看工具栏中的楔形体信息控制面板，施加锚杆之后楔形体的安全系数均有提高，如表 7.3-1 所示。

重新设置锚杆可见性，使得只有与楔形体相交的锚杆才显示。路径：Select：Bolt Visibility = Intersecting Wedges。

（1）锚杆信息提示

施加锚杆之后对楔形体安全系数的影响　　　　表 7.3-1

位　置	安全系数	
	支护	无支护
顶板楔形体	0	0.791
左侧楔形体	0.210	0.607
右侧楔形体	1.059	2.511

在三维视图模式中，当鼠标在与楔形体相交的锚杆上移动时，会弹出一个菜单显示锚杆信息。菜单显示的内容包括锚杆型式、该锚杆穿过的楔形体的长度（在楔形体内部的长度）、锚固长度、破坏模式、支护力和锚杆效率等信息，如图 7.3-10 所示。

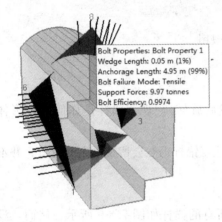

图 7.3-10　显示的锚杆信息

注意：如果没看到信息提示弹出菜单，应检查信息提示弹出菜单是否处于选中状态（select View > Data Tips > Maximum）。对于机械锚固式锚杆，锚杆作用于楔形体上的支护力等于锚杆的抗拉强度（10t）乘锚杆有效系数。锚杆有效系数用来考虑锚杆方位的影响以及锚杆在纯拉状态下不移动的假定，锚杆有效系数是与楔形体移动方向有关系的函数。

双击透视模式下窗口（当前窗口）以返回原先的 4 个视图模式下窗口。

（2）编辑锚杆形式（图 7.3-11）

已加在楔形体上的锚杆的特性参数通过 Edit Bolt Pattern 选项可以很容易地修改，这允许修改锚杆间距、长度等信息。提示：在三维视图模式下，Edit Bolt Pattern 命令只能通过点击鼠标右键打开；在周边支护设计视图下，Edit Bolt Pattern 可通过工具栏、support 菜单或鼠标右键打开。

如果当前视图是在三维视图模式下，点击右键打开该命令：

1）在任意视图窗口中（透视窗口、顶部、底部和侧边等），在任意一根锚杆上点击右键。

2）从弹出菜单中选择 Edit Perimeter Bolt Pattern，弹出对话框。

3）将 In Plane 选项框内数字改为 2m，Out of Plane（锚杆间距）选项框内改为 2m，点击 OK 按钮。

注意：三个块体的安全系数均有不同程度的减小，这是由于锚杆间距变大导致与楔形体相交的锚杆数量减少所致。

（3）锚杆位置平面偏移量

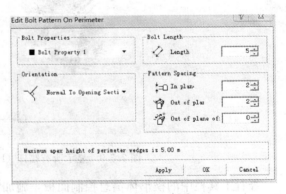

图 7.3-11　编辑锚杆形式

在锚杆型式对话框中,Out of Plane Offset 选项允许将锚杆起始布置面沿隧道轴线方向移动。这会导致楔形体安全系数变化。因为与楔形体相交锚杆的位置及数量都会发生变化。

默认情况下 Out of Plane Offset 值为 0。这意味着锚杆的起始布置断面在 z=0 处,而 z=0 又意味着此时显示的都是周边楔形体的顶点位置。由于楔形体的实际位置事先并不确定,所以不好确定 Out of Plane Offset 值。然而,通过该命令可以检查楔形体安全系数随锚杆起始布置断面变化的敏感性。

注意:Out of Plane Offset 选项在增加另外一种锚杆型式的时候也很有用,此时不同型式的锚杆之间可以给定偏移值。

(4) 编辑锚杆特性

现在试验一种新的锚杆型式,通过鼠标右键快捷方式打开 bolt properties 对话框。

1) 在任意视图模式下,在任意一根锚杆上点击鼠标右键;

2) 从弹出菜单中选择 bolt properties 命令;

3) 在 bolt properties 对话框中,将锚杆型式更改为 Swellex。保持其他选项为默认状态,点击 OK 按钮。见图 7.3-12。

注意:三个楔形体的安全系数都变小。尽管 Swellex 型锚杆与机械锚固式锚杆抗拉拔能力都为 10t,但是 Swellex 型锚杆可被拔出或者在锚杆端部产生滑移(黏结强度不够或超过垫板承载力)。

(5) 锚杆支护力表(图 7.3-13)

Unwedge 中的锚杆支护力表显示锚杆沿长度方向上的抗拉承载力(即锚杆与楔形体在锚杆长度方向上的某一位置相交,此时锚杆所能提供的最大可能支护力)的变化。

图 7.3-12 编辑锚杆特性

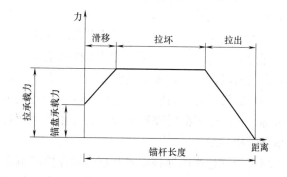

图 7.3-13 swellex 型锚杆支护力表

三维视图模式下锚杆支护力表能表述下列内容:

1) 双击透视模式视图使之最大化;

2) 在任意一根锚杆上点击鼠标右键,从弹出菜单中选择 Support Force Diagram。

3) 每根锚杆沿长度方向都会显示锚杆支护力表,旋转视图如图 7.3-14 所示,可以看到锚杆支护力表。

4) 对于 Swellex 型锚杆,有三种可能的破坏模式:滑移、拉断和拔出。

5) 不同的破坏模式是用不同颜色显示的:受拉(红色)、滑移(蓝色)、拔出(绿色),见图 7.3-14。

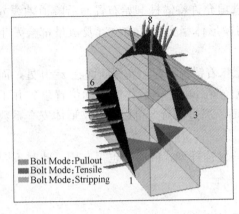

图 7.3-14　透视模式下锚杆支护力表

其他选项介绍如下：

1）在任意锚杆上点击右键，选中 Bolt-Joint Intersection 选项。这将在锚杆与楔形体相交处显示标记。

2）点击并拖拉顶部楔形体可以将楔形体从开挖边界移开。旋转视图更清楚地看到锚杆与楔形体相交处的标记。

3）图 7.3-14 形象地显示了锚杆的破坏模式：滑移、拉断和拔出（锚杆与楔形体相交位置对应于支护表中沿锚杆长度方向的不同段长）。

7.3.4　喷射混凝土

喷射混凝土是工程中常用的支护形式，现在在开挖边界上添加喷射混凝土，先返回 Perimeter Support Design 视图。选择 Select：View → Select View → Perimeter Support 或者点击图标 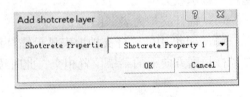。在开挖边界上加混凝土与在开挖边界上加锚杆的步骤很相似。从工具栏或 Support 菜单选择 Add shortcrete layer 选项。Select：Support→Add Shotcrete Layer。打开 Add shortcrete layer 对话框以选择喷射混凝土类型（图 7.3-15）。

使用默认喷射混凝土类型（Shotcrete Property 1），点击 OK 按钮。在开挖边界上加混凝土，采取如下步骤：

（1）当鼠标移动时有个红色的小图标在开挖边界上随之移动；

（2）将鼠标在开挖边界右侧端点移动（顶点坐标为 277.5，306）。当红色图标移动至顶点时，点击鼠标左键，确定喷射混凝土的起始点；

图 7.3-15　添加喷射混凝土选项

（3）如果发现喷射混凝土已经布满整个开挖边界，无需担心。沿着开挖边界逆时针移动鼠标，就会发现此时喷射混凝土的终止点会随着鼠标的移动而变化，喷层在开挖边界薄层呈条带状显示。

（4）当红色小图标移动到开挖边界左侧的端点时（端点坐标为 264.5，303），再次点击鼠标左键，这样喷层就会加到开挖边界上，见图 7.3-16。

注意：如果由于操作失误而导致加喷层出现错误，只需要选择 undo 命令（从工具栏或者 edit 菜单），并再次尝试重复第二步至第五步，直到如图 7.3-16 所示。

查看右侧的楔形体信息栏，发现喷层之后顶部各侧边的楔形体安全系数都有所增加（如顶部的楔形体的安全系数为 3.48）。

提示：按照上面步骤可以在开挖边界上加多层喷射混凝土；喷层可加在开挖边界上的任意部位，可以互相重叠；不同喷层的参数可以不同。

（1）喷层参数

喷层参数可通过 Shotcrete Properties 命令定义。从工具栏或 support 菜单选择 Shotcrete Properties。Select：Support→Shotcrete Properties，将显示图 7.3-17 的对话框：

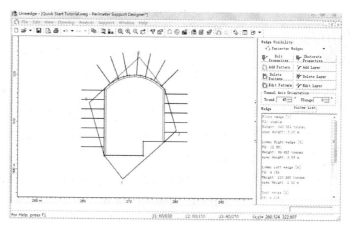

图 7.3-16　喷层加到开挖边界上

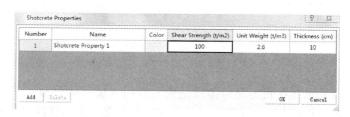

图 7.3-17　喷射混凝土特性参数

从图 7.3-17 可见，喷层的参数包括剪切强度、单位密度和喷层厚度，选择默认的参数值（厚 10cm，剪切强度 $100t/m^2$）。假定喷层的破坏模式是直剪破坏，喷层剪切强度乘厚度可得到沿楔形体边界单位长度的被动支护力（楔形体周长在开挖面上揭露的长度）。喷层密度用来确定楔形体与开挖边界相交面上的喷层重量，稳定性计算时喷层重量会累加到楔形体的重量中。假如喷层厚度较大，会对楔形体的安全系数产生较大影响。

现在确定另外一种喷层的参数值，通过 Shotcrete Properties 对话框中的 add 按钮来完成。选择 add 按钮以此能够生成一种新的参数类型，将新类型的颜色改为与原先类型不同的颜色（比如红色），输入剪切强度＝$50t/m^2$。

（2）编辑喷层

现在给新添加的喷层重新赋予参数。可以通过选择菜单中的 edit player 选项来实现。也可在喷层上点击鼠标左键，然后鼠标右键，从弹出菜单中选择 edit player 命令。

点击 edit player 命令后会弹出图 7.3-18 对话框。从下拉菜单中选择刚定义的新类型：Shotcrete Property 2，点击 OK 按钮。

此时，新定义的喷层参数就会被赋给拟修改的喷层，通过喷层的颜色变化可以发现此时的喷层参数已经发生改变。另外，楔形体的安全系数有所降低，因为新的喷层参数中，剪切强度比原先的剪切强度（$100t/m^2$）减少了 $50t/m^2$。

注意：如果将鼠标在喷层上移动，会弹出

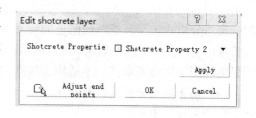

图 7.3-18　编辑喷层参数

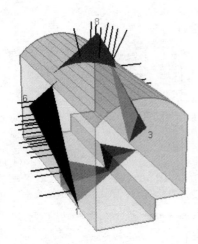

图 7.3-19　喷层三维模式视图

一个菜单显示喷层信息。

（3）喷层三维模式视图

Select：View → Select View → 3D Wedge View。双击透视模式窗口使之达到最大。

从图 7.3-19 中可以看出，当喷层加到开挖边界上，已加喷层的开挖边界会以半透明状态显示，当前视图下喷层颜色与 Shotcrete Properties 对话框中定义的喷层颜色一致。

三维模式视图可通过 display options 对话框中的 support 选项下的打开（turn on）或关闭（off）来选择显示或不显示喷层。

注意：如果开挖边界上施加多层喷层，那么在三维视图模式下显示的是最内层喷层颜色。

7.4　应力场分析

Unwedge 程序是建立在假定楔形体只受重力作用（楔形体自重）前提之下的。开挖边界周围的围岩应力场不纳入到计算中。通常这种假定会导致计算结果不准确，导致计算结果偏于保守，安全系数偏低。

Unwedge 中应力场（field stress）选项能够将原岩应力场（嵌固应力）在计算楔形体安全系数时考虑在内。一般情况下这会使安全系数变大（尽管最终计算结果取决于楔形体几何形状与应力方位）。默认情况下，考虑应力场选项得到的安全系数通常大于或等于没考虑应力场时的安全系数。

7.4.1　应力分析

当采用了 Unwedge 中应力场（field stress）选项后，在计算楔形体稳定性之前，程序首先自动进行边界元应力分析求得开挖边界的弹性应力分布，然后再计算每个楔形体节理面上的实际应力分布。应力分析选项应注意如下方面：

（1）应力场的方位及数值在 field stress 对话框中定义。可以选择常应力场或重力场。

（2）基于应力场参数，Unwedge 将在开挖边界周围执行边界元应力分析，这一过程不考虑塑性破坏及局部破坏，假定为线弹性。Unwedge 中应用的边界元应力分析是基于 Rocscience 系列软件之 Examine2D 的程序内核开发的。

（3）Unwedge 中的边界元应力分析采用完全平面应变假定。这意味着最大主应力方位不一定与隧洞轴线一致。尽管开挖模型是二维，但应力场及相关的计算分析都是三维的。应力分析确定了开挖断面附近的应力重分布，并假定该应力重分布在隧洞轴线方向无限长度内起作用。应力分析并不考虑开挖掌子面附近的应力重分布，因此 field stress 选项只能应用于周边楔形体，不适用于端部楔形体。

（4）基于应力分析的计算结果，Unwedge 确定每个楔形体面上的应力分布情况，并在稳定分析计算中考虑它。

为了说明应力场的影响，采用 Unwedge 安装目录中 Examples ＞ Tutorials 下读入

Tutorial 05 Field Stress. weg 文件，模型如图 7.4-1 所示：

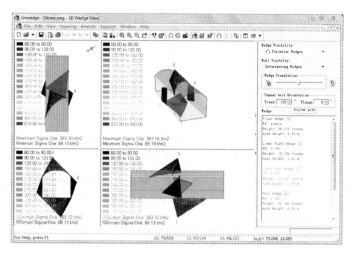

图 7.4-1 应力分析所用模型

由于没有定义应力分析选项，因此楔形体只受自重应力作用。模型中水平向隧洞倾向倾角分别为 120，0。有 4 个周边楔形体，安全系数分别为：右侧楔形体安全系数为 0.21；左侧楔形体安全系数为 0.964；顶部楔形体安全系数为 0；底部楔形体处于稳定状态。

定义应力场，并观察其对楔形体安全系数的影响。从 Analysis 菜单中选择 field stress 选项。Select：Analysis → Field Stress，弹出如图 7.4-2 所示警告对话框。

如果看到这个对话框，阅读其中内容，点击 OK 按钮。该对话框是为了提醒 Unwedge 中应力场选项是属于进一步应用，计算所得结果应谨慎评价，对于保守设计目标，最好不考虑应力场选项。接下来会弹出 Field Stress 对话框，如图 7.4-3 所示。

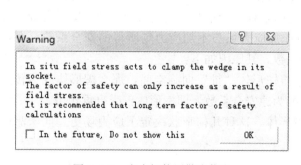

图 7.4-2 应力场使用警告信息

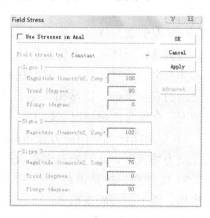

图 7.4-3 应力场设置对话框

（1）为激活应力场，在 Field Stress 对话框中点击 Use Stresses in Analysis 单选按钮，应力场激活，允许定义应力场的相关参数。

（2）使用 Field Stress Type＝Constant ，意味着所定义的应力场是常量，不随深度或位置变化。

（3）对于最大、最小及中间主应力分别输入以下数值：

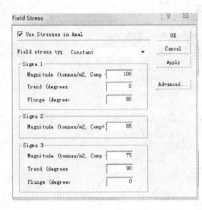

图 7.4-4　常数地应力输入

1）Sigma 1：Magnitude = 100，Trend = 0，Plunge=90；

2）Sigma 2：Magnitude=85 tonnes/m^2；

3）Sigma 3：Magnitude = 75，Trend = 90，Plunge=0。

注意：Sigma 1 与 Sigma 3 的方位必须是正交的（即方向矢量应相差 90°），中间主应力 Sigma 2 则同时垂直于 Sigma 1 与 Sigma 3。

点击 OK 按钮（图 7.4-4）。

7.4.2　考虑应力场情况下的安全系数

查看楔形体信息栏中的楔形体安全系数。表 7.4-1概括了加应力场前后的楔形体安全系数变化情况。

考虑应力场对稳定性的影响 表 7.4-1

楔形体	不考虑应力场安全系数	考虑应力场安全系数
右侧楔形体	0.210	0.729
左侧楔形体	0.964	0.964
顶板楔形体	0	1.165
底板楔形体	稳定	稳定

（1）右侧和顶部的楔形体

应力场的嵌固效应明显提高了右侧和顶部楔形体的安全系数，安全系数分别从 0.21、0 提高至 0.729、1.165。

（2）左侧楔形体

左侧的楔形体加应力场前后没有发生变化（0.964）。在这种情况下，施加应力场之后楔形体安全系数将降低。当发生这种情况时，程序会报告原先的安全系数，即没有加应力场之前的安全系数。Unwedge 通常会对比加应力场与不加应力场所得的安全系数，在默认情况下会报告两种情况下较大的安全系数，其原因如下：

1）如果实际围岩中应力分布趋向于将楔形体"推"向临空面，那么楔形体就会转换为无应力场状态，此时的安全系数就转换为原安全系数，即楔形体仅受自重作用。

2）左侧楔形体是相对较"平"的楔形体，这种几何形状决定了应力场更趋向于驱逐楔形体，而不是嵌固楔形体。

7.4.3　查看结果

（1）应力等值线

当在 Unwedge 中应用应力场选项，可以按照以下步骤查看楔形体面上的实际应力分布：

1）三维视图模式下在任意周边楔形体上点击右键；

2）在弹出的菜单中，选择 Field Stress Visualization 子菜单；

3）从子菜单中可以选择等值线制图模式，如图 7.4-5 所示。

• Normal Stress • Shear Stress • Sigma 1 • Sigma 3 • Sigma X • Sigma Y • Tau XY

4）从子菜单中选择一种数据类型，如法向应力。那么楔形体的所有节理面会显示所选数据类型的等值线图。同时会显示一个应力表以便掌握等值线图中的应力数值，如图7.4-6所示。

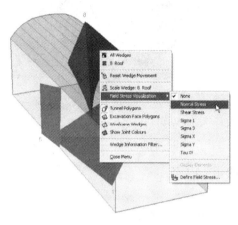

图 7.4-5　应力场显示命令菜单

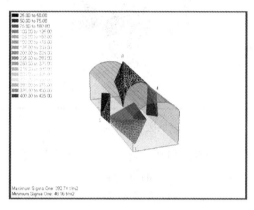

图 7.4-6　楔形体面上的法向等值线图

（2）网格显示

如果在楔形体面上看到许多三角形网格（图 7.4-7），这些网格的结点就是每个楔形体面上应力计算的点。应力等值线即依据这些应力计算点的数据得到。为了显示或隐藏这些网格，可以在任意楔形体上点击鼠标右键从 field stress visualization 命令子菜单勾选或不勾选 Display Elements 以实现自己想要的显示效果。

（3）信息提示菜单

当楔形体面上显示应力等值线后，将鼠标在任意楔形体面上移动，会弹出信息提示菜单。该菜单显示当前鼠标停留部位的应力值，如图 7.4-8 和图 7.4-9 所示。如果没有看到信息提示菜单，可以在 View 菜单将 data tips 选项设置为 maximum。信息提示菜单中显示的应力值与应力表中的应力数值一致。可以根据不同的显示数据类型做试验（比如剪应力）。

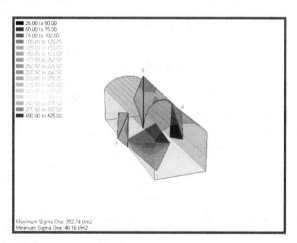

图 7.4-7　楔形体面上三角形网格

（4）进一步应用

Unwedge 中边界元应力分析不是一个"黑匣子"，可通过 Advanced Stress Settings 对话框定义程序设置，打开这个对话框步骤如下：

1）从 Analysis 菜单中选择 Field Stress 选项。在 Field Stress 对话框中选择 advanced 按钮。

2）将会看到如图 7.4-10 所示对话框，该对话框允许定义岩体弹性常数，边界元离散

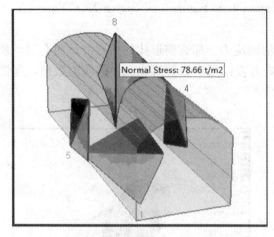

图 7.4-8　楔形体面上法向应力信息提示菜单

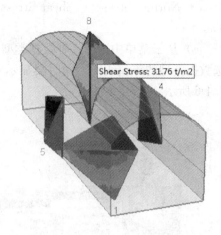

图 7.4-9　楔形体面上剪应力信息提示菜单

化，计算类型和其他与应力分析计算、结果显示的相关内容。

在关闭这个对话框前：

1）勾选该对话框底部的"Report only the stressed factor of safety"。

☑ Report only the stressed factor of safety (do not check against th

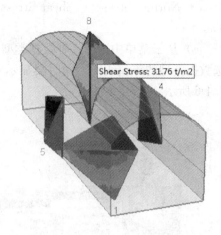

图 7.4-10　应力场高级设置对话框

2）在 Advanced Stress Settings 对话框点击 OK 按钮，在 Field Stress 对话框点击 OK 按钮。

3）查看工具栏中楔形体的安全系数。特别地，查看左侧及底部楔形体的安全系数（在表中画线表示）。

可以看到左侧楔形体的安全系数在加应力的情况下比不加应力情况下要小；加应力之后，底部楔形体的安全系数是一个定值，而原先不加应力时安全系数显示为稳定。

楔形体的安全系数　　　　　　　　　　　　　　　　表 7.4-2

楔形体	不考虑应力场安全系数	考虑应力场安全系数
右侧楔形体	0.210	0.729
左侧楔形体	0.964	0.746
顶板楔形体	0	1.165
底板楔形体	稳定	1.337

在默认情况下，加应力后所得的安全系数比不加应力情况小，Unwedge 不会报告加应力后所得的安全系数。然而如果想查看加应力情况下的安全系数，而不管安全系数本身的大小，那么可以在 Advanced Stress Settings 对话框中打开。这些数值仅为了比较，不推荐在实际的支护设计中应用。

使用应力场选项，会显著影响 Unwedge 的计算速度。这是因为在进行块体极限平衡分析之前需要进行边界元应力分析。如果隧道方位角改变，应力分析必须重新计算。如果节理方位信息发生改变，每个节理面的应力分布也将重新计算。

7.5 本章小结

在结构不连续及地下开挖所形成的三维楔体稳定性分析时，Unwedge 是楔形体的稳定分析与支护设计的有力工具。应力场选项是一项很有意义的分析工具，可以允许了解岩体中实际存在的应力对楔形体稳定性计算的潜在影响。然而使用应力场选项时必须谨慎，解释计算结果时必须根据实际情况进行判断。如果需要考虑时间效应的影响，此时不推荐使用地应力选项，如果使用地应力选项，会导致分析和设计偏保守。

Unwedge 软件特点与功能可总结如下：

（1）三种楔体失稳机制：塌落/旋转、在某一平面内滑移、在两个平面内滑移。

（2）活动楔体的三维视图/直角视图。

（3）楔体和开挖的三维动画视图。

（4）自动将连接装置合并为 3 组。

（5）多种支护形式：锚杆（端部锚固、全长锚固、分离装置、自定义等），喷射混凝土，支护反力。

（6）改良的岩石锚杆设计绘图工具，优化隧道方位。

（7）围压及水压力对楔体稳定性的影响。

（8）楔体尺寸修改特性。

（9）AutoCAD、DXF 文件的导入和导出。

（10）Dips 平面文件的导入。

思考题与练习题

1. Unwedge 缩放功能有何用途？

2. Unwedge 在计算端部与周边楔形体稳定性时有何不同？

3. 自己设计一实例，分析仅考虑自重应力（侧压力系数 0.33）与有构造应力（侧压力系数分别为 0.5，1.0，2.0）时所需要的支护差距有多少？考虑地应力是否合理？

第8章 软岩隧洞支护评价分析软件 RocSupport 使用

RocSupport 是评价软弱围岩中圆形隧洞变形、围岩与支护结构相互作用的一款快捷简单的可视化程序。该程序的分析方法即为通常所说的"围岩-支护相互作用法"，也称之为"收敛-约束法"。这种分析方法的基础是"围岩特性曲线"或"特征曲线"理论，其概念是建立在静水应力场作用下的弹塑性岩石介质中对圆形隧道的解析算法基础上。

8.1 软件理论基础与基本操作

8.1.1 分析方法适用条件假设

软件所用分析方法的假设如下：

（1）圆形隧洞。

（2）原岩应力是静水应力场（各个方向上应力相等）。

（3）岩体表现为各向同性且均匀，不存在严重的结构性间断。

（4）假定材料是理想弹塑性，支护被模拟为一个等效均匀内压力，分布在圆形隧洞的整个圆周上。

在使用时应根据实际的隧洞现象，审慎考虑最后这个假设（即支护力均匀的作用于圆形隧洞的整个圆周上），并用 RocSupport 计算结果。

均匀支护力的假设为：

（1）喷射混凝土和衬砌混凝土是闭合的环形。

（2）钢拱架是完整的圆形。

（3）机械安装的锚杆是按规则的方式并且完全围绕隧洞安装的。

（4）由于真实情况通常有所不同，相对于 RocSupport 的假设，实际的支护力将减小，而变形会加大。

RocSupport 的分析所运用的理想化模型无意取代最后的技施设计和隧洞支护的分析要求。一般来说，对于隧洞较大的变形，还需要数值分析（如有限元分析）等综合确定方案。然而，通过不同原岩应力的参数组合，运用 RocSupport 进行影响研究，估算岩体强度及支护能力，获悉在软弱围岩中各种支护结构作用下的隧洞相互作用的大量信息，还是有重要意义的。

8.1.2 支护设计方法

目前对于隧洞的支护及衬砌设计没有明确的定义规则，主要存在三种方法：

（1）基于在掘进过程中隧洞岩石的塑性失效程度以及相应限制塑性区的支护力和隧洞变形结果计算的闭合式求解方法。

（2）对掘进过程中隧洞岩石渐进破坏以及对破坏岩体的临时支护和永久衬砌联合受力数值分析。

（3）借助隧洞变形观测及运用多种支护措施控制变形的经验方法。

RocSupport 属于第一种求解方法，即"围岩－支护相互作用法"或"收敛-约束法"。Phase2 属于第二种数值分析方法。各类反分析属于第三类方法。

每种方法都有利有弊，对于给定隧洞设计的最优解可能包括不同阶段设计的一系列不同方法的组合。比如一个临时支护的初步分析可以用 RocSupport 解决，最终的详细设计包括岩体的塑性破坏、支护变形，可以用 Phase2 等数值计算完成。

尽管存在局限性，岩体-支护相互作用分析仍有许多好的方面。当用于与数值分析相互比较时，它可以为支护设计提供有价值的岩石支护力学分析。

8.1.3 围岩－支护相互作用

"围岩－支护相互作用"方法的出发点是基于无支护掘进隧洞中的掌子面附近变形规律，如图 8.1-1 所示，径向变形有如下特点：

（1）起始于隧洞掌子面之前的一段距离（大约 2.5 倍的隧道直径）。

（2）隧洞掌子面位置的位移约为最终值的三分之一。

（3）距离隧洞掌子面后约 4.5 倍洞径变形达到变形极大值。

即使对无支护的隧洞，掌子面也会提供一个"表观支撑压力"。这个"支撑压力"为实际支护作用提供了充分的自稳时间。

表观支撑压力有如下规律：

（1）在岩体内部，超过掌子面前方的一定距离（界限大约为 2.5 倍的隧道直径）与原岩应力相等（即 $P_i = P_0$）。

（2）隧洞掌子面处，约为原岩应力的四分之一。

（3）在掌子面之后的一定距离，逐渐归为零。

注意：隧洞岩体的塑性破坏并非意味着隧洞的崩塌。那些被破坏的岩体物质仍具有一定强度，只是塑性区厚度与隧洞半径相比很小，可能仅有一些新的裂缝和很少量的剥落或散裂的表象。

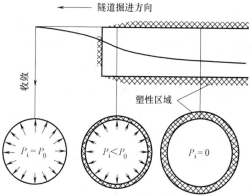

图 8.1-1　掘进中掌子面不同位置的支护压力 P_i

另一方面，对于无支护隧洞，当大规模塑性区形成或产生明显的内向变形，破坏的松散岩体可能导致严重的剥落和散裂，最终就可能发生崩塌。支护的主要作用就是控制洞壁向内变形、防止岩体松散导致隧道崩塌。支护作用（如锚杆、喷射混凝土衬砌或钢拱架）并不能阻止隧洞周围岩体由于二次应力过大而发生破坏。但这些支护形式对于控制隧洞变形有举足轻重的作用。

8.1.4 围岩特性曲线

RocSupport 软件中应用到的"围岩-支护相互作用"分析方法的核心是"围岩特性曲线"或"特征线"，它与洞壁变形收敛的内部支护压力相关。围岩特性曲线一般推导如下：

假设半径 r_0 的圆形隧洞受静水压力 P_0 和均匀分布的内部支护力 P_i 作用，如图 8.1-2 所示。

当隧洞衬砌提供的内部压力小于临界支护压力 P_{cr} 时，围岩将出现破坏。如果内部支

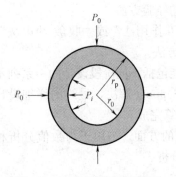

图 8.1-2　圆形隧洞受力假设

护压力 P_i 大于临界支护压力 P_{cr} 时就保持稳定，此时围岩性质表现为弹性，洞壁内的径向弹性位移由下式给出：

$$u_{ie} = \frac{r_0(1+\nu)}{E}(P_0 - P_i) \qquad (8.1.1)$$

当内部的支护压力 P_i 小于临界支护压力 P_{cr} 时将发生破坏，隧洞周围将出现半径 r_p 的塑性区。径向塑性位移 u_{ip} 由介于 $P_i = P_{cr}$ 和 $P_i = 0$ 之间的围岩特性曲线确定。

典型的围岩特性曲线如图 8.1-3 所示。

该图表明：

（1）当支护压力与静水压力相等时（$P_i = P_0$），位移为零。

（2）当 $P_0 > P_i > P_{cr}$ 时，此时出现弹性位移 u_{ie}。

（3）当 $P_i < P_{cr}$，出现塑性位移 u_{ip}。

（4）当支护压力为零时，出现最大位移。

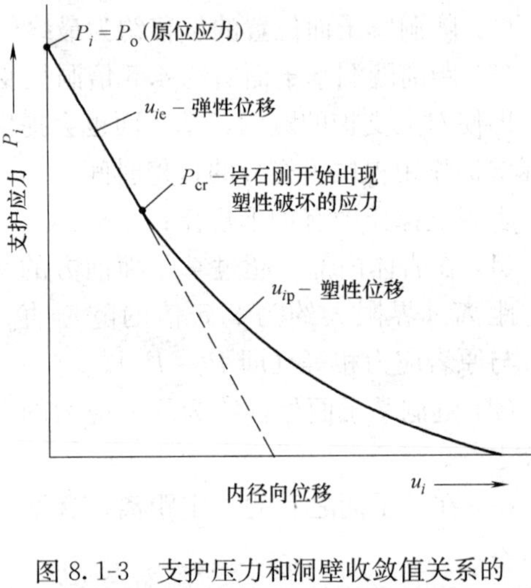

对于给定的隧洞半径和原岩应力，围岩特性曲线的形状由假定岩体破坏准则和具体的岩石特性决定。下列参数的获取取决于岩体破坏准则和岩石力学特性：

（1）临界支护压力 P_{cr}。

（2）塑性区半径 r_p。

（3）围岩特性曲线在塑性区域的形状（$P_i < P_{cr}$）。

图 8.1-3　支护压力和洞壁收敛值关系的围岩特性曲线（Hoek，1995）

8.1.5　支护反应

为了完善围岩-支护相互作用分析，必须定义岩石支护反应曲线。这个函数由三部分组成。

（1）支护作用之前洞壁位移已经发生。

（2）支护系统的刚度。

（3）支护系统的承载能力。

由图 8.1-1 所示，隧洞掌子面前方必然已产生一定变形。掌子面处变形量约为总变形的三分之一，该变形不能恢复。在开挖周期内，掌子面与最靠近的支护材料间必然有一定间隙。在添加的支护生效前，变形将进一步发展。总初始位移称为 u_{s0}，如图 8.1-4 所示。

当建立了支护且完全而有效地与岩石作用后，支护便开始发生弹性变形，如图 8.1-4 所示。与支护系统相协调的最大弹性位移 u_{sm} 以及最大支护压力 P_{sm} 由支护系统的屈服量来决定。在支护系统、隧洞围岩性质以及原岩应力共同作用下，随着掘进掌子面不断远离观测位置，支护系统在隧洞掘进过程中将不断产生弹性变形。

8.1.6　围岩-支护平衡

如果支护反应曲线与岩体位移曲线在两者都没有发展太大之前相交，平衡基本完成。如果支护作用的太迟（图 8.1-4 中 u_{s0} 太大），岩体可能已经变形到破坏松散不可逆的程度。另一方面，如果支护力不够（图 8.1-4 中 P_{sm} 太小），支护构件将在岩体变形曲线相交之前发生屈服。在任何一种情况下支护系统都将无效，平衡条件无法实现。

8.1.7　支护特性

在 RocSupport 中，支护刚度和承载力用最大平均应变和最大支护压力来表示。以这种方式，支护被直接结合到围岩支护相互作用分析中。因为支护能力采用简单的等效内压力来模拟，而由砂浆锚杆或锚索提供的固结力并不能

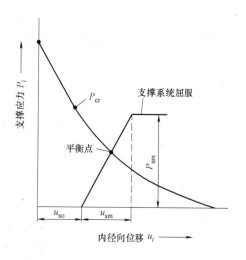

图 8.1-4　对于洞壁位移的支护系统反应，导致系统平衡的确定（Hoek，et. al. 1995）

完全的用这种简单模式表征。无论如何，分析计算的塑性区半径对于锚杆或锚索的长度的使用可以提供一定参考，即锚杆或锚索常被锚固在未屈服的岩石中。

支护系统的刚度和承载力，如锚杆、钢拱架、喷射混凝土以及系统联合支护作用可由霍克－布朗（1980）和霍克（1999b）发表的简化解析法来估算，相应方法已经嵌入 RocSupport 中。

8.1.8　支护安装

图 8.1-4 中的支护反应曲线的起点（即 u_{s0} 值）是发生在靠近支护装置附近点的隧洞收敛值。在 RocSupport 中，这个值可以用两种方法指定。

（1）直接的（收敛值或洞壁位移）。

（2）间接的（到掌子面的距离可以指定，然后用纵向的隧洞变形剖面转化）。

RocSupport 中默认的隧洞变形剖面如图 8.1-5 所示。曲线方程式允许输入距掌子面的距离，从而获得洞壁位移值。在 RocSupport 中，也可自定义隧洞变形曲线。

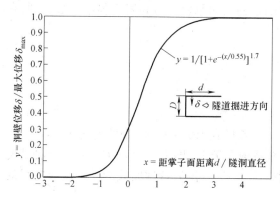

图 8.1-5　洞壁位移是关于距掌子面距离的函数（Hoek 1999a）

在支护作用前并不容易判定洞壁位移，因为它需要考虑三向应力的分配以及掘进隧洞掌子面的破坏延伸。Chern et. al.（1998）发表了一组结论，分别利用三维数值分析及掘进平行隧洞中用测量得到曲线，后来霍克（1999a）通过这些数据的平均结果导出了如图 8.1-5 所示的曲线。

8.1.9　求解方法

"围岩支护相互作用"分析方法（霍克，1999）认为：这些方法假设圆形隧洞处于静水压力下，塑性区区域的

计算以及围岩特性曲线的形状，确定隧洞掘进时岩体破坏发展的不同情况。

用于计算围岩特性曲线不同方法的区别在于选择岩石破坏准则以及岩体是否考虑破坏中体积膨胀。在 RocSupport 中两种方法常被用到：Duncan Fama 求解方法和 Carranza-Torres 求解方法。

（1）Duncan Fama 求解方法

Duncan Fama（1993）求解方法基于莫尔-库仑破坏准则，由如下参数来定义岩石强度和变形特性：

1）摩擦角。

2）杨氏模量。

3）泊松比。

注意：Duncan Fama 求解方法是基于莫尔-库仑破坏准则的，但其岩体抗压强度和摩擦角可以用霍克-布朗强度参数来获取。

（2）Carranza-Torres 求解方法

Carranza-Torres（2004）求解方法基于广义霍克-布朗破坏准则，由如下参数来定义岩石强度和变形特性：

1）完整岩石的单轴抗压强度（UCS）。

2）地质强度指标（GSI）。

3）完整岩石参数 m_i。

4）剪胀角。

5）岩体扰动因子（D）。

6）杨氏模量。

7）泊松比。

Carranza-Torres 求解方法也能由残余强度解释，其参数常用广义霍克-布朗参数 m_b、s 和 a 的方式来直接指定。

8.1.10　确定性分析

RocSupport 软件工具栏或工程环境对话框中，可以选择定值或概率分析求解类型。

（ Deterministic Analysis　Factor of Safety: 1.94 ）。

确定性分析是所有输入的值被假定为确定的（如原岩应力和岩石强度参数）。所有的程序输出为唯一的结果，包括以下信息：

（1）围岩特性曲线。

（2）塑性区半径。

（3）平衡压力（若有支护作用）。

（4）安全因素（对于支护系统）。

定值分析中可计算支护的安全系数，安全系数在 RocSupport 中的定义如下：

如图 8.1-6 所示，如果计算得到的安全系数大于 1，即 $F_s = P_{sm}/P_{eq} > 1$。这种情况下安全系数仅是最大支护压力 P_{sm} 与平衡状态压力 P_{eq}（围岩特性曲线和支护反应曲线的交点压力）之比。

如果安全系数小于 1，如图 8.1-7 所示。当围岩特性曲线与支护反应曲线相交点已经超越支护弹性界线。投影的平衡压力 P'_{eq} 由弹性支护反应曲线延伸至地面反应曲线相交而计算得到，这个值可以用在计算安全系数公式中的分母上。

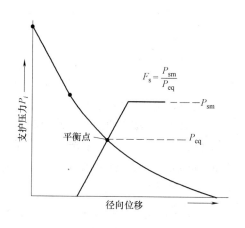

图 8.1-6　安全系数大于 1 时定义

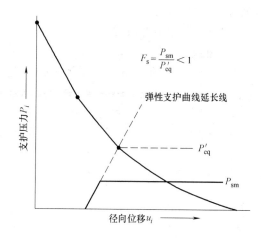

图 8.1-7　安全因素小于 1 时定义

8.1.11　概率分析

同样在工具栏或工程环境对话框中，可以选择概率分析类型（ Probabilistic Analysis ▾ Probability of Failure 0% ）。

在概率分析下，允许输入以下参数的统计分布：

（1）隧洞半径。

（2）原岩应力。

（3）所有的岩石参数。

采用任意 Monte Carlo 或 Latin Hypercube 样本，然后程序将输入的分布抽样对在工

程环境对话框中定义的指定标本数运行分
析。接着可以看到所有输出类型的统计分
析（如塑性区半径、洞壁位移），而不是简
单定值分析计算中的单一数据。

　概率分析导致安全系数的分布并非单
一值。从安全系数的分布中，可以计算出
破坏概率。在 RocSupport 的破坏概率中，
把安全系数小于 1 的数值与所有数值之比
定义为破坏概率。例如，1000 个样本中有
100 个概率分析结果是安全系数小于 1，那
么破坏概率就是 10%。

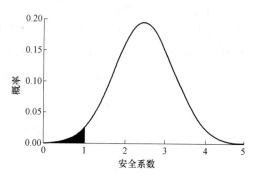

图 8.1-8　破坏概率定义

数学上，破坏概率是指安全系数概率分布在安全系数等于 1 的左侧的面积（图 8.1-8
中黑色区域）与曲线下总面积之比。

8.2　中等支护实例

阐述 RocSupport 的基本特性，采用 Duncan Fama 求解方法确定围岩特性曲线。首先

进行无支护的隧洞分析，然后增加支护，确定支护的安全系数。所有参数假设均已知，然后进行确定性分析。

8.2.1 模型条件设置

（1）模型特征

模型为一个埋深 60m，直径为 12m 的隧洞，岩石强度定义为霍克-布朗准则，即完整岩石强度 σ_{ci}＝7MPa，参数 m_i＝10，地质强度指标 GSI＝15。

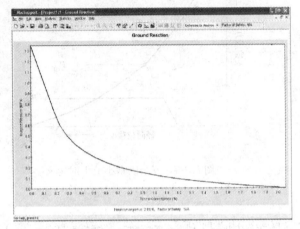

图 8.2-1　默认数据的围岩特性曲线

双击安装文件下的 RocSupport 图标或者从开始菜单中选择：程序→Rocscience →RocSupport。首先新建一个新的模型。选择：File → New 或点击图标□。新文件被创建，窗口出现一条默认输入的隧洞和岩石参数下的围岩特性曲线（见图 8.2-1）。点击视图右上方的最大化按钮来最大化地基反应视图。

（2）隧洞断面视图

选择分析菜单的工具栏中的隧洞断面选项，查看模型典型断面 。选择：Analysis→ Tunnel Section 或点击图标❀。

隧洞断面视图直观显示该隧洞断面的直径和塑性区（阴影部分）。根据洞径按比例示意塑性区的范围。

可以用文本框显示该工程主要的输入和输出参数的概况。在右边点击菜单，可切换或关闭该文本框。双击文本框，可定制文本框的位置、颜色和字体。如果加载支护，支护会显示在隧洞断面上，塑性区半径（支护情况下）也将显示，如图 8.2-2 所示。

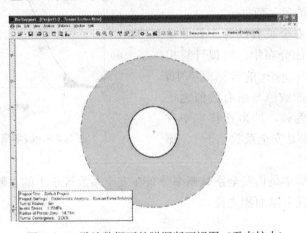

图 8.2-2　默认数据下的隧洞断面视图（无支护力）

（3）工程设定

选择：Analysis→Project Settings 或点击图标🏹。

在环境设置对话框中，可以输入该工程的标题、选择解决及分析方法、绘制长期的场地接触曲线以及分析类型（确定性分析、概率分析）。如果采用概率分析还可设置取样方法和样本数量等。

选择完毕后，点击 OK 按钮（见图 8.2-3）。

8.2.2 隧洞和岩石参数设置

隧洞直径、原岩应力和岩石参数在隧洞参数选项中定义，可以在分析菜单的工具栏中选择。选择：Analysis→Tunnel Parameters，选择确定性分析，弹出隧洞岩石参数对话框，如图 8.2-4 所示。

图 8.2-3 工程环境对话框

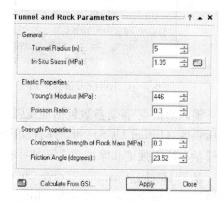

图 8.2-4 隧洞岩石参数对话框（默认）

由于所用的是 Duncan Fama 求解方法及 Mohr-Coulomb 破坏准则为基础，所要求的强度特性是岩体抗压强度（Compressive Strength）和摩擦角（Friction Angle）。

（1）隧洞半径

在隧洞和岩石参数对话框中，必须先输入隧洞半径，而不是隧洞直径。本例中隧洞直径取 12m，所以输入隧洞半径为 6m。

（2）原岩应力

在隧洞和岩石参数对话框中，如果已知静水原岩应力，可直接输入参数。也可以使用对话框中的 calculator 选项，用其他的参数估算所需的输入数据。这同样适用于 RocSupport 软件中的其他输入数据对话框。从而通过隧洞的深度和岩石单位重量可以简单地估计原岩应力。

在隧洞和岩石参数对话框中，选择右边的"计算器"图标（⌨），在原岩应力编辑框中，会得到估算结果。

输入隧洞的深度为 60m。修改岩石重度的默认值（0.027MN/m³）。此时，估算的原岩应力显示在对话框中（1.62MPa）。点击确认按钮，估算的值即被载入在隧洞及岩石参数对话框中，见图 8.2-5。

原岩应力是通过隧洞的埋深和岩石单位重量估算的。

$$P_0 = \gamma H \tag{8.2.1}$$

式中：P_0 为原岩应力；γ 为岩石单位重量；H 为隧洞的埋深。

（3）岩石参数

岩石特性给出的条件是霍克－布朗参数。但 Duncan Fama 解决方法采用的是 Mohr-

Coulomb 破坏准则，同时要求有摩擦角。因此，在隧洞和岩石参数对话框中提供了"Cal-culatefrom GSI…"选项。点击此按钮，可看到如图 8.2-6 所示对话框。此对话框得到以下岩体特性的估算值：杨氏模量、抗压强度和摩擦角。

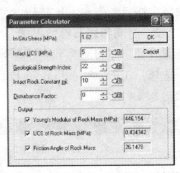

图 8.2-5 原岩应力估算对话框　　　　　图 8.2-6 参数计算器对话框

输入的霍克-布朗参数包括地质强度指标（GSI）、完整岩石参数 m_i、完整岩石的单轴抗压强度（Intact UCS）和岩体扰动因子 D。这些参数是非常有用的，因为通常不可知岩体模量、抗压强度和摩擦角，而往往较容易获取上述参数。

基于 Hoek，Carranza-Torres 和 Corkum（2002）提出的方程和方法来计算。在参数计算器对话框中，输入以下值：Intact UCS＝7，GSI＝15，Intact m_i＝10。可以看到如图 8.2-7 所示的输出值为杨氏模量、岩体抗压强度及岩体的摩擦角。

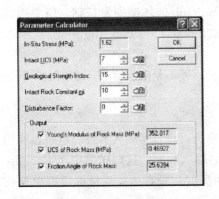

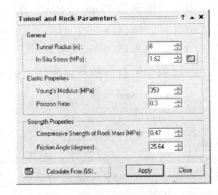

图 8.2-7 计算出的参数　　　　　　　图 8.2-8 隧洞和岩石最终输入参数

注意：可以用复选框在对话框中选择计算出来的输出变量。当只想计算一些变量并为其他变量手动输入已知值时，这是很有用的。

在选择 OK 键之前，注意每个编辑框都有一个"pick"键。选择参数计算器对话框中的"pick"按钮。当在 RocSupport 软件的对话框中看到这个图标，这意味着可以从制表或制图中选定或估计数据。在参数计算器对话框中选择 OK 键，返回到隧洞和岩石参数对话框。此时在隧洞和岩石参数对话框中显示该计算值的模量、抗压强度和摩擦角。注意到每个参数的小数位都已经四舍五入了（如岩体杨氏模量的小数位并非一定）。

（4）使用步骤

已经在隧洞和岩石参数对话框中填入所有需要的数据。为了保存最新的参数，并重新运行分析，必须选择"Apply"按钮。在隧洞和岩石参数对话框中选择 Apply 按钮。所有分析结果将以新的数据在程序中更新。选择"Close"按钮，关闭该对话框，或点击对话框右上角的"X"按钮（见图8.2-8）。

注意：必须选择"Apply"来保存数据，然后重新运行分析。如果先点击"Close"按钮，这将取消所有新的输入数据，而之前的结果将继续保留在屏幕上。

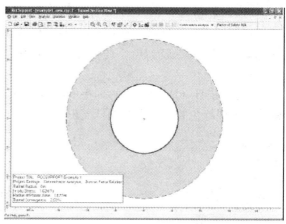

图8.2-9　无支护分析

8.2.3　分析结果（无支护）

（1）工程信息

Select：View→Tunnel Section→Zoom All，可在文本框内看到工程信息的摘要，如图8.2-9所示。

1）塑性区半径（无支护）＝13.77m。

2）最终隧洞收敛率＝2.03%。

根据附录Hoek所提供的隧洞收敛率分类表，无支护收敛率为2%的隧洞可划分到"B类"，这一分类用来初步估计隧洞的支护需求。锚杆和喷射混凝土可用来提供支护力。

（2）围岩特性曲线

在工具条上的Ground Reaction或Analysis菜单里面选取Ground Reaction，查看围岩特性曲线。Select：Analysis→Ground Reaction，见图8.2-10。

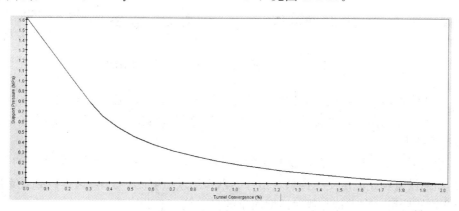

图8.2-10　实例中的围岩特性曲线

默认情况下，围岩特性曲线的X轴表示隧洞的收敛率（%）。也可单击鼠标右键选择X轴显示洞壁位移。鼠标右键点击水平轴（Horizontal Axis）＞洞壁位移（Wall Displacement）弹出菜单。则围岩特性曲线的X轴以洞壁位移显示，而不是隧洞收敛。鼠标右键再单击水平轴（Horizontal Axis）＞隧洞收敛（Tunnel Convergence）以重置X轴，用隧洞收敛显示。

注意：围岩特性曲线的横轴显示也可以在显示选项对话框（![icon]）中更改。

8.2.4　增加支护结果

添加一些锚杆支护，观察支护对整个隧洞的影响。从工具栏或分析菜单选择支持参数选项添加支护。选择：Analysis→Support Parameters 或点击图标 ✍。

根据无支护情况下的分析结果，参考 Hoek 等人的论述，无支护的隧洞收敛率为 2.0％的问题属于一类掘进问题，可以用相对柔性的支护来稳定（如锚杆和喷混凝土）。

可尝试先加@×@＝1m×1m，Φ＝34mm，距离掌子面 3m 的锚杆支护。增加锚杆支护：

（1）选择锚杆（Rockbolts）标签下的增加支护（AddSupport）。注意到现在 Rockbolts 标签旁出现绿色的勾，表明锚杆支护已经加载。

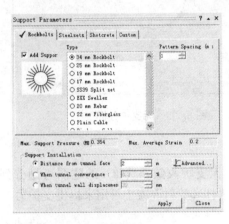

图 8.2-11　支护参数对话框

（2）类型一览表中默认选择，采用 Φ34mm 锚杆。

（3）使用默认的模式间距＝1×1m。

（4）键入距离掌子面（DistancefromTunnel-Face）＝3m。

（5）选择 Apply 按钮。保存支护参数并重新运行分析。文件中所有示图将出现最新的分析结果。

对话框应显示如图 8.2-11 所示。

（1）最大支护压力和应变

关闭支护参数对话框之前，会发现最大支护压力和最大平均应变的对话框（见图 8.2-12）。

图 8.2-12　最大支护压力和最大平均应变对话框

1）这些值不能编辑，因为支护参数计算（Hoek，1999b）已被预先确定。

2）对于给定的洞径，根据键入的平面间距的范围（钢拱架）以及支护间距（锚杆），给出最高支护力。

3）最大平均应变取决于已经选择了的支护类型，不受平面间距或支护间距的影响。

4）如果没有预先设定支护类型（锚杆、钢拱架或喷射混凝土），请提供必要支护力和平均应变，然后可以在支持参数对话框简单的自定义一个支护类型。

5）在同一个分析中，不同类型的支护（如锚杆和喷射混凝土）可以结合起来。

本例中已经键入了支护参数，最大支护力＝0.354MPa，最大平均应变＝0.2％。

（2）分析结果（有支护）

如果隧洞断面视图没有出现，从分析菜单中的工具栏选择隧洞断面选项，查看隧洞断面和分析概要，如图 8.2-13 所示。

图中有两个塑性区半径界线（虚线）。内部边界表明当有支护作用时隧洞周边的塑性区范围（阴影区）。外部边界表明没有支护时塑性区的大小。

把鼠标停留在阴影区，出现提示："塑性区：10.01m"。将鼠标移到外边界处会显示"无支护时的塑性区：13.77m"。右下角的文本框中值的意义：

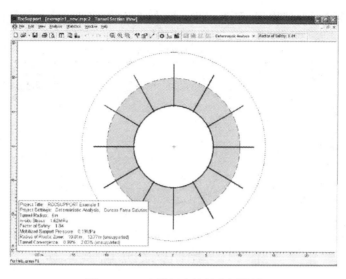

图 8.2-13　有锚杆支护的分析结果

安全系数（Factor of Safety）；

主动支护压力（Mobilized Support Pressure）；

塑性区（半径 13.8m（无支护）至 10.0m（有支护））；

隧洞收敛（在支护下，从 2.0％下降到 0.99％）。

1）安全系数

锚杆的安全系数为 1.84。虽然在其他类型的分析中这个安全系数已经足够，但由于分析所采用的假设，在岩体支护相互作用分析中并非如此。

2）主动支护压力

在文本框中的主动支护压力可以从围岩特性曲线和支持反应曲线的交点得到，可在下文分析中看到。当安全系数大于 1 时，主动支护压力的值将达不到最大的支护压力的值。

3）塑性区半径

由于锚杆的支护，塑性区的半径已从 13.8m 减小至 10.0m。虽然 RocSupport 不进行锚杆长度的分析（因为支护模拟被假定为等效均匀内部压力），给出的塑性区半径表明所需锚杆长度的有效支护。如果锚杆有效，它必须锚入无动变形的岩石中，因此必须深入塑性区。

默认情况下，RocSupport 中的锚杆要求延伸至塑性区外 2.0m。对于本例要求锚杆支护大约长 6m。在选项对话框中可以改变 2.0m 的默认值。

（3）围岩反应和支护反应

选择围岩特性视图，将隧洞围岩特征曲线展示在同一张图中。选择：Analysis→Ground Reaction 或者点击图标。在空白处点击鼠标右键，选中 Sow tunnel profile icon 选项及 Show Tunnel Face Maker，得到图形如图 8.2-14 所示。

关于支护反应曲线应注意以下几点：

1）支护反应曲线的来源：水平轴（隧洞收敛）由在支护参数对话框键入的距掌子面

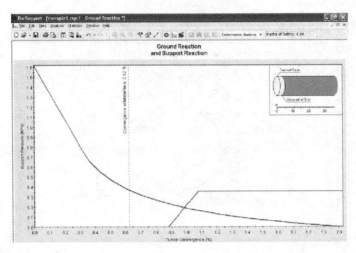

图 8.2-14　围岩特性与支护反应曲线

的长度决定。

2）支护反应曲线的斜线弹性部分与最大的支护力除以最高平均应变的值相等。

3）支护反应与围岩特性曲线的交点可以决定支护力，最终隧洞收敛（有支护）和塑性区半径罗列在隧洞断面视图（TunnelSectionView）中。

围岩特性曲线与支护反应曲线相交在弹性区域，则支护力和隧洞收敛即认为达到平衡值。

8.2.5　联合支护类型

支护参数对话框对于给定的工程模型，允许添加多种支护类型。例如通过添加支护中的锚杆和喷射混凝土并输入每个需要的参数，将锚杆和喷射混凝土添加到同一个模型中。当多种支护类型用于同一个模型中，最大支护力和平均应变适用下列规则：

（1）最高支护压力是累积的，且适用于所有的支护类型。

（2）最大平均应变的平均值适用于所有支护类型。

这些简化假设显然不是模型实际情况，但复杂相互作用和多重支护系统是理想化的近似。对于隧洞的适当支护，需锚杆和喷混凝土共同作用，所以，在锚杆的基础上添加一些喷射混凝土支护，并分析结果。选择：Analysis→Support Parameters 或者点击图标。

在支护参数对话框中，选择喷射混凝土（Shotcrete）选项，选择添加支护（Add Support）复选框。

注意锚杆统计表和喷射混凝土统计表都显示有绿色标记，表示这两个支护已经被实施。从喷射混凝土性能选项中选择 50mm 厚，28d 的龄期，如图 8.2-15 所示。选择 Apply 按钮，保存喷射混凝土参数，并重新运行分析。所有示图将更新。

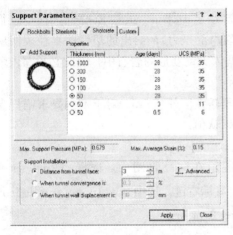

图 8.2-15　在支护参数对话框中
增加喷射混凝土

在关闭支护参数对话框之前，可以看到最大支护力和最高平均应变值，这些都是现在锚杆和喷射混凝土共同作用后的值（ Max. Support Pressure (MPa): 0.679   Max. Average Strain (%): 0.15 ）。

如上所述：

（1）最高支护压力是指Φ34mm锚杆支护压力和50mm喷射混凝土支护压力0.354＋0.325＝0.679。

（2）最大平均应变是平均锚杆和喷射混凝土的最大应变值0.200＋0.100。

现在关闭该对话框，并观察新的分析结果。注意喷射混凝土厚度（或钢拱架）支护并不能在隧洞视图中显示。如果需要的话，可以在显示选项对话框中选择指定厚度（以mm计）或隧洞半径的某个百分比来显示。

完成增加锚杆支护后，可以查看隧洞断面视图和围岩特性曲线中的信息。表8.2-1汇总了无支护、锚杆支护和喷锚联合支护的分析结果。

分析结果汇总　　　　　　　　　　　　　　　　　　　　　表8.2-1

项　目	无支护	锚杆支护	喷锚＋锚杆
安全系数	n/a	1.8	3.2
支护压力（MPa）	n/a	0.19	0.21
塑性区半径（m）	13.8	10.0	9.7
隧洞收敛率（%）	2.0	1.0	0.9

可以看出，对塑性区的半径，隧洞的收敛值及主动支护压力的改善，相对于锚杆支护来说，增加喷射混凝土支护并未有很大的作用。

比较之前的围岩反应、支护反应曲线（见图8.2-16）可以看出，两曲线的交汇点没有明显改变，上述的值也未变。但是，联合支护后的安全系数从1.8增加至3.2，这个支护体系有足够的安全系数。

注意：这里用的是28d龄期的喷射混凝土强度。早期的喷射混凝土支护压力远低于28d的作用力，考虑实际的安全因素时，必须加以考虑不同阶段的喷射混凝土固化。

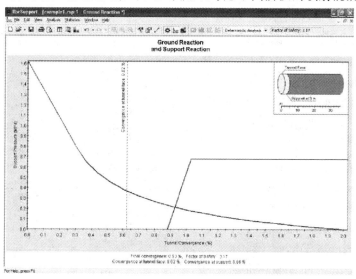

图8.2-16　围岩特性和支护反应曲线

8.2.6　信息阅读器

信息浏览选项为所有输入和输出数据提供了一个格式化的总结。选择：Analysis→InfoViewer。

如果有必要，可以向下滚动文本查看所有的信息，字体大小可以在视图菜单中选择改变。

对不同支护类型时的模型进行结合比较（最大支护压力和最高平均应力）。从编辑菜单或工具栏中选择复制选项或用鼠标右键点击信息浏览器选择复制。利用 Windows 的剪贴板，文本可以被黏贴到其他应用报告中。

可选择另存为 .RTF 或另存为 .TXT 等文件格式。多种文本格式文件（.RTF 文本）保存可以显示现在示图中的信息。纯文本文件（.TXT 等文本）设有格式来保存文字。

8.3　重型支护实例

采用的隧洞模型稳定性问题比 8.2 节更为复杂，需要的支护更多。采用 Carranza-Torres 方法来确定围岩特性曲线，并采用确定性分析方法。

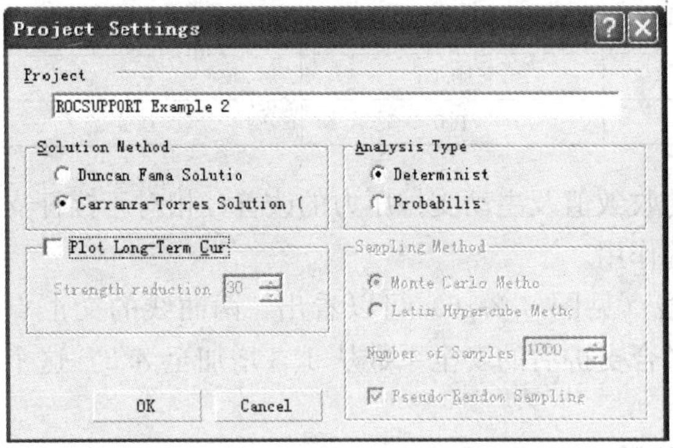

图 8.3-1　工作环境对话框

8.3.1　模型条件

模型条件：埋深为 75m、直径为 10m 的隧洞，岩石强度定义为霍克-布朗准则，即完整岩石单轴抗压强度 $\sigma_{ci}=4$MPa，参数 $m_i=12$，地质强度指标 GSI=17。

现在开始 RocSupport 程序，创建一个新文件开始分析。选择：File→New，最大化应用程序窗口及围岩特性曲线视图。选择：Analysis→Project Settings 或者点击图标（图 8.3-1）。

选择 Carranza-Torres 求解方法，定值分析方法（Deterministic），并键入工程标题 ROCSUPPORT EXAMPLE 2，选择 OK 按钮。自动跳出隧洞和岩石参数对话框。当选择不同的解决办法时，隧洞和岩石对话框会自动引用。这是因为要以两种不同的方法输入的岩石参数，以验证是否使用正确的值来进行分析。

注意，为了确定围岩特性曲线和塑性区半径；Carranza-Torres（2004）求解方法使用的是霍克-布朗破坏准则，为了确定围岩特性曲线和塑性区半径，

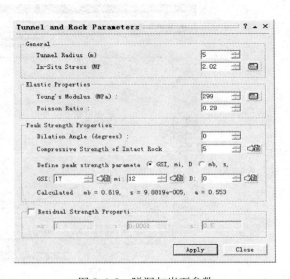

图 8.3-2　隧洞与岩石参数

Duncan Fama（1993）求解方法使用的是莫尔-库仑破坏准则。

8.3.2　原岩应力

原岩应力由隧洞埋深来估算。选择在原岩应力编辑框中的计算按钮。输入埋深＝75m，估算原岩应力，选择 OK 按钮。则估算的原岩应力为 2.02MPa。

输入如下的岩石参数：完整岩石参数 m_i＝12、GSI＝17，完整岩石的抗压强度 σ_{ci}＝4。点击在杨氏模量编辑框旁边的计算器按钮，杨氏模量就会由 GSI 值、完整 UCS 和扰动因子自动地计算出来。杨氏模量的计算公式可以在 Hoek，Carranza-Torres and Corkum（2002）中找到。本例中，岩石的杨氏模量计算值为 299MPa。

选择 Apply 按钮来保存输入的隧洞和岩石参数，用新的参数运行分析，然后选择 Close 按钮（见图 8.3-2）。

8.3.3　无支护结果

围岩特性曲线如图 8.3-3 所示：

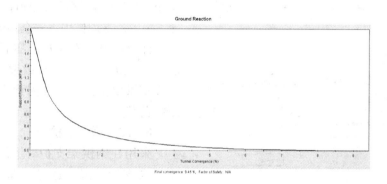

图 8.3-3　围岩特性曲线

可得最终的隧洞收敛值为 13.1%。对于隧洞收敛值来说，这是个较高的值。表明此隧洞有严重的稳定性问题。需要采用重型支护、支护紧跟掌子面。然后选择隧洞断面视图。选择：Analysis→Tunnel Section，如图 8.3-4 所示。可见，无支护条件下隧洞周围有很大的塑性区，半径为 26.3m。

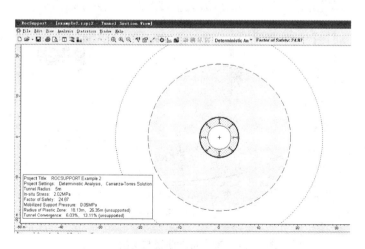

图 8.3-4　隧洞断面视图

8.3.4　增加支护

采用Ⅰ断面类型的钢拱架（深254mm、宽203mm、重82kg/m），1.5m间距，在距离掌子面3m处安装。选择：Analysis→Support Parameters，在支护参数对话框中选择钢拱架标签（Steel Sets tab），并选择添加支护复选框（Add Support）。从类型的下拉列表中选择Ⅰ型（Ⅰ section rib）。采用默认选项中的203mm深的钢拱架。然后选择间距（Out of Plane spacing）=1.5m，距隧洞掌子面=3m。最后点击Apply按钮保存已经输入的支护参数并重新运行分析，选择Close按钮（见图8.3-5）。

选择围岩特性曲线视图。围岩特性曲线和支护反应视图如图8.3-6所示。

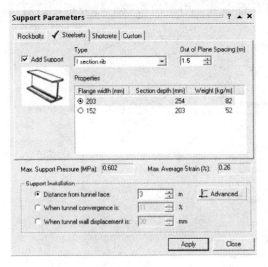

图8.3-5　钢拱架支护设置对话框

选择隧洞断面视图，查看工程信息文本框中的分析概要，选择：Analysis→Tunnel Section，对于无支护及钢拱架支护结果进行比较：发现塑性区半径由26.3m降至18.2m；隧洞的收敛值由13.1％下降至6.0％；支护作用下安全系数为11.0。

注意：虽然有支护，隧洞仍具有一个较大半径的塑性区，收敛值也仍旧较大，然而钢拱架支护的安全因素表明其能有效抵抗荷载。

8.3.5　联合支护

采用在钢拱架支护时增加喷射混凝土来观察支护效果。选择：Analysis→Support Parameters。在支护参数对话框中选择喷射混凝土标签（Shotcrete），并添加厚100mm的喷射混凝土。此时联合支护作用后的最大支护压力为1.366MPa，最大平均应变为0.18％。选择Apply按钮。

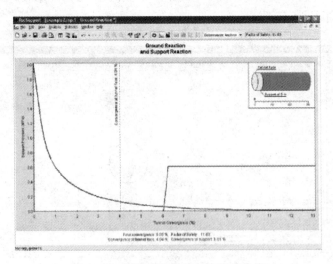

图8.3-6　围岩特性曲线与支护反应线

注意：联合支护系统的安全系数为原来的两倍，从 11.0 达到 24.9，然而对于隧洞的收敛值（仍为 6.0%）及塑性区半径并没有多大改观。

查看围岩特性曲线/支护反应曲线视图，检查为什么喷射混凝土支护对最终收敛值和塑性区半径没有起到效果。选择：Analysis→Ground Reaction。对比单独使用钢拱架及钢拱架、喷射混凝土联合支护作用两种情况，可以得到以下结论：①增加喷射混凝土作用后，支护系统的安全系数增加到原来两倍，从 11.0 达到 24.9；②围岩特性曲线和支护反应曲线的交点并没有显著改变，因此隧洞收敛值和塑性区半径也没有变化；③围岩特性曲线和支护反应曲线主要受支护作用距掌子面的距离影响。在添加喷射混凝土作用时没有改变这个值。

8.3.6 支护安装

在支护参数对话框中输入离开掌子面距离的不同值（如 2m、1m 或其他值），选择 Apply 按钮来重新计算，观察结果。发现距掌子面的距离变化时支护反应曲线的起点将改变，从而改变隧洞的收敛值、支护作用的安全因素及塑性区半径。由于支护更接近掌子面，支护荷载更大，因此支护作用的安全因素随距离的减小而减小。

注意：支护装置还可以以隧洞的收敛值及洞壁位移来定义，选择 Analysis→Support Parameters，如图 8.3-7 所示。但纵向的变形不能定义。

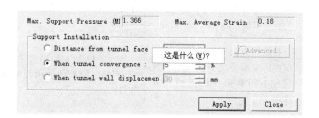

图 8.3-7 指定支护装置来决定隧洞收敛值

注意：有的时候，隧洞与支护系统的长期反应是隧洞设计的重要内容。通常认为隧洞围岩的长期性能随时间是逐渐降低的，这归因于岩石性能的降低、地下水动态的重新建立以及渗水等现象（Hoek，2003）。在 RocSupport 工程环境（Project setting）对话框中，只要勾选绘制长期围岩特性曲线选项，即可考虑这一问题。它通过输入一个强度折减系数来考虑这一问题。

同其他几个实用软件一样，RocSupprot 也可进行概率分析，从而得到破坏概率与可靠性指标，其使用在此不作赘述。

8.4 支护需求初步估算附表

已经证明，软弱围岩中隧洞稳定性是由岩体单轴抗压强度与原岩应力最大值的比值确定。这个比值为初步估算支护需求提供了依据（Hoek，1998）。最新研究结果（Hoek and Marinos，2000）概述见图 8.4-1 曲线图及表 8.4-1。

尽管 A 到 E 的分类看似有些随意，但它们是基于非常多的试验。这个关系是相对无支护的隧洞而言，应变定义为 100×隧道闭合度与直径的比值。

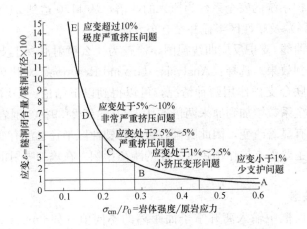

图 8.4-1　挤压地层中掘进与应变的近似关系

掘进与分类近似关系对应表　　　　　　　　　　　　　表 8.4-1

编号	应变 ε%	岩土问题	支护类型
A	小于 1.0	极少的稳定问题,可以使用非常简单的隧洞支护设计方法。基于岩体分类的隧洞支护建议为设计提供足够依据	非常简单的掘进条件,锚杆与喷射混凝土典型地用于支护
B	1.0～2.5	收敛约束法用于预测围岩中塑性区变形及这个区域累积发展与不同类型支护间的相互作用	较小的挤压问题,通常用锚杆与喷射混凝土进行处理,有时也额外地使用轻型钢拱架或钢格栅增加稳定性
C	2.5～5.0	包含支护单元与掘进顺序的二维有限元分析通常用于分析这类问题。面层不稳定不是主要问题	严重的挤压问题,要求支撑快速安装及施工质量的严格控制。通常要求钢拱架被喷射混凝土覆盖
D	5.0～10.0	隧洞设计由面层稳定性控制,当进行二维有限元分析时,需要估计超前支护与面层加强作用	非常严重的挤压与面层问题。超前支护及利用钢拱架喷射混凝土结合的面层加强通常是必需的
E	大于 10.0	严重的面层稳定性及挤压问题,使得其成为一个非常困难的三维问题,现在仍然没有有效的设计方法。大部分结论基于试验	极端的挤压问题。应用超前支护及面层加强。在某些极端情况下,需要采用缓冲支座

8.5　本 章 小 结

对于输入参数的隧洞需要详细的最终支护设计参数,这需要通过有限元等分析手段。对于一个隧洞来说,RocSupport 虽然不能对最终的支护设计目的作出合适的设计,但是对于隧洞支护的定性分析,RocSupport 可以给出期望的支护设计。虽然如此,本例中隧洞的行为可以得到有价值的观察。

RocSupport 简单易行，可以对不同的输入参数得到对于隧洞作用的变化结果，其功能与特点可总结如下：

（1）软岩中圆形及近圆形隧道分析。

（2）基于 Mohr-Coulomb 及 Hoek-Brown 破坏准则。

（3）绘制地面反作用力和支护反作用力曲线。

（4）内置的图表可获取适当的 Hoek-Brown 破坏准则条件下的计算参数，如 GSI、m_i、sigci 以及预先确定的支护形式。

（5）确定性分析和随机稳定性分析。

（6）输入和输出参数的柱状和累积分布曲线。

（7）一键导出数据和图表至 Excel。

习题与思考题

1. 采用 Flac3D 设计一圆形隧洞（直径 $D=5m$），岩体服从摩尔库伦准则，弹性模量 1GPa，泊松比 0.25，分析不同强度参数（黏聚力与摩擦角）下沿开挖面前后拱顶变形规律？并分析其与本章软件假设条件下计算规律的不同之处。

2. 隧洞开挖过程中如果考虑蠕变效应，则不同时刻施加衬砌，作用在衬砌上的压力有何不同？

第9章 弹塑性有限元分析软件 Phase2 使用

Phase2 是一款功能强大的弹塑性有限元分析软件，用于地下及地表岩土体开挖支护设计分析。对于开挖产生的应力、应变均可进行详细的计算及结果输出。给定安全系数后，Phase2 可以对基坑开挖的支护系统进行优化从而降低支护成本。另外，Phase2 还可用有限元强度折减法进行边坡稳定分析等。

9.1 软件使用基本流程

首先快速了解 Phase2 使用流程，熟悉模型文件的创建及用 Phase2 进行数值分析的流程与各类工程问题求解。

9.1.1 操作界面

双击安装目录下的 Phase2 图标或通过开始→程序→Rocscience→Phase2.exe 来启动 Phase2。将 Phase2 运行窗口最大化，模型将布满整个屏幕。当 Phase2 建模程序运行时，一个新的空白文档已经自动打开，开始建模。其操作界面如图 9.1-1 所示，由操作窗口、下拉菜单、快捷键和输入栏构成。使用时可通过在操作窗口内鼠标的操作，也可在输入栏中进行数据输入。既可采用下拉菜单，也可采用快捷键执行相关功能。

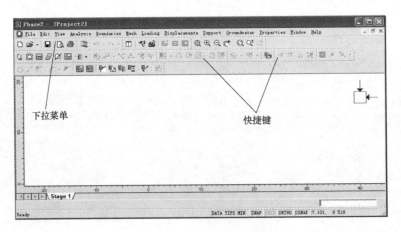

图 9.1-1　Phase2 操作界面

9.1.2 基本设置

方案设置对话框用来设定 phase2 模型的主要分析参数。点击图标或者选择菜单：Analysis→Project Settings（见图 9.1-2）。

在该对话框中，选择分析类型（平面应变和轴对称）、stage 数目、求解类型、荷载数目和地下水处理方式等。选择菜单：View→limits，弹出如图 9.1-3 所示操作域范围对话框，可以设置操作域显示区域。如果需要通过鼠标在界面捕捉进行建模，可以打开 View→grid setting，设置格栅点，然后通过 View→snap 进行捕捉点类型设置即可。

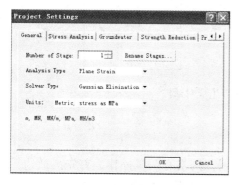

图 9.1-2　分析参数设置对话框

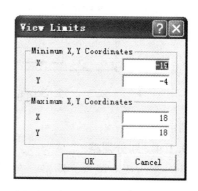

图 9.1-3　操作域显示范围对话框

9.1.3　输入边界

（1）开挖边界

选择菜单：Boundaries→Add Excavation 或者点击图标 。在屏幕右下方的提示栏中输入坐标。

注意：不管是输入坐标值还是单字母命令（例如，"a" 代表画圆弧，输入时注意观察提示），x 与 y 坐标间用空格隔开（其他符号如逗号会导致输入中断），在每一行末端按Enter 键以确认输入。在最后提示行输入 "c"，开挖区域闭合。另外注意在 Phase2 中，圆弧实际上由一系列直线段组成。右击鼠标出现的菜单里也含有画弧选项和其他一些有用的快捷键。

例如按照如图 9.1-4 输入，则可生成一个城门洞型隧洞的轮廓。

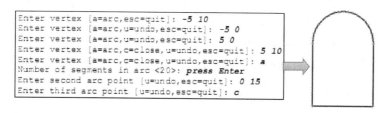

图 9.1-4　城门洞隧洞轮廓输入

选择 Zoom All（或按 F2 功能键）将开挖区域置于屏幕中心，接着创建外部边界。

（2）外部边界

在 Phase2 中，外部边界可以自动生成也可以自定义。此处采用自动生成选项。选择菜单：Boundaries→Add Externa。弹出 Create External Boundary 对话框，运用默认设置Boundary Type＝Box 和 Expansion Factor ＝ 3，单击 OK 按钮，自动生成外部边界（见图 9.1-5）。

其中边界类型可选择为圆形（circle）、矩形（Box）、外壳（Hull）或自定义等。扩展因子默认值 3.0，可视情况调整，但为保证计算结果不受边界约束影响，该值不

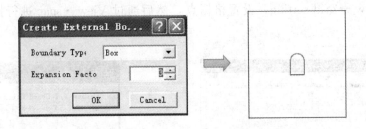

图 9.1-5　自动外边界生成对话框

应太小。

9.1.4　划分网格

下一步生成有限单元网格。在 Phase2 中，划分网格有两步操作。首先离散边界，然后划分网格。在划分网格之前可以设定各种网格划分参数。尽量不改变 Mesh Setup 选项，使用默认参数即可，在这里首先设定网格划分参数。

其中网格类型可控制网格尺寸在空间上的变化。如选择均匀网格则各处网格尺寸相同；选择梯度变化则自隧洞向边界逐渐过渡。单元类型可选 3 节点或 6 节点三角形、4 节点或 8 节点四边形，此处输入 Default Number of Nodes on All Excavation＝60，单击OK 按钮。

现在进行边界离散，选择菜单：Mesh→Discretize。离散化边界（含有红色十字叉的边界）为有限元网格划分搭建框架。注意状态栏中显示的离散化信息表明了各边界类型离散化的实际数量。

注意：在 Mesh Setup 对话框中输入 60，但开挖边界离散数目是 59。这是正确的，因为基于离散化过程的本质，输入的数据和离散的实际数据不一定相同。如果对目前的离散化设置不满意，可以使用 Custom Discretize（ ）选项，或者使用 Mesh Setup 对话框中的 Advanced Discretization 选项进行修改。

选择工具栏上 Mesh 选项或者 Mesh 菜单来划分有限元网格。选择菜单：Mesh→Mesh或者点击图标 。无需其余的操作，即生成有限元网格。完成后，状态栏左下角显示生成的单元和节点数目（见图 9.1-6 和图 9.1-7）。

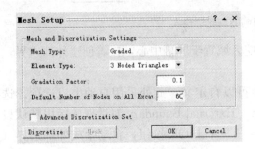

图 9.1-6　网格划分控制对话框

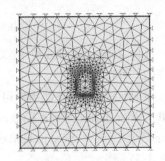

图 9.1-7　网格模型

注意：选择 Discretize and Mesh 选项可以同时完成离散化和网格划分。

9.1.5 边界条件

为了说明边界设置，无需指定边界条件，采用默认的边界条件即可。默认边界条件为外部边界＝固定边界（即零位移）。地应力决定开挖之前的初始应力状态。在 Phase2 中，既可以定义恒定的地应力也可以定义有梯度的地应力。此处仅使用恒定地应力来说明模型计算。选择菜单：Loading→Field Stress 或者点击图标，弹出如图 9.1-8 所示对话框，在此对话框中输入 Sigma1＝20，Angle＝30，单击 OK 按钮。

注意屏幕右上角的小应力块显示输入平面主应力数据的大小和方向。注意在 Phase2 中的恒定地应力角度的定义是从水平轴线开始逆时针方向至 Sigma 1 的角度。

9.1.6 材料属性

（1）定义材料类型

定义材料属性。选择菜单：Properties→Define Materials，选择第一个标签，按图 9.1-9 输入属性。在该对话框中，可以修改材料的名称、材料显示颜色、弹性（各向同性、各向异性）参数、强度参数等。如图 9.1-9 所示输入 Name＝rock mass，cohesion＝12MPa，单击 OK 按钮。选择第一个标签（Material 1）输入材料属性后，由于只有一种材料，因此不必为模型指定其他材料属性。

Phase2 默认材料属性为 Material 1 的属性。若选用 Material 2、Material 3、Material 4 标签定义材料属性（例如多种材料模型），需要用 Assign 选项指定模型的材料属性。

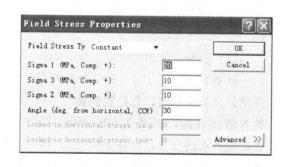

图 9.1-8　地应力施加对话框

图 9.1-9　定义材料参数对话框

（2）定义开挖

采用 phase2 可以非常方便地实现开挖，它可用 Assign Properties 选项在开挖边界内部进行开挖设置。选择菜单：Properties→Assign Properties 或者点击图标，会弹出左侧空白处所示的 Assign（指定材料属性）对话框（见图 9.1-10）。

接下来单击 Assign 对话框下部的 Excavate 按钮。鼠标指针末端出现小十字形（＋）图标。将十字形图标放于开挖边界内任意位置，单击鼠标左键。开挖边界内的单元消失，意味着边界内的区域已经被挖掉了。

选择 Assign 对话框右上角的×按钮（或连续按两次 Escape 键，一次是退出开挖模式，一次是关闭对话框），对话框关闭，开挖完成。模型应该如图 9.1-10 所示。

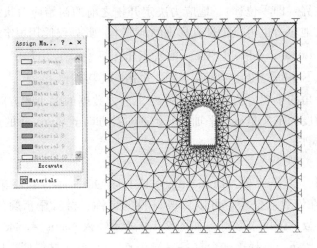

图 9.1-10　开挖设置及开挖模型

注意：也可以用快捷键方式指定材料属性。右击目标区域，弹出的菜单含有 Assign Material 子目录。

此处暂时忽略支护形式等施加。分析模型之前，将模型另存为 quick.fez 格式。（Phase2 文件的后缀名为 .fez）。选择菜单：File→Save 或者点击图标 💾。

9.1.7　计算与结果查看

选择菜单：Analysis→Compute 或者点击图标 ▦。Phase2 计算引擎在分析中继续运行。当计算完成时，就可以在 Interpret 中查看结果。选择菜单：Analysis→Interpret 或者点击图标 ◙，启动 Phase2 的结果分析程序。

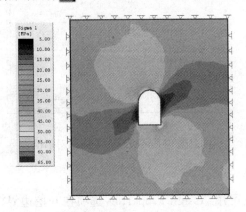

图 9.1-11　第一主应力云图

（1）查看主应力

缺省情况下，Phase2 应力分析后，打开结果分析文件时，总是看到最大主应力 σ_1 的等值线云图，如图 9.1-11 所示。如果需要改变查看的变量，则在工具栏列出的变量下拉菜单中选择，则窗口自动转换到当前变量的云图。

注意最大主应力 σ_1 云图中地应力方向的效应（从水平轴开始 $30°$）。现在放大图像来细看开挖区域附近的应力云图。用 Zoom Excavation 选项能快速地放大开挖区域。选择：View→Zoom→Zoom Excavation 可放大开挖区域进行详细信息查看。另外注意开挖区域左上角和右下角的应力组成。最大主应力 σ_1 出现在右下角的尖角处。

（2）查看应力轨迹

单击 Stress Trajectories 工具栏按钮打开主应力轨迹显示。主应力轨迹线表现为小十字图像，十字图像的长轴沿着平面最大主应力 σ_1 的方向，短轴沿着平面最小主应力 σ_3 的方向，如图 9.1-12 所示。

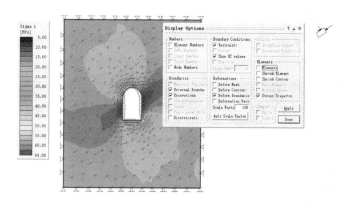

图 9.1-12　通过显示对话框显示主应力方向与变形轮廓图

注意：图片显示可以右键打开 Display Options 选项进行设置。再次单击 Stress Trajectories 工具栏按钮关闭应力轨迹显示。在 Display 选项对话框中也可以打开和关闭应力轨迹显示。放大后想要再次显示整个模型，选择 Zoom All（或者用 F2 键也行）。选择菜单：View→Zoom→Zoom All。

（3）查看强度系数

在工具栏列出的数据中选择 Strength Factor。改变等值线间隔的数目，使云图间隔为整数。选择菜单：View→Contour Options，在 Contour Options 对话框中选择 Custom Range 选项，输入 Number（等值线间隔）＝7，单击 Done 按钮。注意：在默认的右键菜单中也有 Contour Options。可得如图 9.1-13 所示云图。

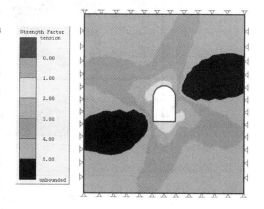

图 9.1-13　强度系数云图

（4）创建查询

查询功能可以显示模型任意位置的等值线数据。右击开挖边界，在弹出的菜单中选择 Query Boundary，在对话框中单击 OK 按钮，开挖边界的查询已经建立（可以看见数据值沿着开挖边界陈列）。再次右击开挖边界，在弹出的菜单中选择 Graph Data。在对话框中选择 Create Plot，将会看见图 9.1-14 所示曲线。

（5）查看位移

在工具栏列表（ Total Displacement ）中选择 Total Displacement。绘出总位移等值线图，左下角状态栏显示出整个模型的最大位移值，约 11mm。再次选择 Zoom

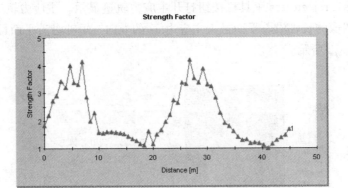

图 9.1-14　开挖边界周围强度系数

Excavation。选择菜单：View→Zoom→Zoom Excavation。

　　如等值线云图所示，最大位移值出现在两侧的开挖边墙上。再显示变形矢量图和开挖边界的变形情况，在工具栏中选择 Deformed Boundaries 和 Deformation Vectors。

　　这些选项形象地展示了开挖边界的变形形状。变形可以通过比例因子进行缩放，也可以在 Display Options 对话框中自定义比例因子。如图 9.1-15 显示，最大变形设置为 8mm。

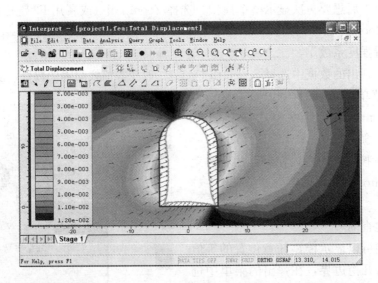

图 9.1-15　位移云图与矢量图

　　右击鼠标，选择 Contour Options。在 Contour Options 对话框中，将 Number（等高线间）设置为 6，选择 Done 按钮。

　　选择菜单：Tools→Add Tool→Label Contour。屏幕上将出现一个十字光标。在等高线上任意位置左击鼠标，点击处出现等高线标注值。当模型上添加了等高线标注后，右键点击任意标注值，可将标注值由科学计数法修改为浮点实数。则得图像如图 9.1-16 所示。添加完毕后，按 Esc 或右击鼠标选择 Cancel 按钮。

　　当然，也可在 Contour Options 对话框中将显示图形修改为等值线图（默认是云图），则可显示等值线图（见图 9.1-17）。另外 Phase2 的 Interpret（![icon]）还可方便地进行数据查询、制图和出图功能。

至此，Phase2 基本计算流程已经熟悉，但在复杂模型的处理方面，还需要进一步细化分析。

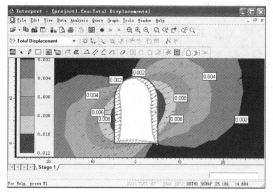

图 9.1-16　等值线云图与标注

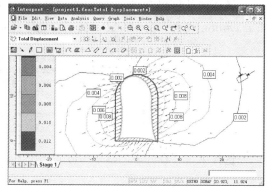

图 9.1-17　等值线与标注

9.2　复杂材料和荷载步设置实例

介绍 Phase2 中多种材料和荷载步的用法。采用模型：矿体中与围岩不同材料属性的长条形采矿场。模型共由四个荷载步组成：在前三个荷载步中开挖采矿体，在第四个荷载步中回填。同时，从辅助洞向临空面安装支护（锚索）。

9.2.1　基本设置

建立多荷载步模型时，首先必须在 Project Settings 中设置 Number of Stages，因为该设置影响到后续建模选项。也就是说，建模的一些选项在单荷载步（Number of Stages＝1）和多荷载步（Number of Stages→1）情况下表现不同。

选择菜单：Analysis→Project Settings。在 Project Settings 对话框中 General 标签下输入 Number of Stages＝4。选择 Stress Analysis 标签，输入 Tolerance＝0.01，如图 9.2-

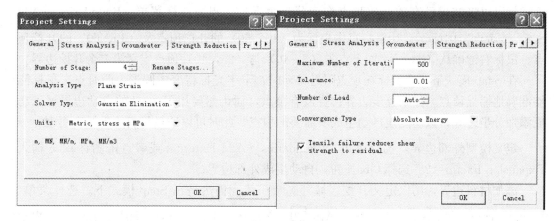

图 9.2-1　模型基本设置

1 所示。再选择 Project name，输入工程名称"Materials & Staging Tutorial"。分析时为了节约时间，本例中将容差设置为 0.01。容差控制塑性迭代进行的程度，进而控制最终结果的精度。

9.2.2 输入边界

首先用开挖边界输入采矿场和 3 个辅助洞几何边界。选择菜单：Boundaries→Add Excavation 或者点击图标 ，然后在右下角命令输入窗口下依次输入：

```
Enter vertex [a=arc,esc=quit]: 35 80
Enter vertex [a=arc,u=undo,esc=quit]: 15 80
Enter vertex [a=arc,u=undo,esc=quit]: 10 60
Enter vertex [a=arc,c=close,u=undo,esc=quit]: 5 40
Enter vertex [a=arc,c=close,u=undo,esc=quit]: 0 20
Enter vertex [a=arc,c=close,u=undo,esc=quit]:20 20
Enter vertex [a=arc,c=close,u=undo,esc=quit]:25 40
Enter vertex [a=arc,c=close,u=undo,esc=quit]:30 60
Enter vertex [a=arc,c=close,u=undo,esc=quit]: c
```

选择菜单：Boundaries→Add Excavation。

```
Enter vertex [a=arc,esc=quit]: 0 80
Enter vertex [a=arc,u=undo,esc=quit]: -2.5 80
Enter vertex [a=arc,u=undo,esc=quit]: -2.5 77.5
Enter vertex [a=arc,c=close,u=undo,esc=qui]:0 77.5
Enter vertex [a=arc,c=close,u=undo,esc=quit]: c
```

选择菜单：Boundaries→Add Excavation。

```
Enter vertex [a=arc,esc=quit]: -5 60
Enter vertex [a=arc,u=undo,esc=quit]: -7.5 60
Enter vertex [a=arc,u=undo,esc=quit]: -7.5 57.5
Enter vertex [a=arc,c=clos,u=undo,esc=qui]:-5 57.5
Enter vertex [a=arc,c=close,u=undo,esc=quit]: c
```

选择菜单：Boundaries→Add Excavation。

```
Enter vertex [a=arc,esc=quit]: -10 40
Enter vertex [a=arc,u=undo,esc=quit]: -12.5 40
Enter vertex [a=arc,u=undo,esc=quit]: -12.5 37.5
Enter vertex [a=arc,c=clos,u=und,esc=qui]:-10 37.5
Enter vertex [a=arc,c=close,u=undo,esc=quit]: c
```

将生成一个开挖区域及三个辅助洞。添加两个范围边界，将采矿场分成 3 个阶段开挖。定义内部开挖边界时可以在开挖范围内部使用 Stage boundaries。

在开始前，从 View 下拉菜单将捕捉（snap）定义为顶点，确认 Snap 选项已激活，这样就可以将捕捉已有的开挖顶点作为分步边界的顶点。选择菜单：Boundaries→Add Stage 或者点击图标 。用鼠标点击坐标为（10，60）的开挖顶点及（30，60）的开挖顶点，鼠标右键确认（done）。同上点击（5，40）与（25，40）顶点定义第二个开挖边界。

在 Snap 模式下，当鼠标在顶点附近移动时，十字光标将变成圆形。此时点击鼠标能够准确地捕捉顶点。如果分步边界位置没有顶点，而仍然要用 Phase2 的自动边界插入功能添加分步边界，该功能能自动生成所需的顶点，此时可以通过材料边界线来实现。

定义模型外部边界，选择菜单：Boundaries→Add External 或者点击图标 ，输入 Expansion Factor=2。选择 OK 按钮，自动生成外部边界。

添加材料边界，用以定义开挖区域外剩余矿体。仍然是在 Snap 模式下。选择菜单：Boundaries→Add Material 或者点击图标 。鼠标选择坐标为（15，80）开挖顶点，提示行中输入坐标（40，180），按 Enter 键；鼠标选择坐标为（35，80）开挖顶点，提示行中输入坐标（60，180），按 Enter 键；鼠标选择坐标为（0，20）开挖顶点，提示行中输入坐标（-25，-80），按 Enter 键；鼠标选择坐标为（20，20）开挖顶点，提示行中输入坐标（-5，80），按 Enter 键。则几何边界模型如图9.2-2所示。

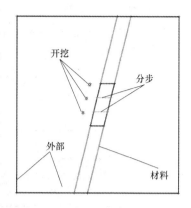

图9.2-2　边界划分

已经添加了四条材料边界，描述了开挖区域延伸至矿体的上下边界。严格来讲，四条材料边界线第二个输入点在边界之外。Phase2 自动用外边界分割这些材料边界线并生成相应的顶点。Phase2 的这个功能叫做自动边界分割。当不知道准确的分割点坐标或者没有事先定义好新的边界与已有边界相交处的顶点时该功能很有用。已知材料边界的斜率，但不知道材料边界与外部边界的交点坐标，所以只需选择边界外一点，Phase2 自动计算准确的交点坐标。

模型的边界都已经定义好，现在开始划分网格。

9.2.3　网格划分与锚杆设置

此处采用默认的 Mesh Setup 参数。因为无需定制边界的离散化参数，所以运用 Discretize and Mesh 选项自动离散边界并划分网格。选择：Mesh→Discretize 或者点击图标 🔲。选择 Mesh→Mesh 或者点击图标 ⬛ 划分网格，状态栏显示划分网格后的单元数和节点数。如果网格划分较好，则可继续建模。对本例而言，无需指定边界条件。使用默认的边界条件即可，默认的边界条件为外部边界＝固定边界（即零位移）。

现在尝试从辅助洞打锚杆对采矿场的临空面进行锚杆支护。在已知锚杆坐标条件下，可通过 Support 下拉菜单 add spot bolt 选项输入坐标。也可从 AUTOCAD 的 DXF 文件中导入锚杆几何条件，此处采用第二种方法。

选择菜单：File→Import→Import DXF。在 DXF Options 对话框中仅勾选 Bolts，单击 Import。按钮在打开对话框前，打开 Phase2 安装目录下 Examples 中 bolts.dxf 文件。则从辅助洞至临空面施加了12根锚杆（蓝色粗线）。

为了更清楚地看见锚杆，选择菜单：View→Zoom→Zoom Excavation。完成后，按 F2 将屏幕最大化。

在此采用恒定地应力。选择菜单：Loading→Field Stress。在 Field Stress 对话框中输入恒定地应力值 Sigma 1＝30MPa，Sigma 3＝Sigma Z＝ 20 MPa，Angle＝0。单击 OK 按钮。

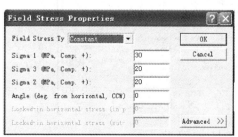

图9.2-3　地应力输入

注意屏幕右上角的小应力块显示出输入平面主应力数据的大小和方向。本例中角度为0，因此 σ_1 是水平的（见图9.2-3）。

9.2.4　材料属性设置

首先定义材料属性（岩石、矿石和回填材料）和锚杆属性。接着为模型单元指定属性和分步顺序。

（1）定义材料属性

选择菜单：Properties→Define Materials，选择 Define Material Properties 对话框中顶部第一个标签，输入岩石属性（见图9.2-4）。

选择第二个标签并输入矿石。选择第三个标签，输入回填材料属性。定义完后单击OK键（见图9.2-5）。

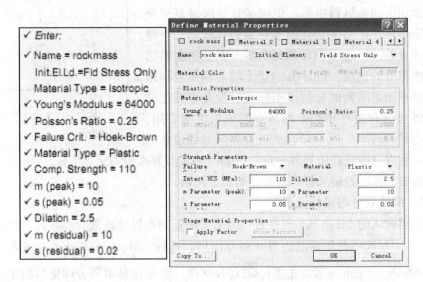

图9.2-4　定义岩石材料属性对话框

注意赋给矿石和回填材料的属性。矿石的刚度和强度远远小于岩石的刚度和强度。回填材料的刚度和强度值很小。另外，将回填材料的 Initial Element Loading 勾选为 Body Force Only-回填材料初始单元荷载的应力组成应该始终为0。Body Force Only 意味着初始单元荷载等于自身重力（见图9.2-5）。

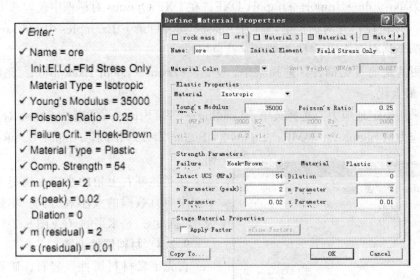

图9.2-5　定义矿物材料属性对话框

定义好材料属性后单击 OK 键关闭 Define Material Properties 对话框，现在定义锚杆属性（见图 9.2-6）。

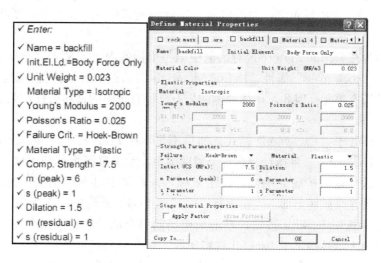

图 9.2-6 定义回填材料属性对话框

（2）定义锚杆属性

选择菜单：Properties＞Define Bolts。在第一个标签中输入锚杆属性，单击 OK 键。放大辅助洞，会发现每根锚杆的高端末尾出现划线平台。按 F2 使窗口最大化。现在已经定义好了所有需要的材料属性和锚杆属性。由于只有一类锚杆类型，所有锚杆均默认值。如果存在多类锚索，则在 Properties＞Assign Properties 指定。

现在进行模型的最后一道程序，指定材料属性和各荷载步的顺序（见图 9.2-7）。

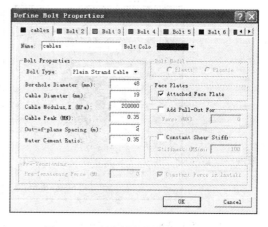

图 9.2-7 定义锚杆材料属性对话框

（3）荷载步顺序

选择菜单：Properties→Assign Properties。Assign Properties 对话框可以为模型的各种单元指定已定义的材料属性。为了与屏幕左下角的 Stage 标签配合使用，可以指定开挖和支护的顺序。第一步，指定矿石的属性，并开挖采矿场底层和三个辅助洞；第二步，开挖采矿场中部；第三步，开挖采矿场顶部；第四步，回填整个采矿场。然后指定材料 Assign Materials：

1）确认选择了 Stage 1 标签（屏幕左下角）。

2）确认 Assign 对话框中选择了 Materials 选项。

3）在 Assign 对话框中选择 ore 按钮（注意材料名就是定义三种材料时输入的名称，例如 rock mass，ore 和 backfill）。

4）在开挖区域上方和下方的矿体区以及开挖区域上两个部分单击鼠标左键。注意这些单元已经填充了颜色，表明指定了 ore 材料属性。

5）在 Assign 对话框中选择"Excavate"按钮。

6）将鼠标放在采矿场底部，左击鼠标。注意到该部分单元消失了，意味着它们已经被开挖了。

注意：因为在 Define Materials 对话框中第一个标签内已定义了"rock mass"属性，因此不用指定"rock mass"属性。Define Materials 对话框中第一种材料的属性总是自动指定给模型的所有单元。因此，矿体两侧的岩石已经有正确的材料属性，无需再指定材料属性。

现在应该还处于"Excavate"模式。如果不是，在 Properties→Assign Properties 对话框中选中"Excavate"。将指针放在每个辅助洞中，左击鼠标将其开挖掉。选择 Stage 2 标签，将鼠标放置在采矿场的中部，左击鼠标，采矿场中部单元消失；选择 Stage 3 标签，将鼠标放置在采矿场上部，左击鼠标，采矿场上部单元消失；选择 Stage 4 标签，在 Assign 对话框中选中 backfill 按钮；左击采矿场的每个部分，这些部分的单元又再次出现，单元的颜色表示被指定了 backfill 材料属性。现在材料已经指定完毕。从 Stage 1 开始点击每个 Stage 标签，确认每一步的开挖步骤和材料属性是正确的。

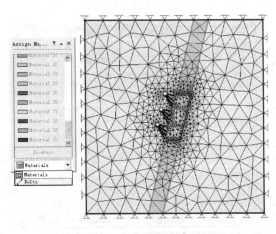

图 9.2-8　锚杆施加顺序设置

（4）给锚杆赋值

必须按照正确的步骤添加锚杆，给锚杆赋值。因为在 Define Bolt Properties 对话框中的第一个 bolt property 标签中定义了锚杆属性，那么无需指定属性（程序自动指定），但是必须指定锚杆安装的荷载步顺序。

1）在 Assign 对话框顶部的下拉菜单中选择 Bolts 选项（见图 9.2-8）。

2）选择 Stage 2 按钮。

3）选择 Assign 对话框中的"Install"按钮。

4）用鼠标点击中间的 4 根锚杆。右击鼠标，选择 Done Selection。

5）选择 Stage 3 标签。

6）用鼠标点击上面的 4 根锚杆。右击鼠标，选择 Done Selection。以上是安装锚杆的所有操作，现在每一步的锚杆已经正确安装。检验一下输入结果：在某一荷载步中，还未安装的锚杆显示为浅色。

7）选择 Stage 1 标签，仅安装了下面一组 4 根锚杆。

8）选择 Stage 2 标签，已安装了下面和中间两组锚杆。

9）选择 Stage 3 标签，12 根锚杆安装完毕。

现在建模已经完成，模型应该如图 9.2-9 所示。

9.2.5　计算与分析

在分析模型之前，将文件另存为 matstg. fez 格式。选择菜单：File→Save。用 Save

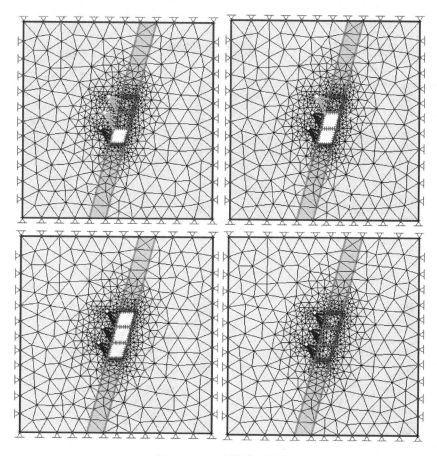

图 9.2-9　建好的模型图

As 对话框保存文件。选择菜单：Analysis Compute 或者点击图标 ▦ 。Phase2 计算引擎在分析中继续运行。因为采用塑性材料和锚杆，分析的时间会长一点，这取决于计算机的运行速度。计算完可以在 Interpret 或者点击图标 ◨ 中查看结果。

（1）查看荷载步变化

当在 Interpret 中打开一个多荷载步模型时，默认情况下总是显示第一荷载步的结果。在 Phase2 中查看各荷载步的结果就是选择屏幕左下角的目标荷载步的标签。首先放大图形。选择菜单：View→Zoom→Zoom Excavation。在工具栏勾选主应力轨迹图按钮（ ⚘ ），并打开云图＋等值线显示模式。再次点击 Stage1、2、3 和 4 标签，可观察开挖区域附近的应力轨迹趋势（见图 9.2-10）。

通过如图 9.2-11 工具栏中央的下拉菜单，可方便地实现各主应力、变形、应变等参量的显示。

想要在同一个屏幕比较不同荷载步的结果，可以按以下步骤操作：

1）点击 Window→New Window 两次，创建两个新的窗口。

2）选择工具栏中 Tile Vertically 按钮，将 3 个窗口垂直布置。

3）在每个窗口中选中 Zoom Excavation。

4）在左边窗口中选择 Stage 1 标签，在中间窗口中选择 Stage 2 标签，在右边窗口中

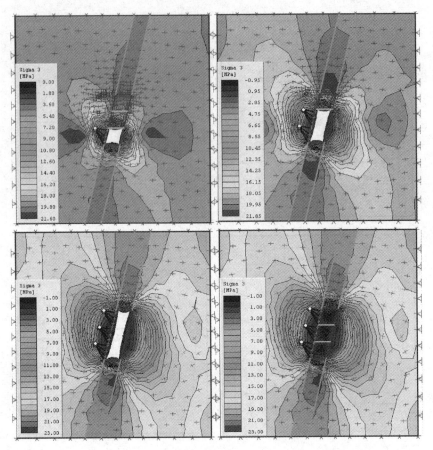

图 9.2-10　各荷载步第三主应力变化

图 9.2-11　显示变量转化

选择 Stage 3 标签。

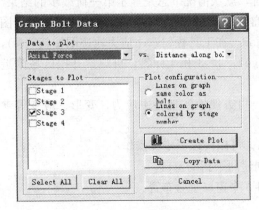

图 9.2-12　锚杆显示对话框

5）在每个窗口中显示应力轨迹图。

6）隐藏中间窗口和右边窗口的图例（通过 View→Legend 选项或在图例上右击鼠标，选择 Hide Legend）。

7）在任一窗口中右击鼠标并选择 select Contour 选项，点击每个窗口，选择 Auto-Range（all stages）。确保所有的荷载步使用相同的等值线量程，关闭 Contour Options 对话框。

下面来看下锚杆的特性变化。选择菜单：Graph→Graph Bolt Data 或者点击图标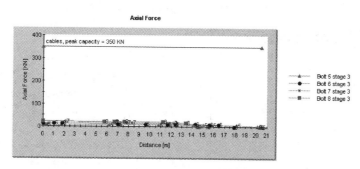。

用鼠标选中四根锚杆后（被选中的锚杆显示为高亮的虚线），右击鼠标，在弹出的菜单中选择 Graph Selected，见图 9.2-12 对话框；在 Graph Bolt Data 对话框中，选择 Lines on graph same color as bolt 选项，单击 Create Plot 按钮，生成被选中的锚杆的轴力图。

重复以上步骤分别生成关于中间一组锚杆和上面一组锚杆的轴力图。现在将生成的图形垂直向平行排列，这样就可以在一个屏幕上看见所有的图。选择菜单：Window→Tile Vertically。

在辅助洞内，带有划线平台的一端是曲线起始端。当在两个开挖区域添加带有划线平台的锚杆时，要注意使用 Add Bolt 选项或导入 DXF 文件创建锚杆几何形状时每根锚杆的第一个点必须是带有划线平台端的端点。如图 9.2-13 所示，一条水平线代表了锚杆的峰值强度（0.1MN）。图中所有锚杆的内力值都在此水平线之下，表明锚杆没有达到屈服强度。

图 9.2-13　锚杆轴力变化规律

9.3　有限元地下水渗流分析实例

9.3.1　模型描述

Phase2 可以完成有限元地下水渗流分析，包括饱和/非饱和，稳定流条件等。完成地下水渗流分析后，在 Phase2 应力分析计算等效应力时自动采用渗流分析结果（孔隙压力）。Phase2 中渗流分析功能可以用作一个独立于 Phase2 的应力分析功能的地下水程序。

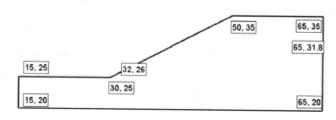

图 9.3-1　边坡几何模型控制点坐标

（1）方案设置

在 Project setting 对话框中点击 Groundwater 标签，选择地下水考虑方法（见图 9.3-2）。

（2）模型构建

模型仅需要一个外部边界来描述几何形状。从 Boundary 菜单中选择 Add External 选项，按照逆时针顺序在屏幕右下方的提示栏中依次输入如图 9.3-1 所示坐标。最后一个提示中输入 c，自动封闭边界并退出 Add External Boundary 选项。在工具栏上选择 Zoom All 或按 F2 功能键将模型置于窗口的中心。

（3）划分网格

选择 Mesh 菜单中的 Mesh Setup 选项。将 Mesh Type 设置为 Uniform。使用默认的 element type（3 Noded Triangles）和 Approximate number of mesh elements（1500）。单击 Discretize 按钮，再单击 Mesh 按钮。

9.3.2 水力学边界条件

从工具栏 Groundwater 菜单中选择 Set Boundary Conditions 选项。将出现 Set Boundary Conditions 对话框，通过此对话框可以为地下水分析定义水力学边界条件（见图 9.3-3）。注意定义地下水边界条件时，应力分析边界自动隐藏。

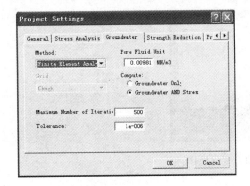

图 9.3-2　地下水计算基本设置对话框

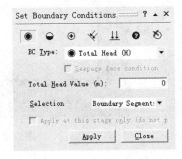

图 9.3-3　水力边界设置对话框

首先定义 Total Head（总水头）边界条件：

（1）如图 9.3-4 所示，在 Set Boundary Conditions 对话框中，将 BC Type 设置为 Total Head。

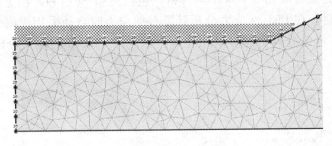

图 9.3-4　施加总水头边界条件

（2）输入 Total Head Value（m）＝26。同时，确保将 Selection 设置为 Boundary Segments。

（3）用鼠标点击所需要的边界线段。

（4）点击下图所示的三条外部边界线段。（即外部边界的左边界和坡脚的两条线段）。

（5）选择线段以后，右击鼠标选择 Done Selection。这些线段上就添加了总水头为 26m 的边界条件。

（6）在对话框中输入 Total Head Value（m）=31.8，选择右边界下面一条边。右击鼠标，选择 Done Selection。

总水头边界条件代表了模型左侧地下水水位是 26m，模型右侧地下水水位是 31.8m。

（7）由于坡顶及斜坡水力条件是待定的，需要给斜坡的上面两条线段指定 Unknown（P=0 or Q=0）边界条件，在 Set Boundary Conditions 对话框中，设置 BC Type 为 Unknown（P=0 or Q=0）。

（8）如图 9.3-5 所示，选择斜坡上部的两条线段。右击鼠标，选择 Done Selection。必要的水力学边界条件定义完毕。

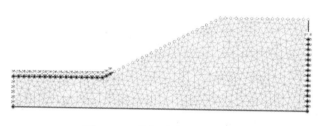

图 9.3-5　施加总水头边界条件

9.3.3　应力分析边界条件

在很多情况下，既要分析地下水情况也要分析应力情况，因为前面在 Groundwater 下拉菜单中选中了 Set Boundary Conditions 后，应力分析边界条件自动隐藏。

（1）约束条件

从工具栏或者 Groundwater 菜单中选择 Show Boundary Conditions 选项（　），重新显示应力分析边界条件。注意可以选择 Show Boundary Conditions 选项来转换应力分析边界条件和地下水边界条件。

现在图形中显示了应力分析边界条件（外部边界在 X 方向和 Y 方向均被固定）。因此首先需要解除代表外部边界边坡表面线段的约束。首先从工具栏或者 Displacements 菜单中选择 Free 选项。然后选择定义边坡地表的四条线段。右击鼠标，选择 Done Selection。

现在边坡表面无约束。然而上一步操作也解除了模型左上角和右上角顶点的约束条件。因为这两点所在的边界是被固定的，所以要确保这两顶点也被固定。可以通过右击快捷方式指定边界条件：

1）直接右击坐标为（15，25）的顶点。从弹出的菜单中选择 Restrain X，Y 选项。

2）直接右击坐标为（65，35）的顶点。从弹出的菜单中选择 Restrain X，Y 选项。

现在已正确添加了约束边界条件。

（2）静水条件

定义含有水体的 Phase2 模型完成地下水渗流分析和应力分析。这需要通过给模型添加静水分布荷载来定义静水的重量。总水头边界条件：定义了水力学边界条件但没有定义静水压力。反过来说，静水分布荷载也没有定义地下水分析所需的总水头边界条件。可以按下述方法定义静水荷载：

1）从工具栏或者 Loading→Distributed Loads→子菜单中选择 Add Ponded Water Load 选项。

2）会看见 Add Ponded Water Load 对话框。输入 Total Head（m）＝26，单击 OK 按钮。

3）选择点（15，25）到点（30，25）之间的边坡线段以及点（30，25）到点（32，26）之间的边坡线段。右击鼠标并选择 Done Selection。

4）模型上就添加了静水压力，表现为垂直于选择的边界线段的蓝色箭头。如图9.3-6 所示。注意在对话框中设定的总水头值、线段高程值以及水的单位重量后，将自动确定荷载的大小。

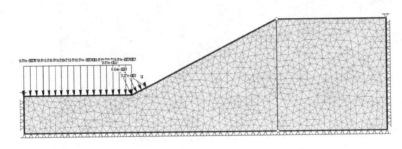

图 9.3-6　施加静水荷载后的模型

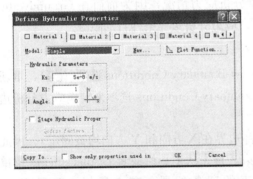

图 9.3-7　水力学参数设置对话框

（3）地应力

表面模型通常需要用重力地应力场，从 Loading 菜单中选择 Field Stress 选项，将 Field Stress 设置为 Gravity，勾选 Use Actual Ground Surface。单击 OK 按钮。

从工具栏或者 Properties 菜单中选择 Define Hydraulic 选项。

如图 9.3-7 所示，在 Define Hydraulic Properties 对话框中输入 saturated permeability（饱和渗透率）Ks＝5e-8。选择 OK 按钮。

注意：因为该例是单一材料模型，而且选择第一个（默认的）标签定义材料属性，无需给模型指定材料属性。程序自动分配材料属性。此处只关心地下水分析，只使用Define Material Properties 对话框中默认的材料强度和刚度。

9.3.4　出流断面

出流断面可以计算指定线段的恒定流水流速度。现在给模型添加出流断面：首先从工具栏或者 Groundwater 菜单中选择 Add Discharge Section 选项。然后右击鼠标，确保打开了 Snap 选项（选择框紧挨着每个选项）。再点击坐标为（50，35）的边坡顶点和外部边界底边上坐标为（50，20）的点，在边坡顶部和模型底边之间创建一条垂直的出流断面。最后保存模型。从工具栏上选择 Save，用 Save As 对话框保存文件。启动分析，计算地下水渗流问题，有两个选择：

（1）仅计算地下水

如果只计算地下水，而不计算应力，只需选择 Compute（Groundwater Only）工具按钮（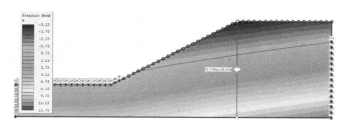）。在进行应力分析前检查地下水结果时或者不进行应力分析时，这一工具很有用。

（2）计算地下水和应力

如果选择总的计算，那么首先计算地下水渗流，再进行应力计算。应力计算时考虑地下水分析得到的孔隙压力。此处选择总的计算选项，将得到地下水和应力分析结果。

9.3.5 结果分析

选择菜单：Analysis→Interpret 或者点击图标，对结果进行分析。

（1）地下水水头线

在默认情况下，如果模型中包含有限元地下水渗流分析，那么在 Interpret 程序中会看见模型的压力水头等值线图。窗口左上方的图例显示等值线图的量值。可以通过 Contour Options 对话框改变等值线图的显示，可以从工具栏、View 菜单或右击菜单中打开对话框（见图 9.3-8）。

注意默认状态下，图中也显示了地下水边界条件（总水头等）。

图 9.3-8　地下水水头线

技巧：在 Display Options 对话框中可以关闭总水头值的显示（选择 Groundwater 按钮，不勾选 Show BC Values）。也可以通过工具栏的快捷方式实现。

（2）出流断面

出流断面（垂直的绿色线段）显示了垂直于出流断面所在平面方向的恒定水流速。在箭头所示方向上，穿过出流断面的水流速率大约为（8e-8）m^3/s（见图 9.3-9）。

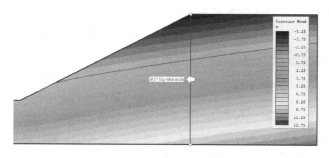

图 9.3.9　穿过出流断面的流体

在工具栏或者 Display Options 对话框中可以打开或关闭出流断面的显示。也可以通过快捷方式实现。右击出流断面，从弹出的对话框中选择 Hide All Discharge Sections，不显示出流断面。

（3）压力水头 0 线

由图 9.3-8 可见，模型上有一条粉红色的线。这条线突出显示了压力水头为 0 的边界线位置。地下水位可以通过压力水头为 0 的等值线边界位置定义。因此，对于这样的边坡，从有限元分析得到的这条线代表了地下水水位线（地下水表面）。地下水水位线的显示可以通过工具栏快捷方式、Display Options 对话框或者右击地下水水位线，选择 Hide Water Table，打开或关闭。

注意在地下水水位线以上的压力水头等值线的值为负值。在地下水水位线以上的负的压力水头通常叫做不饱和区域的"基质吸力"（matric suction）。

（4）水流矢量

右击鼠标选择 Display Options。选择 Groundwater 标签，打开 Flow Vectors 选项。关闭 Boundary Condition 选项，单击 Done 按钮。另外工具栏上的快捷按钮也可以打开或关闭水流矢量和其他的显示选项（见图 9.3-10）。

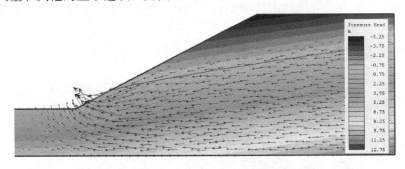

图 9.3-10　总水头云图与水流矢量图

注意：屏幕上显示的水流矢量相对大小和水流流速的大小一致。这可以通过工具栏下拉菜单选择 Total Discharge Velocity 等值线图来验证。水流矢量的尺寸可以在 Display Options 对话框中进行缩放。

再次点击工具栏上的水流矢量选项（⚡），不显示水流矢量。

（5）流程线

再次选择总水头等值线。流程线既可以用 Add Flow Line 选项单独添加，也可用 Add Multiple Flow Lines 选项自动添加多条流程线。

1）从工具栏或者 Groundwater 菜单中选择 Add Multiple Flow Lines。

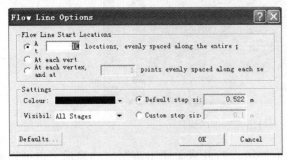

图 9.3-11　流程线添加对话框

2）确保状态栏的 Snap 选项打开。如果没有打开，右击鼠标，从弹出的菜单中打开 Snap 选项或者在状态栏中点击 Snap。

3）用鼠标点击外部边界的右上角即坐标为（65，35）的顶点。

4）用鼠标点击外部边界的右下角即坐标为（65，20）的顶点。右击鼠标，选择 Done 按钮。

5）将会看见一对话框，如图 9.3-11 所示，在空白处输入 10，单击 OK 按钮。得如图 9.3-12所示总水头线和流程线图。

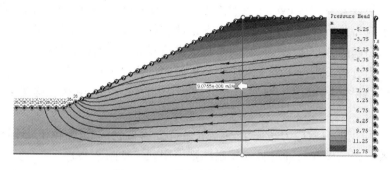

图 9.3-12 总水头线和流程线图

（6）查询结果

接下来添加一个查询结果来画出沿着垂直剖面的压力水头。查询由一条从边坡顶部顶点到外部边界底部的垂直线段组成。具体步骤如下：

1）从工具栏或者 Query 菜单中选择 Add Material Query。

2）Snap 选项仍然是打开的。单击边坡顶部坐标为（50，35）的顶点。

3）在提示栏中输入坐标值（50，20）作为第二个点（如果打开了 Ortho 选项，可以在图形中点击该点）。

4）右击鼠标，选择 Done 或者按 Enter 键。将会出现如下的对话框。

5）在空白处输入 20。如果还没有选中的话勾选 Show Queried Values，单击 OK 按钮。

可以看见垂直的线段以及沿着线段在 50 个点处的插值，放大查询结果即可看清数值。

6）可以用工具栏中或者 Graph 菜单中的 Graph Material Queries 选项来绘制出这些数据。绘制单个查询结果的快捷方式就是在查询线上点击右键，从弹出的菜单中选择 Graph Data。点击 Create Plot 按钮，将会生成如图 9.3-13 所示的图形。

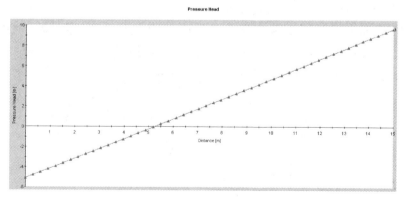

图 9.3-13 沿垂直断面的压力水头剖面图

通过创建查询得到了沿着边坡顶点到边界线底部的垂直线上的压力水头。数据是通过对压力水头等值线插值得到的。注意在地下水水位线以上的负的压力水头（即基质吸力）。

尽管定义该查询时仅用了一条线段。但查询可以是外部边界的内部或外部边界上，由任意数目的线段组成的多段线。

（7）应力查询

通过工具栏或者 Groundwater 菜单点击 Show Boundary conditions 选项隐藏地下水边界条件，显示应力分析边界条件。应力边界条件包括外部边界上的固定 X 方向和 Y 方向的约束和静水引起的分布荷载（显示为垂直于边坡底部边界的蓝色箭头）。

进行了应力分析又进行了地下水渗流分析后通过选择工具栏上下拉列表的数据类型可以绘制出分析结果的数据图。例如，可以选择绘制主应力、位移、强度系数和有效应力等。

Phase2 中得出的有效应力考虑了地下水渗流分析得到的孔隙压力。计算强度系数和屈服时，有效应力结果在每种材料的屈服准则中用到（见图 9.3-14）。

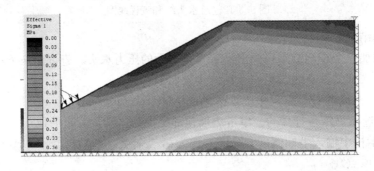

图 9.3-14　有效大主应力

9.4　挡土墙分析实例

9.4.1　模型描述

利用 Phase2 来模拟水泥土挡土墙的施加过程。挡土墙用来抵挡回填土的压力和池中的水压力。在挡土墙和土层间设置接缝单元。

模型图如图 9.4-1 所示，该模型分四步建立：①使地基土层完成沉降；②增加回填层和挡土墙；③增加水体；④在回填层顶部增加另一层回填层。

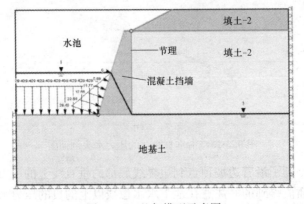

图 9.4-1　几何模型示意图

从导入一个已经定义好几何、材料和边界条件的文件开始，运行程序Phase2。选择 File→Open，从 Phase2 安装文件夹"Examples＞Tutorials"中选择"Tutorial 16 boundaries. fez"文件，即可看到初始的几何模型，该模型共设置了 4 个 stage。当然该几何建模也可利用如图 9.4-2 所示控制点坐标，进行外部边界输入、材料边界输入和 stage 边界输入获得。利用前述基本方法很容易实现，在此忽略。

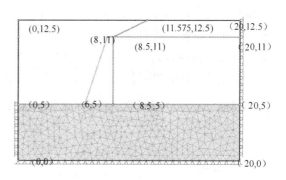

图 9.4-2　导入的数值模型图

模型的第一步中仅有地基土层；第二步中为挡土墙和回填层的施加；第三部为蓄水；第四步施加另一回填层。另外在挡土墙和回填层间施加一层接触缝，在挡土墙左侧施加水压力。各岩土层参数描述如下：

（1）地基土：各向同性，弹塑性材料，摩尔库伦准则，杨氏模量 800000kPa，泊松比 0.2，$c＝5$kPa，$\varphi＝35°$，重度 27kN/m^3，需考虑应力场＋体力；（2）混凝土：各向同性，弹性模型，摩尔库伦准则，杨氏模量 25000000kPa，泊松比 0.2，$c＝10.5$kPa，$\varphi＝35°$，重度 24kN/m^3，只考虑体力；（3）填土 1：各向同性，弹塑性模型，摩尔库伦准则，杨氏模量 70000kPa，泊松比 0.2，$c＝0.0$kPa，$\varphi＝40°$，重度 20kN/m^3，只考虑体力；（4）填土 2：各向同性，弹塑性模型，摩尔库伦准则，杨氏模量 50000kPa，泊松比 0.2，$c＝0.0$kPa，$\varphi＝35°$，重度 20kN/m^3，只考虑体力。

9.4.2　施加接缝

点击第二步（Stage 2）窗口，选择 Boundaries→Add Joint。如果看到警告提示网格将重新划分，点击 OK 重新划分网格，这时则可以看到 Add Joint 对话框。该缝隙是人造的，将在自由面上开始和结束。Joint End Condition 中选择 Both ends open。注意到自然分缝都是地质分层形成的，可能通常会选择 both ends closed。确保 Install at stage 选择了 2，分缝将被施加在第二步。对话框应如图 9.4-3 所示。

点击 OK 按钮，看到一个光标指针，可以用来选择点组成接缝。使用鼠标选择挡土墙左

图 9.4-3　施加接缝对话框

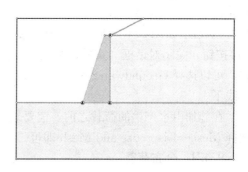

图 9.4-4　挡土墙与土体间的接缝

下角端点（6，5），光标自动指向已经存在的点。如果没有自动指向，单击右键打开 Snap
选项。现在选择底部右侧端点（8.5，5），然后是顶部端点（8.5，11）。单击右键选择
Done。现在应该可以看到一条橙色线代表接缝（见图 9.4-4）。

接缝端点开口的圆圈表示两个端点是打开的。如果查看其他几个步骤，可以发现第一
步中接缝是用浅颜色表示的，代表该步中接缝没有被施加。在其余步骤中接缝显示为橙色。

接下来需要设置接缝的属性。选择 Properties→Define Joints。对于 Joint 1，将 criterion 设置为 Mohr-Coulomb。friction angle 设置为 27 degrees，如图 9.4-5 所示。

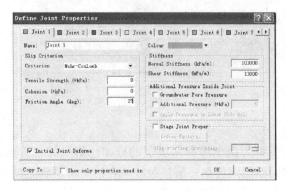

图 9.4-5　接缝参数设置对话框

点击 OK 按钮，关闭对话框。不需要将 Joint 1 属性赋给已经存在的分缝。由于只有一种 Joint 材料，系统默认分缝已经是 Joint 1 材料。

9.4.3　添加压力线

点击第三步（stage3）窗口，在挡土墙左侧施加水压力。为了绘制压力线，首先在挡土墙上水面处添加一个顶点。选择 Boundaries→Edit＞Add Vertices 或者点击 Add Vertices 按钮。因为水有 8m 深，所以输入坐标（7，8），按 Enter 键。再次按 Enter 结束输入点，可以看到在挡土墙左边约中部位置增加了一个新的顶点。

注意：新增加的顶点只是为了后面施加荷载变得简单。

选择 Boundaries→Add Piezometric Line，输入（0，8）作为起点，按 enter 键。点击已创建的点（7，8），点击挡土墙底部右端点（8.5，5），最后点击基础顶部右端点（20，5），按 Enter 结束输入点。

注意：即使挡土墙被认为是不可渗透的，压力线定义仍穿过挡土墙。因此地基土层中毛细压力可以被正确地计算。

水位线建好后，会弹出一个对话框，选择被水压力线影响到的材料。选中 Foundation（地基土）旁边的复选框，单击 OK 按钮。水压力线显示如图 9.4-6 所示。

选择 Properties→Define Hydraulic。对于 Foundation（基础）材料，选中 Stage Piezo Lines。Stage 1 选择"none"，Stage 2 同样为"none"。点击 Add Stage，Stage 3 选择"1"，对话框如图 9.4-7 所示。没有必要设置 stage 4，因为它自动和 stage 3 一样。点击 OK 按钮，关闭对话框。查看其余几个步骤，可以看到每一步都有水压力线。如果要改变它，可以选择 Groundwater→View Piezos by Stage，这样只可以在第三步和第四步看到压力线了。

在施加由水产生的荷载之前，需要划分网格。由于网格属性已经定义好，因此简单地选择 Mesh→Discretize and Mesh 即可。

9.4.4　分布荷载

水压力将施加在挡土墙左侧和地基土层上，可以使用分布荷载来模拟它。选择 Loading→

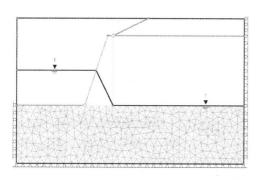
图 9.4-6　水压力线施加后模型

图 9.4-7　定义水压力线影响属性

Distributed Loads→Add Ponded Water Load，弹出对话框，询问总水头，输入"8m"。因为只想要水压力施加在第三步上，点击 Stage Load 选项，点击 Stage Total Head 按钮，第一步和第二步 Apply 不要选中，如图 9.4-8 所示。

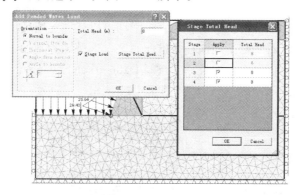
图 9.4-8　施加积水压力

　　点击 OK 按钮，关闭对话框。现在需要选择边界线段来定义荷载。点击水体底部和挡土墙左侧底部水位线以下部分。单击右键选择 Done 按钮。第四步模型应如图 9.4-9 所示。

　　注意：挡土墙侧边施加的是三角形荷载。这表明了静水压力随深度逐渐增加。至此完成了模型的定义。选择 File→Save As，用另外一个不同的名字保存模型。

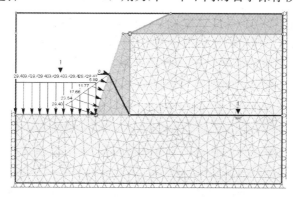
图 9.4-9　最终建立的模型

9.4.5 计算与分析

选择 Analysis→Compute，计算程序将运算几分钟。一旦模型计算结束（计算对话框关闭），选择 Analysis→Interpret 查看结果。选择 Interpret 后，启动后处理程序，读取分析计算结果。可以看到第一步地基土层中最大主应力分布图。还可以显示位移等值线。可以看到没有位移发生是因为在第一步沉降已经完成，自重产生的应力场是平衡的。

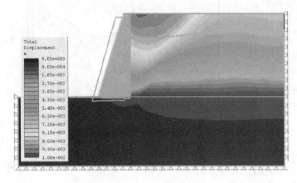

图 9.4-10　挡土墙变形图

点击第二步，可以看到回填层由于重力产生了明显的沉降变形。挡土墙位移非常小是因为挡土墙是由坚硬的混凝土做成的，在自重荷载下变形较小。点击 display deformed boundaries 按钮（📖），可以看到挡土墙被向外推出并且发生转动，如图 9.4-10 所示。

如果点击 Display Yielded Joints 按钮，可以看到所有竖缝断面变成红色，说明整个接缝剖面已经滑动。沿着竖直缝滑动可以从挡土墙后位移等值线看出来。

点击第三步。可以看到挡土墙被稍微推向右侧，这是因为施加了水压力。为了看得更清楚些，可以显示相对于第二步的位移。选择 Data→tage Settings，将 Reference Stage 设置成 "Stage 2"，单击 OK 按钮。图形如图 9.4-11 所示。

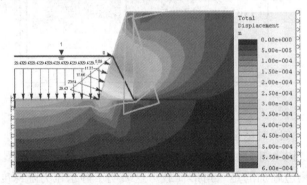

图 9.4-11　蓄水后挡土墙变形图（相对第二步）

可以非常清楚地看到挡土墙底部被水推向右侧，由此导致了位移和转动。第四步显示了第二层回填层施加后，挡土墙发生了较大的位移。

为了查看更多关于接缝的信息，可以用图形显示接缝数据。首先选择 data→Stage Settings，将 Reference Stage 设置成 "Not Used"。选择 Graph→Graph Joint Data 或者简单地在接缝上单击右键选择 Graph Joint Data。在 Graph Joint Data 对话框中，vertical axis 设置为 "Shear Stress"，并勾选上 "stages 2、3、4"。如图 9.4-12（左）所示。

如图 9.4-12（右）所示，沿着接缝开始的四个点显示的是接缝水平段的应力分布。这些正值表示应力致使接缝向左侧横向运动。在第二步中这部分有较大的剪应力。在第三步随着水压的施加减小。在第四步中当额外的回填层施加后应力又增大。对于接缝的竖直面来说，应力数值为负说明应力有使挡土墙向右运动的趋势。

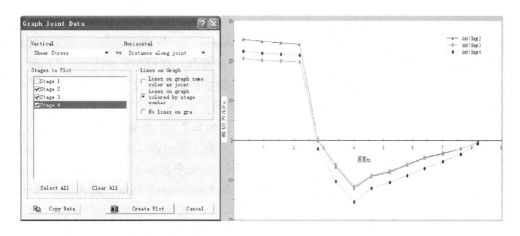

图 9.4-12　接缝处剪切应力变化曲线

此外，还可能找到更简单的方法来显示模型接缝数据。右键点击 Show Values，在 Data 下面打开 Joints 选项。从下拉菜单选择 Shear Displacement，单击 OK 按钮，可以看到接缝处显示的剪切位移分布。点击 Display Deformed Boundaries 按钮，关闭变形后的边界。单击右键，选择 Display Option 选项中 Stress 栏，再关闭 Distributed Loads。可以看到第四步如图 9.4-13 所示。

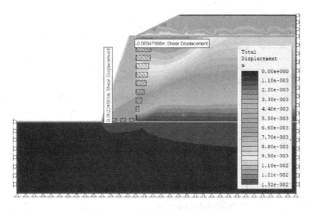

图 9.4-13　接缝剪切位移分布

9.5　基坑分析实例

9.5.1　模型描述

如图 9.5-1 所示，模拟斜坡堤防上一个基坑的开挖。其几何参数如图 9.5-1 所示。

基坑采用桩和支架支护。模型分五步创建：（1）土层自身平衡，沉降结束；（2）在基坑较高一侧施加桩支护；（3）开挖基坑第一部分，降低水位；（4）在基坑较低一层施加桩支护，基坑中间采用支架支撑；（5）开挖基坑剩下的部分，进一步降低水位。

首先要做的是改变模型分步的数量。选择 analysis→Project Settings，将 Number of Stages 设置成"5"，点击 OK 按钮，关闭对话框。在此模型的基本构建不再详细介绍，直接从已经建好几何网格的模型开始。

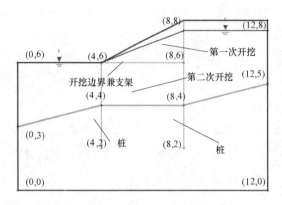

图 9.5-1 基坑开挖模型图

输入 Enter，结束输入点。

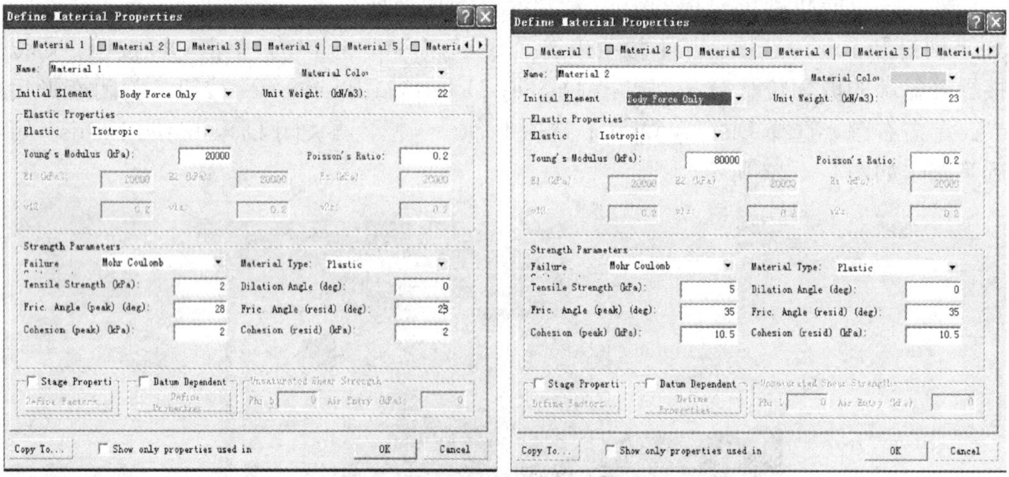

选择 Properties→Define materials→Material 1。分别设置第一、二种材料为 M-C 准则，材料参数如图 9.5-2 所示。同时设置初始单元仅考虑体力（body force only）。

9.5.2 土层自重平衡

对于第一步（stage 1），只需要添加一条压力线来表示水位。选择 Boundaries→Add Piezometric Line，输入以下坐标值：（0，6）（已经存在的顶点）；（4，6）（已经存在的顶点）；（8，7.5）；（12，7.5）。

图 9.5-2 材料参数设置对话框

注意：对于已经存在的顶点，直接点击它们更为容易。如果指针没有自动指向已经存在的点，单击右键打开 Snap 选项。对于最后一个点，同样没有必要输入，指针应该出现一条水平线，自动指向右边界。

弹出一对话框询问赋给水压力线的材料。选择"Material 1"和"Material 2"。单击 OK 按钮，第一步模型应如图 9.5-3 所示。

9.5.3 施加第一根桩支护

选择第二步（stage 2）。在此步中，将对未开挖的基坑右侧施加一根桩。将桩简化为

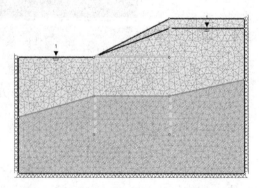

图 9.5-3 第一步（stage 1）模型图

一衬垫单元。另一种近似的假设也可以将桩简化成一结构接触面，在其两侧设有缝隙，允许衬垫和土层间产生滑动。首先需要设置桩的属性。选择 Properties→Define Liners 。将

Liner 1 名称改为"Pile"，thickness 改为"0.2 m"，如图 9.5-4 所示。

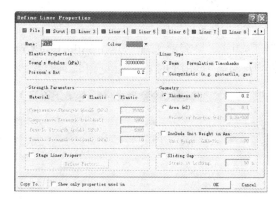

图 9.5-4　桩属性设置对话框

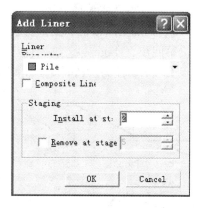

图 9.5-5　施加桩支护对话框

点击 OK 按钮，关闭对话框。选择 Support→Add Liner，出现如图 9.5-5 所示 Add Liner 对话框。确保 Liner Property 设置为"Pile"，Install at stage 设置为"2"，点击 OK 按钮。现在选择未开挖基坑右侧"x＝8m"处三个步骤的边界，输入 Enter，结束选择边界线段。第二步模型应如图 9.5-6 所示。

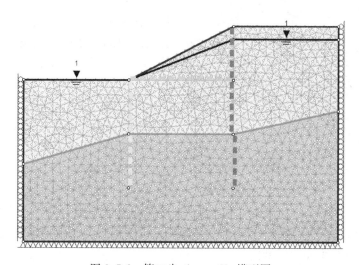

图 9.5-6　第二步（stage 2）模型图

9.5.4　开挖土层并降低水位线

点击第三步（stage 3），将开挖基坑的第一部分，并且降低水位线。选择 Properties→Assign Properties。确保顶部下拉菜单中材料被选中。点击 Excavate。点击模型顶部中间三角形部分，对基坑第一部分进行开挖。关闭 Assign 对话框。

现在需要在开挖面的下部添加一条新的水位线。点击 Add Piezo Line 按钮，输入以下坐标：（0，6）（已经存在的顶点）；（8，6）（已经存在的顶点）；（10，7.5）；（12，7.5）（已经存在的顶点）。输入 Enter 结束输入点。

在 Assign Piezometric Line to Materials 对话框中，不要改变材料的任何选项。材料需要在不同的步骤中添加水位线。单击 OK 按钮，关闭对话框。现在可以看到水位线 1 和

2。需要对水位线进行分步表示，这在建模完成后所有水位线都表示出来时一起操作更简单。现在先不管两条水位线。第三步模型应如图9.5-7所示。

9.5.5　施加第二根桩和支架支护

点击第四步（stage 4）。桩属性已经定义好了，因此只需要施加。点击 Add Liner 按钮，确保 Liner 属性为"Pile"，Install at Stage 为"4"，点击 OK 按钮（见图9.5-8）。

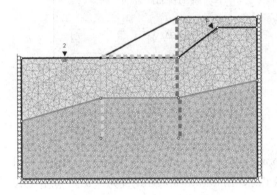

图9.5-7　第三步（stage 3）模型图

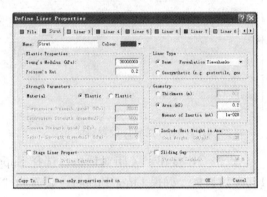

图9.5-8　支架支护设置对话框

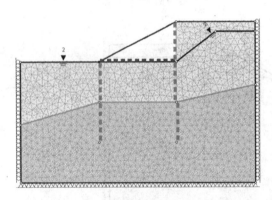

图9.5-9　第四步（stage 4）模型图

现在选择"x＝4m"处基坑左侧的边界。在两桩间定义一支架，用来支护在第五步出现的开挖。首先需要定义支架的属性。点击工具栏上 Define Liner Properties 按钮，点击"Liner 2"，将 name 改为"Strut"。在 Geometry 下面打开 Area 选项，将 Area 设为"0.2m²"，Moment of Inertia 设为"1e-20m⁴"。

选择 Support→Add Liner 添加支架。在 Add Liner 对话框中，在 Liner Property 下面的下拉菜单中选择"Strut"，确保 In-stall at Stage 设置为"4"。单击 OK 按钮。现在点击两桩之间的土层顶部边界线段。单击右键选择 Done Selection。模型应如图9.5-9所示。

提示：如果希望在添加支架之前隐藏水位线。可在 Phase2 窗口任何位置单击鼠标右键，选择 Display Options，选择不显示 Piezometric Lines。如果想要在支架上点击右键获取支架的信息，可能也需要隐藏水位线，因为支架线显示在水位线之下。

9.5.6　开挖土层、降低水位线

点击第五步（stage 5），开挖基坑的剩余部分，并且施加另外一条水位线。点击 Assign Materials 按钮，点击对话框中 Excavate 按钮。然后点击基坑内部两桩之间、支架下面部分。关闭 Assign Materials 对话框。

添加另外一条水位线，该水位线位于新的开挖面下方。选择 Boundaries→Add Piezometric Line，输入以下坐标点：（0，6）（已经存在的顶点）；（3，6）；（4，4）（已经存在的顶点）；（8，4）（已经存在的顶点）；（9，6）；（10.5，7）；（12，7.5）（existing vertex)。输入 Enter，结束点的输入。在 resulting 对话框中，不要选择任何材料，点击 OK 按钮。

下面将各水位线加到合适的分步中去。选择 Properties→Define Hydraulic。对于 Material 1，打开 Stage Piezo Lines 选项。对于 Stage 1，将 Piezo ♯ 设为 1。对于 Stage 2，将 Piezo ♯ 设为 1。单击 Add Stage 按钮，对于 Stage 3，将 Piezo ♯ 设为 2。然后再点击 Add Stage 按钮两次，添加 stages 4 和 stages 5，将 Stage 5 中 Piezo ♯ 设为 3。对话框应如图 9.5-10 所示。

材料 2 和材料 1 同样被水位线影响到。因此点击 Material 2，重复以上步骤，将各水位线添加到合适的分步中。

注意：没有必要在每一步都定义水位线编号。如果一个分步没有列出来，程序将在本步自动添加上一分步的水位线。因此可以只指定第一、三和五步。这只需要建立三条水位线，并且在第一列中点击分步编号来改变分步序号。

可以看到模型中有三条水位线。为了只看到和分步对应的水位线，选择 Boundary→View Piezos by Stage。第五步模型应该如图 9.5-11 所示。

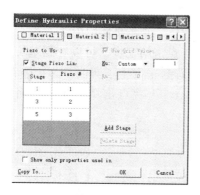

图 9.5-10　水位线施加对话框

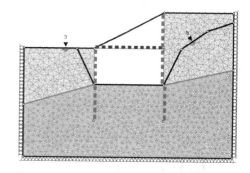

图 9.5-11　第五步（stage 5）模型

点击其余分步，查看水位线是否和分步对应，现在模型定义已完成。选择 File→Save As，用另外一个不同的名字保存模型。

9.5.7　计算与分析

选择 Analysis→Compute，一旦模型计算结束（计算对话框关闭），选择 Analysis→Interpret 查看结果。选择 Interpret 后，启动后处理程序，读取分析计算结果。可以看到第一步最大主应力分布图。改变等值线为 Total Displacement，点击 DisplayDeformed Boundaries 按钮，打开变形后的边界。

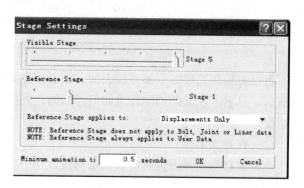

图 9.5-12　Stage setting 对话框

（1）查看变形

由于采用的是体力（重力）荷载，因此变形中含有自重引起的部分。所以查看变形需要对第一步（stage 1）的结果进行基准，获取相对变形。这才是工程中常用的荷载（施工）引起的变形量。Phase2中自定义变量中不含这些变量，它可以通过用户变量设置来获取。

启动 Interpret 后，打开 stage setting，弹出对话框如图 9.5-12 所示。将对话框中 Reference Stage 拖至 stage 1。作为基准，将 Visible Stage 设置为 5。

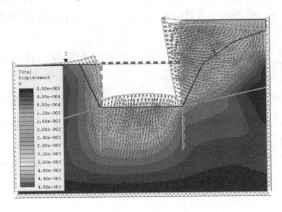

图 9.5-13 工程结束位移矢量及变形云图

注意：只有位移才能转化，应力等变量不需要设置基准。因此将使用范围限定于位移。通过右键 Display Options 选项进行设置，可得工程结束后位移矢量、变形趋势云图如图 9.5-13 所示。

同理，可查阅应力、强度因子等变化趋势，可以看到某些部分发生了变形。如果点击 Display Yielded Elements 按钮，可以看到材料发生了很明显的破坏。

（2）查看桩体内力

点击第三步，可以看到基坑右侧和底部位移较大。由于土层的重量全部由桩来承担，桩看起来发生了弯曲。为了查看数值，在桩上单击右键选择 Show Values＞Bending Moment，再次点击第五步，界面应如图 9.5-14 所示。

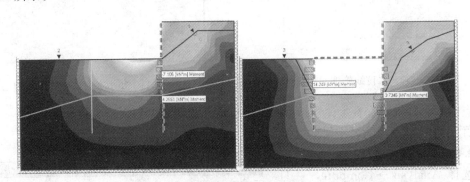

图 9.5-14 桩体弯矩变化图

可以看到在两根桩上都有较大的弯矩。注意到在经过支架的时候，右侧桩弯矩值由正变成负，显示了在支架周围桩是如何弯曲的。同样可以观察到由于支架的作用，左侧桩向左边变形。

（3）查看支架内力

支架没有弯矩是因为其转动惯量被设置了一个很小的数值，不产生弯曲和扭转。为了查看支架的影响，在支架上单击右键选择 Graph Liner Data，确保 Vertical Axis 设置为"Axial Force"，如图 9.5-15 所示。可以看到沿着支架轴力都是正值，很明显支架给开挖提供了支护作用。

提示：如果觉得线段看不清楚，在图片内部单击鼠标右键，选择 Chart Properties，

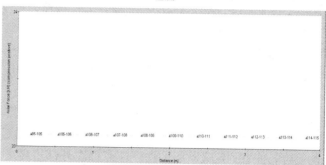

图 9.5-15　支架轴力变化规律

将 Chart Interior colour 设置为"grey"。另外，如果有"Microsoft Excel"软件，还可以单击鼠标右键选择 Plot in Excel。

9.6　断层和衬砌相互作用分析实例

当断层和开挖边界相交时，衬砌支护施加在断层上。为了恰当地建立断层、衬砌相互作用的模型，必须在衬砌和岩石的分界面上定义包括接缝的复合衬砌。

而衬砌要抵制缝隙滑动，并在开挖面上保持完整和连续。因此本例重在分析岩石隧洞有无衬砌作用时的效果。

9.6.1　模型描述

选择 Analysis→Project Settings，确保 General tab 被选中。numberof stages 设为"2"。本次计算中，第一步先对未开挖岩石进行应力平衡，第二步进行开挖。units 设为"Metric, stress as MPa"，点击 OK 按钮关闭对话框。如果看到关于单位的警告，点击 OK 按钮（见图 9.6-1）。

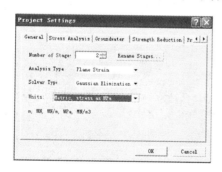
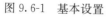

图 9.6-1　基本设置

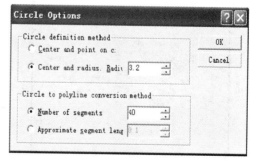

图 9.6-2　隧洞几何设置

（1）开挖隧洞模型

首先需要定义开挖边界。选择 Boundaries→Add Excavation，根据右下角提示栏提示输入"i"，表示绘制一个圆（或者单击右键选择 Circle，然后输入 Enter）。可以看到一个输入圆圈的对话框，选择 Centre and radius，设置 radius 为"3.2"，Number of segments 设置为"40"。如图 9.6-2 所示。点击 OK 按钮，可以看到鼠标周围有一个圆圈可以拖曳。输入"0 0"作为圆心，输入 Enter。开挖几何边界则定义完毕。

为了定义外部边界，选择 Boundaries→Add External。默认的边界是围绕在开挖边界外面的一个方形。默认扩大系数为 3。点击 OK 按钮，接受这些默认设置。将生成一个矩形区域中心出现圆形隧洞的模型。

（2）添加断层

选择 Boundaries→Add Joint，可以看到用于选择断层类型、端部状况和施加的步骤的 Add Joint 对话框。这里使用默认设置，因此只需选择 OK 按钮。现在输入以下坐标点用来定义断层：（-23，-17）；（23，0.5）。按 enter 键。此时断层加到模型当中。注意到断层端部 closed 是关闭的，且是用一个带三角形的圆圈来表示的，两端都有表明两个端点均闭合。注意到定义断层的两个端点都在外部边界之外，Phase2 会自动找到和边界的交点并添加点。

现在想要生成一系列平行的断层。最简单的方法就是复制和粘贴。在断层上单击鼠标右键选择 Copy Boundary。可以输入相对坐标来复制断层到另外的地方。在提示栏输入：（@ 0，3），将会创建一个断层的副本。在 X 方向不移动，Y 方向移动 3m。

在原始的断层上重复以上步骤，每次输入以下相对坐标：（@ 0，5）；（@ 0，7）；（@ 0，10）；（@ 0，11）；（@ 0，13）和（@ 0，16）。模型如图 9.6-3 所示。

（3）划分网格

所有边界已经定义好，可以划分有限单元网格。选择 Mesh→Mesh Setup，默认的选择对本模型来说已经足够。确保 Mesh Type 为 "Graded"；Element Type 为 "3 Noded Triangles"；Gradation Factor 为 "0.1"；Default Number of Nodes on All Excavat ions 为 "75"。点击 Discretize 按钮，然后点击 Mesh 按钮，点击 OK 按钮关闭对话框。模型如图 9.6-4 所示。

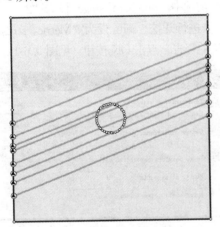

图 9.6-3　断层＋隧洞几何模型

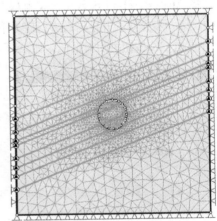

图 9.6-4　网格模型

（4）荷载施加

选择 Loading→Field Stress。假设隧洞深埋而且应力是由自重产生的。将 Field Stress Type 设为 Gravity，Elevation 设为 1100m，其余值采用默认选项。对话框应如图 9.6-5 所示。点击 OK 按钮关闭对话框。

（5）材料属性

选择 Properties→Define Materials。对于 Material 1，name 改为 "Graphitic Phyl-

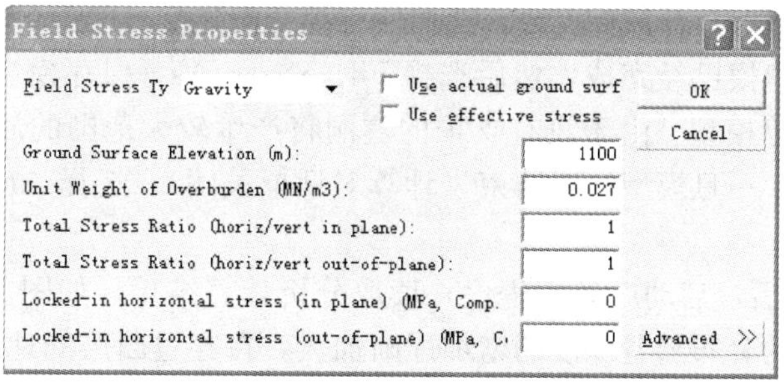

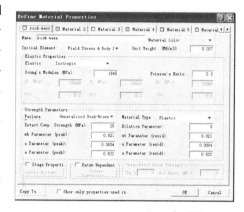

图 9.6-5　地应力施加

lite"；Initial Element Loading 改为 "Field Stress & Body Force"；Unit Weight 改为 "0.027MN/m³"；Young's Modulus 改为 "1645MPa"；Poisson'sratio 改为 "0.3"；对于 Strength Parameters，Failure Criterion 改为 "Generalized Hoek-Brown"；Material Type 改为 "Plastic"。霍克-布朗参数如图 9.6-6 所示，点击 OK 按钮，关闭对话框。

选择 Properties→Define Joints，将 "Joint 1" name 改为 "Rock Joints"。对于 Criterion，设为 "Mohr-Coulomb"，friction angle 设为 "20 degrees"。其他值采用默认数值。注意选中

图 9.6-6　岩石材料参数设置对话框

Initial Joint Deformation，表示断层在应力场，包括开挖后形成的应力场和作用下会产生变形。对话框如下图所示。点击 OK 按钮，关闭对话框（见图 9.6-7）。

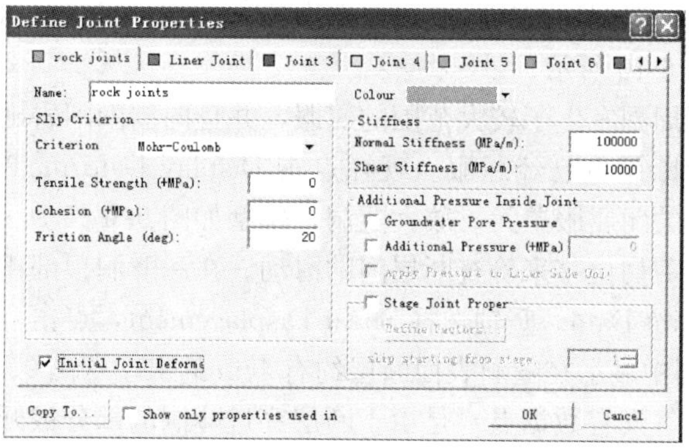

图 9.6-7　节理参数设置对话框

9.6.2　隧洞无衬砌开挖

隧洞将在第二步进行开挖，点击屏幕下方 Stage2 选项卡。选择 Properties→Assign Properties，从 Assign Properties 对话框中选择 Excavate。由于断层边界穿过隧洞，最简单的方法就是使用选择窗口将隧洞所有部分全部开挖完。按住鼠标左键拖拉出一个包括隧

洞所有部分的矩形框。放开鼠标左键，隧洞所有部分被开挖（见图9.6-8）。

无支护隧洞的建模已经完成，然后选择File→Save As，保存模型。在工具栏上点击Compute按钮，计算模型。由于没有支护的隧洞将产生较大范围的屈服区和变形，计算程序将运算几分钟。一旦模型计算结束（计算对话框关闭），选择Analysis→Interpret查看结果。

选择Interpret后，启动后处理程序，读取分析计算结果。如图9.6-9所示，可以看到第一步最大应力的分布随着深度的增加逐渐加大。在穿过断层的地方应该有些不连续，然后对于整体应力来说这种变化是比较小的。

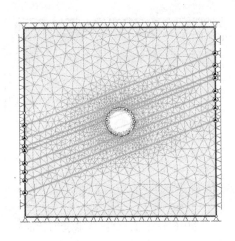

图9.6-8 隧洞开挖模型

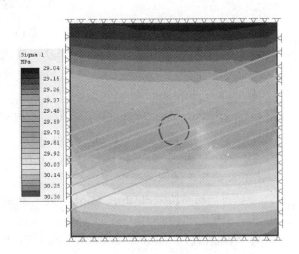

图9.6-9 主应力分布（考虑埋深）

点击第二步（stage 2）。可以看到在隧洞周围应力较低，远离隧洞应力较高。这说明隧洞周围的岩石已经屈服了，不能够承受高地应力。运用Display Yielded Elements按钮显示屈服单元来确认隧洞屈服区。还可以点击Display Yielded Joints按钮来显示断层屈服单元。模型如图9.6-10所示。

很明显，在隧洞周围发生了较大范围的屈服，并且向周围围岩延伸了较长的距离。而且隧洞周围的大部分断层也已经屈服。现在点击Display Deformed Boundaries按钮，将等值线换为总位移。关闭屈服单元，放大隧洞，模型如图9.6-11所示。

此外，可以显示剪切位移来检查断层间的滑动。在和隧洞顶部相交的断层上单击鼠标右键，选择Graph Joint Data。竖轴选择Shear Displacement，点击Create Plot，图片应如下图9.6-11所示。图中显示在隧洞表面断层约有4cm的滑动（图9.6-12）。注意：在位移曲线中间空白的地方（没有数据点）是由于断层穿过隧洞的部分被开挖了。

可以通过喷混凝土支护的方式来使得变形和屈服降低。

9.6.3 隧洞开挖复合衬砌支护

为了恰当地模拟断层和衬砌相交的相互作用，必须在衬砌和围岩间接触面定义一层包含接缝的复合衬砌。模型同上节，一条和断层相交的隧洞已经开挖完成，现在需要加入衬砌支护来阻止崩塌。当后面绘制衬砌内力的时候可以看到衬砌支护，这可以恰当地模拟在隧洞、断层相交部位和由断层微小的滑动引起的衬砌剪切应力。

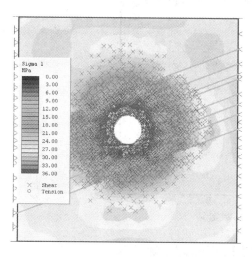

图 9.6-10　开挖塑性区分布

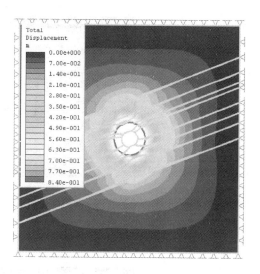

图 9.6-11　开挖隧洞变形图

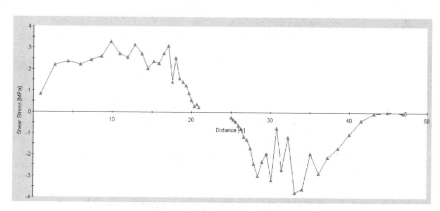

图 9.6-12　6♯断层剪切位移变化

（1）复合衬砌属性

首先需要指定衬砌的属性。选择 Properties→Define Liners 按钮，将"Liner1" Name 改为"Shotcrete"，其余保持默认值，对话框应如下所示。点击 OK 按钮关闭对话框（见图 9.6-13）。

然后定义衬砌和围岩间接缝的属性。选择 Properties→Define Joints，点击 Joint 2，将 name 改为"Liner Joint"，其余保持默认值，对话框如图 9.6-14 所示。

接下来创建复合衬砌。选择 Properties→Define Composite。复合衬砌将由喷混凝土层和接缝层组成。对于 Composite Type，从下拉菜单中选择"1 liner（with slip）"。Joint 改为"Liner Joint"，First Liner 改为"Shotcrete"，对话框应该如图 9.6-15 所示。点击 OK 按钮，关闭对话框。

（2）施加支护

模型中将在第二步施加支护。为了添加复合衬砌，首先打开第二步（stage 2），选择 Support→ Add Liner，在 Add Liner 对话框中确保 Composite Liner 被选中。Liner Property 应为"Composite 1"，Install at stage 为"2"。如图 9.6-16 所示。

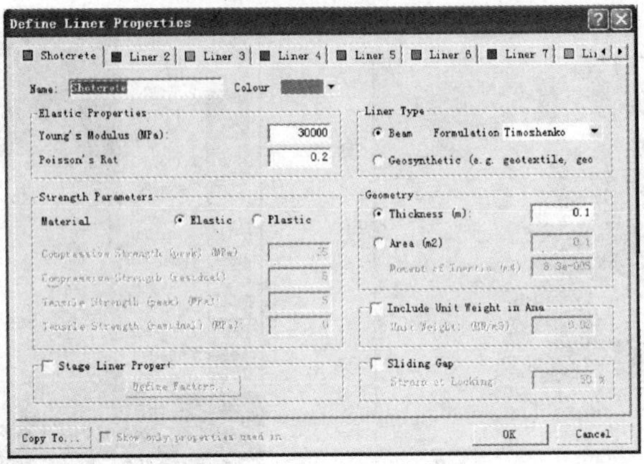

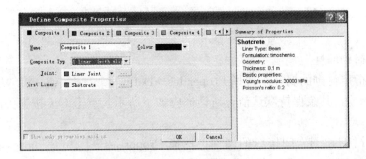

图 9.6-13　衬砌参数定义

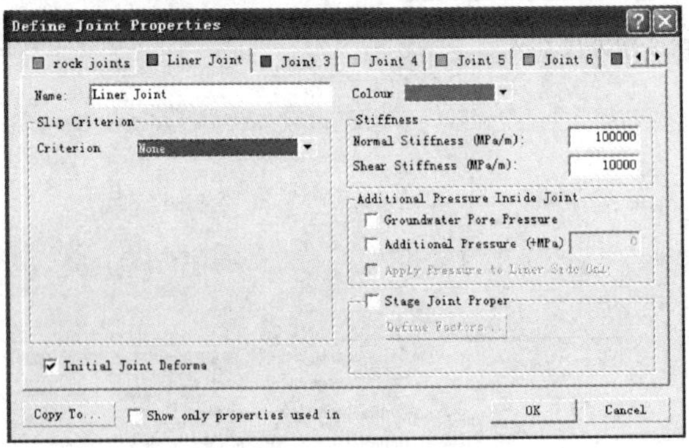

图 9.6-14　接缝参数定义

图 9.6-15　复合衬砌定义

　　点击 OK 按钮，关闭对话框。通过点击并拖曳选择窗口。按住鼠标左键拖拉出一矩形框从而覆盖整个隧洞，选择隧洞的所有组成部分。输入 Enter 结束选择。施加了复合衬砌的模型如图 9.6-17 所示。

　　模型已经完成，选择 File→Save As，保存模型。

　　（3）计算结果分析

　　在工具栏上点击 Compute 按钮，计算模型。选择 Analysis→Interpret 查看结果。

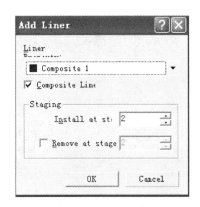

图 9.6-16　复合衬砌施加

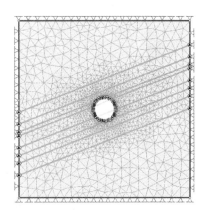

图 9.6-17　施加了复合衬砌的模型

模型第一步的结果跟前面是相同的。选择第二步，可以看到在隧洞周围一圈应力较高，该圈稍微离开边界一点。这说明隧洞靠近边界的部位已经失效，不能再支持更高的应力。点击 Display Yielded Elements 按钮显示屈服单元。还可以点击 Display Yielded Joints 按钮显示断层断面的屈服情况。放大显示隧洞部分，如图 9.6-18 所示。

可以看到隧洞周围单元已经受剪切屈服，并且在靠近隧洞顶部和底部的断层已经屈服（显示为红色线）。然而这种单元和断层的失效远没有不支护模型严重。注意到没有衬砌单元屈服是因为将衬砌材料类型设置为弹性。

将等值线改为 Total Displacement，然后绘制总位移分布示意图。如图 9.6-19 所示。点击 Display Deformed Boundaries 按钮，关闭屈服单元和断层。可以看到隧洞和衬砌向内变形。和隧洞变形量比起来断层滑动较小，隧洞仍然保持圆形。

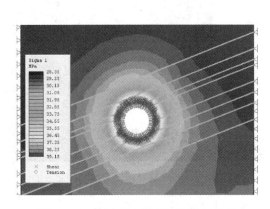

图 9.6-18　复合衬砌作用下塑性区分布

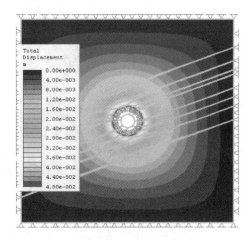

图 9.6-19　复合衬砌作用下隧洞变形

从图中可以非常清楚地看到，当断层向隧洞靠近时，滑动是在增大的。然而，断层的滑动值比起无支护时要小 50 倍，如图 9.6-20 所示。

回到模型窗口，显示第二步。关闭显示变形后的边界。在衬砌上单击鼠标右键，选择 Show Values→Bending Moment，屏幕应如图 9.6-21 所示。可以看到在衬砌和断层相交的地方产生较大的弯矩。断层试图滑动，但是被衬砌阻挡住了。正是承担了这些剪切变形

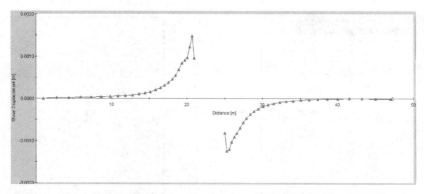

图 9.6-20　复合衬砌作用 6# 节理剪切变形

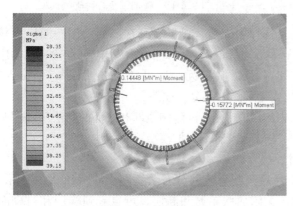

图 9.6-21　衬砌弯矩变化

后，导致了较大的弯矩值。可以非常清楚地看到，衬砌起到了保持隧洞完整性的作用。

9.6.4　接缝作用分析

重复以上分析，但是不要进行带有接缝的复合衬砌分析，分析常规的衬砌（单一衬砌层，无接缝），如图 9.6-22 所示。如果进行该项分析，可以看到衬砌的不同结果。其结果为衬砌弯矩值和带有接缝复合衬砌的弯矩完全不同（见图 9.6-23）。

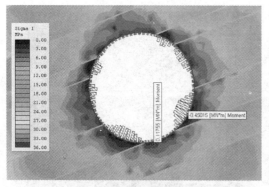

图 9.6-22　无接缝单层衬砌下的弯矩

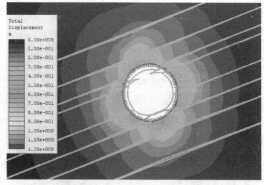

图 9.6-23　无接缝单层衬砌下的隧洞变形

在隧洞和围岩断层相交部位，衬砌弯矩降低到最小值而不是最大值。这是因为这些部位的衬砌变得不连续，不能抵抗断层两边微小的移动。而单一衬砌的总变形量和无支护时并没有太大的不同。单一衬砌相比起无支护，显著的不同点是断层端点不同的位移。对于复合衬砌，总变形量比无支护时小 20 倍，而且变形模式较单一、呈圆形。

这表明在隧洞衬砌分析中，合理使用带有接缝的复合衬砌是非常重要的。如果只使用一层简单的衬砌，就不能阻止岩石断层的滑动，而且衬砌将沿隧洞周围被分割成不连续体。

9.7 小　　结

Phase2 是一款用于地下及地表的岩土体开挖支护设计分析的功能强大的弹塑性有限元分析软件。对于开挖产生的应力、应变均可进行详细的计算及结果输出。给定安全系数后，Phase2 可以对基坑开挖的支护系统进行优化从而降低支护成本。

由于操作非常简单，Phase2 可广泛应用于岩土工程领域二维问题的精确分析。在岩土设计与分析方面有广阔的应用前景。其功能与特点如下：

（1）三角形、四边形等有限网格的自动生成。

（2）平面应变、轴对称开挖问题分析，开挖过程可多达 50 步。

（3）丰富的材料本构模型，Phase2 弹塑性模型包括 Hoek-Brown、Mohr-Coulomb、Drucker-Prager、Cam-Clay 等；弹性模型包括各向同性、横观各向同性、正交各向同性等。

（4）全面的支护结构类型：锚杆（端承型、全长锚固、分离式、钢绞索、自定义）、衬砌、多层复合衬砌、土工布、钢拱架、挡土墙、桩、土钉、挡土墙等。

（5）有限元地下水渗流分析且孔隙水压力结果自动耦合到应力分析中。

（6）弹性或非线性联结。

（7）恒定或重力的远端应力场。

（8）分析结果的图形显示和输出。

（9）AutoCAD、DXF 文件的导入和导出。

习题与思考题

1. 采用 Phase2 软件，设计一边坡模型，并指定参数，利用强度折减法预测该边坡的安全系数，分析其破坏模式？

2. 设计一混凝土重力坝，指定上下游水位，分析坝体与岩基间的扬压力分布形式？如果坝底有断层，则断层倾向对坝体的稳定性有何影响？

第10章 岩土工程分析三维有限差分软件 FLAC3D 使用

FLAC3D（Fast Lagrangian Analysis of Continua in 3Dimensions）是美国 ITASCA 咨询公司开发的三维显式有限差分法程序，可以模拟岩土或其他材料的三维力学行为，已经成为目前岩土力学计算中的重要数值方法之一。它采用显式有限差分格式来求解场的控制微分方程，应用混合单元离散模型，可以准确地模拟材料的屈服、塑性流动、软化、流变以及大变形等问题，尤其在材料的弹塑性分析、黏弹塑性分析以及模拟施工过程等领域有其独特的优点。

10.1 FLAC3D 特点

10.1.1 理论方法

拉格朗日元法是一种分析非线性大变形的数值方法。这种方法依然遵循连续介质的假设，利用差分格式按时步积分求解，允许介质有大的变形，随着构形的变化不断更新坐标。与有限单元法相比，拉格朗日元法具有以下优点：

（1）对于塑性破坏和塑性流动模型，"混合离散化"方法能够准确地进行描述。这种方法与有限单元法常用的"降低完整性"方法相比较从物理上来讲更为合理。

（2）全动态的分析使得它适合于解决物理上的不稳定过程问题。

（3）与隐式法相比，采用显式差分解决方案在解决非线性问题上可以节省大量的机时，而且它无需存储任何计算矩阵。这意味着：①大量的单元只需有限的计算机存储空间；②由于无需刚度矩阵的更新，计算大应变问题和计算小应变问题相比几乎不增加运算时间。概言之，拉格朗日元法的优点体现在解决非线性问题和大应变问题以及模拟物理上的不稳定过程上。

另外，由于拉格朗日元法基于动力学过程，采用了动态求解方法，因此能够更好地用于模拟动态问题。

FLAC3D 的求解使用了如下 3 种计算方法：

（1）离散模型方法。连续介质被离散为若干互相连接的六面体单元，作用力均被集中在节点上。

（2）有限差分方法。变量关于空间和时间的一阶导数均用有限差分来近似。

（3）动态松弛方法。应用质点运动方程求解，通过阻尼使系统运动衰减至平衡状态。

10.1.2 应用范围

FLAC3D 具有以下几个方面的特征：

（1）包含了 11 种材料本构模型

1）空单元模型。

2）三种弹性模型：各向同性材料模型、正交各向异性材料模型和横观各向同性模型。

3）七种塑性模型：德鲁克-普拉格弹塑性材料模型、莫尔-库伦弹塑性材料模型、应变硬化/软化弹塑性材料模型、多节理裂隙材料模型、双曲型应变硬化/软化多节理裂隙材料模型、D-Y 模型和修正剑桥黏土材料模型。

4）除了上述本构模型之外，FLAC3D 还可进行动力学问题、水力学问题、热力学问题以及蠕变问题等的数值模拟。

（2）5 种计算模式

1）静力模式：静力模式是 FLAC3D 默认模式，通过动态松弛法获得表态解。

2）动力模式：可以直接输入加速度、速度或者应力波作为系统的边界条件或初始条件。

3）蠕变模式：有多种蠕变本构可以选择。如 Maxwell 模型、双指数模型、广义开尔文模型、伯格斯模型、伯格斯粘塑性模型、WIPP 粘塑性模型和盐岩本构模型等。

4）渗流模型：FLAC3D 可以模拟地下水流、孔隙压力耗散以及可变形孔隙介质与其间的粘性液体耦合。渗流服从各向同性达西定律，液体与孔隙介质均视为可变形体。考虑非稳定流时，将稳定流看作是非稳定流的特例。边界条件可以是孔隙压力或者恒定流，以模拟水源或井。渗流计算可以与静力、动力或者温度计算耦合，也可单独计算。

5）温度模式：可以模拟材料中的瞬态热传导以及温度应力。温度计算可以与静力、动力或者渗流耦合，也可单独计算。

（3）可以模拟多种结构形式

1）对于通常的岩土体或者结构实体，可以用八节点六面体单元、四面体单元等模拟。

2）FLAC3D 网格中可以有分界面。这种分界面将计算网格分割为若干区域，分界面两侧网格可以分离、滑动，可模拟节理、断层或者虚拟的物理边界。

3）FLAC3D 中包含四种结构单元：梁单元、锚单元、桩单元和壳单元。可以模拟岩土工程的人工结构，如支护、衬砌、锚索、锚杆、岩栓、土工织物、摩擦桩、板桩等。

（4）有多种边界条件

边界方位可以任意变化。边界条件可以是速度边界、应力边界。单元内部可以给定初始应力，节点可以给定初始位移、速度等。还可以给定地下水位以计算有效应力、所有给定量都可以空间梯度分布。

10.1.3　与有限元方法对比

与有限元方法对比，FLAC3D 的优点有：

（1）FLAC3D 采用了混合离散方法来模拟材料的屈服与塑性流动特性，这种方法比有限元方法中通常采用的降阶积分更为合理。

（2）FLAC3D 方法利用动态运动方程进行求解，即使是静力问题也是如此。使得 FLAC3D 能模拟动态问题，如振动、失稳和大变形等。

（3）FLAC3D 采用显示方法进行求解，对显示法来说，非线性本构关系与线性本构关系并无本质差别。对于已知的应变增量，可很方便的求出应力增量，并得出平衡力，如同实际中的物理过程一样，可跟踪系统的演化过程。而且不需要储存刚度矩阵，采用中等容量的内存即可求解多单元结构模拟大变形问题。

与有限元方法对比，FLAC3D 的缺点有：

（1）对于线性问题，FLAC3D 要比相应的有限元花费更多时间。因此其用于非线性问题、大变形问题或者动态问题更为有效。

（2）FLAC3D 的收敛速度取决于系统的最大固有周期和最小固有周期的比值，使得它对某些问题模拟效率较低，如单元尺寸或材料弹性模量相差很大的情况。

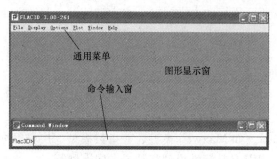

图 10.1-1　FLAC3D 程序操作界面

10.1.4　FLAC3D 用户界面

（1）用户界面

FLAC3D 的输入与一般的数值分析程序不同。它可以采用交互的方式，从键盘输入各种命令。也可以将命令写成文件，类似于批处理的方式，由文件来驱动计算（图 10.1-1）。

虽然随着软件的发展，FLAC3D5.1 版本界面操作也很强大，但其核心还是基于命令流输入。因此采用 FLAC3D 进行计算时，必须了解各种命令关键词的功能，然后按照计算顺序，将命令按先后执行顺序排列，形成可以完成一定计算任务的命令文件。在本章采用 FLAC3.0 版本介绍软件的基本使用及命令流编制方法。

FLAC3D3.0 版本是 Windows 操作系统下的程序，界面非常简单，标准的图形用户界面如图 10.1-1 所示。

最开始，FLAC3D 是由 DOS 操作系统移植过来的，在原 DOS 命令窗口外部包装了一个标准的 Windows 窗口作为主窗口，命令窗口及多个输出窗口作为子窗口。命令窗口中的提示符："Flac3D>"，所有的命令都在此交互完成。

（2）通用菜单

通用菜单包含了 FLAC3D 部分公用命令或函数，如文件控制、显示、输出和参数设置等。采用下拉式菜单结构。

1）File 菜单

File 菜单包括：New：不退出 FLAC3D，把系统重置到开始状态，开始一个新的分析；Call：读入用户事先准备好的数据和命令文件，按照批处理方式顺序执行；Model：读入用户自定义模型（.dll）到指定单元；Restore：读入指定的保存文件（.sav），还原系统状态到存储的时刻；Save：将当前系统状态保存为二进制文件；ImportGrid：按照指定文件导入模型数据；Exit：退出 FLAC3D。

2）Display、Options、Plot 等菜单

这几个菜单控制 FLAC3D 图形背景、图片视角、显示内容等信息，其下拉时显示如图 10.1-2 所示，在此不一一介绍。

由于 FLAC3D 采用的是命令驱动方式，命令字控制着程序运行。在必要的时候，可以启动 FLAC3D 用户交互式图形界面显示计算结果。但是在计算时，如果打开了 FLAC3D 的显示图像，那么系统将不断更新显示窗口，导致计算效率降低。故建议在计算时暂时关闭显示，待计算结束或临时停止（pause）时查看，这样可以保证计算效率。

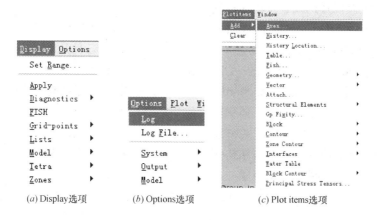

(a) Display选项   (b) Options选项   (c) Plot items选项

图 10.1-2　显示、绘图等下拉菜单

当然，如果熟悉了 FLAC3D 的使用，还可以将结果导出到其他软件（如 Tecplot）进行显示。

10.2　FLAC3D 建模与模拟过程

FLAC3D 是一种应用软件，要记住并掌握所有命令流并不容易，也没必要全面掌握它。重要的是学会其基本规则，在研究中应用之。

10.2.1　FLAC3D 基本术语与概念

在 FLAC3D 学习中涉及很多术语与概念，了解这些概念有助于深化理解 FLAC3D 的思想，有利于熟练应用软件。常用的术语与概念如下：

（1）单元（zone 或 element）：有限差分单元是模型中最小发生变化的几何区域，FLAC3D 采用不同形状的多面体单元（砖形、楔形、金字塔形、四面体形）创建模型。

（2）网格点（gridpoint）：网格点也称为节点，位于有限差分单元的角点处。根据单元形状，每个单元所含网格点不同，可分为四点、五点、六点、七点和八点单元。每个网格点都由空间三维坐标，用来指定单元位置。

（3）有限差分网格：要分析物理区域的有限差分单元的集合。有限差分网格还确定了模型中所有状态变量的存储位置。FLAC3D 中所有的向量（力、速度、位移）存储在网格点，而标量和张量（应力、材料属性等）存储在单元中心。

（4）模型边界（model boundary）：有限差分网格的边缘，内部边界如开挖面也是模型边界。

（5）边界条件（boundary condition）：一个边界条件规定沿模型边界的约束或控制条件，如力学问题施加的力、地下水渗流的非渗透、热交换问题的隔热等。

（6）初始条件（initial condition）：模型中所有变量的初始值。

（7）本构模型（constitutive model）：描述 FLAC3D 模型中单元的变形和强度行为。本构模型和材料属性可以单独赋给每个单元。

（8）空单元（null zone）：指在有限差分网格中代表"空"的单元，没有材料属性。该单元并不是在有限差分网格中被删除掉了，而是将其所有的材料属性设置为零，在视图中不显示。用于模拟开挖或者待填充材料。

(9) 分界面 (interface)：即网格面，由子网格组成，子网格在计算过程中可以分开、滑动。

(10) 范围 (range)：描述三维空间范围，可以用坐标、各种几何域来表征。

(11) 组 (group)：唯一命名的一组单元体，用来限制属性、命令的范围。

(12) 结构单元 (structural element)：FLAC3D 中提供了两种类型的结构单元：两节点和三节点，用来模拟土体或者岩体中交互作用的结构支持。

(13) ID 号 (ID number)：模型中某一个元素用 ID 号来识别，如节点、单元、参考点、时间序列、表、绘图条目等，结构单元如梁、索、桩、壳等也有编号。

10.2.2　FLAC3D 模拟基本步骤

采用 FLAC3D 进行数值模拟时，必需遵循所有数值计算的基本原则。采用如下步骤进行：

(1) 根据研究目的对实际模型进行构思与概化，计算模型所涉及的复杂程度取决于研究目的。

(2) 根据工程影响区域确定计算模型的尺寸、单元类型和网格划分，形成计算网格。

(3) 安排工程对象（开挖、支护等工况）。在 FLAC3D 分析中可以采用 group 或者 range 来辅助区分区域，从而方便地针对不同对象设置工程活动。

(4) 输入力学参数（本构模型选择、力学参数输入）。

(5) 确定边界条件（位移、应力、动载、时程等）、初始条件。

(6) 进行模拟计算。

(7) 结果分析与整理。

在以上几个步骤中，网格用来定义模型的几何形状；本构关系和与之对应的材料特性用来表征模型在外力作用下的力学响应特性；边界和初始条件用来定义模型的初始状态（边界条件发生变化或者工程挠动前模型所处的状态）。在定义完这些条件后，即可选择模式进行求解获得初始响应，接着执行开挖或者变更模拟条件，求得模型对模拟条件变更后作出的响应。

对于多单元复杂的模型问题，如动力分析、多场耦合分析等，都可以按照这一流程进行。先采用简单模型观察类似模拟条件下响应，接着进行复杂问题模拟，往往更有效率。根据这一流程，如下几节逐步介绍软件的使用。

10.2.3　基本单元生成

FLAC3D 提供了多种形状的基本单元类型，建模时可根据计算对象的几何特点，选择若干种基本单元，用类似"搭积木"的方式进行组合生成模型。

FLAC3D 的网格生成器，有多种基本形状的单元体（图 10.2-1）可供选择，利用这些基本单元体，可以构成较为规整形状的空间立体模型。

FLAC3D 的网格通过 Generate zone 命令来生成。该命令通过访问如图 10.2-1 所示基本形状网格库，生成网格。网格生成命令流格式如下：

(1) Generate zone ＜关键字 ...＞

FLAC3D 常用关键字与格式如表 10.2-1 所示。每一列关键字越往右，表明其比左侧关键字更低一级。只有上一级关键字采用时方可选用。［］内的关键字为可选项，如不选则采用默认设置。

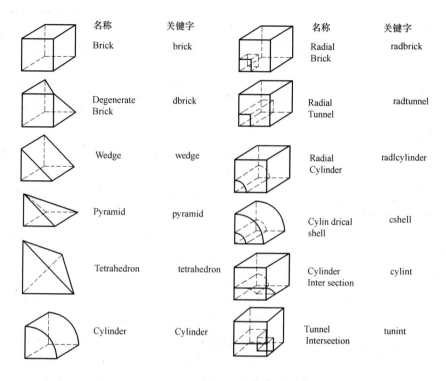

	名称	关键字		名称	关键字
	Brick	brick		Radial Brick	radbrick
	Degenerate Brick	dbrick		Radial Tunnel	radtunnel
	Wedge	wedge		Radial Cylinder	radlcylinder
	Pyramid	pyramid		Cylin drical shell	cshell
	Tetrahedron	tetrahedron		Cylinder Inter section	cylint
	Cylinder	Cylinder		Tunnel Interseetion	tunint

图 10.2-1　FLAC3D 基本单元

Generate zone 命令各级关键字与格式　　　　　表 10.2-1

Generate(简写 Gen)			
	zone		
		Brick Dbrick Wedge Pyramid Tetrahedron Cylinder Radbrick Radtunnel Cshell Cylint tunint	[Dimension d1 [d2] [d3] [d4] [d5] [d6][d7]]
			定义网格内嵌有巷道的巷道尺寸。如图 10.2-1 中有些需要,有些不需要,可查阅帮助确定每个尺寸的具体位置,如果不给出,默认为两参考点长度的 20%。
			[edge value]
			定义网格边长,如果 p1、p2、p3 没有给出,则由 edge 与 p0 确定
			[fill [group groupname]]
			用单元体填满内嵌巷道,如果没有 fill 关键字则内嵌巷道无单元体。如果给出可选参数 group 关键字,则巷道内的单元体组名为 groupname
			[group name]
			为产生的网格分配一个名称 name
			[nomerge]
			新生成的网格节点与已有节点不合并
			[P0 = [x, y, z]　P1 = [add] [x, y, z]　P2= [add] [x, y, z]　P3 =[add]　[x, y, z]　…]
			通过点 p0,p1,p2,…来定义网格形状外角点的坐标值,如果有关键字[add],表示该点为与 p0 的相对坐标。P0 如果不指定默认为(0 0 0),p1,p2,p3…默认时是关键字 size 的值。
			[Ratio r1 [r2] [r3] [r4] [r5]]
			网格中单元体的尺寸大小几何变化率,默认为 1.0,每种单元体 ratio 的个数及方向不同,如 r1 通常指 p0→p1 方向等。
			[Size n1 [n2] [n3] [n4] [5]]
			定义单元体的个数,size 个数每种单元体也有所不同,默认值为 10。

Copy x y z［range］		
	偏移(x y z)距离复制所有实体,若有 range 关键字,表明该组范围内的实体才复制	
Reflect 关键字…［range …］		
	把一个平面作为镜像,镜像平面可如下定义 :dd value, dip value, normal xv yv zv, origin xv yv zv	

（2）简单网格生成

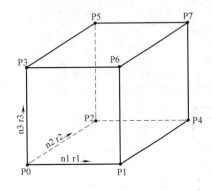

图 10.2-2　立方体网格生成语句

如图 10.2-2 所示立方体网格，其生成命令格式如下：

Gen zone brick p0 p1 p2 p3 p4 p5 p6 p7 size n1 n2 n3 ratio r1 r2 r3 group name

该命令行中，p0 p1 p2 p3 p4 p5 p6 p7 为各节点的空间坐标；n1，n2，n3 为沿着 x，y，z 方向单元数；r1，r2，r3 为 x（p0→p1 方向），y（p0→p2 方向），z（p0→p3 方向）方向映射比；group 为自定义的组名称。

注意：构成网格的各点必需按照 FLAC3D 单元形式的指定顺序。

通常，对一个规整的立方体，并不需要写出全部 8 个节点的坐标。而只需要前面几个控制点即可，针对图 10.2-1 中所示基本单元，所需要的点个数并不相同。

例：Gen zone brick p0 0 0 0 p1 20 0 0 p2 0 10 0 p3 0 0 15 size 5 3 4 & rat 0.8 0.8 0.8 group example1。

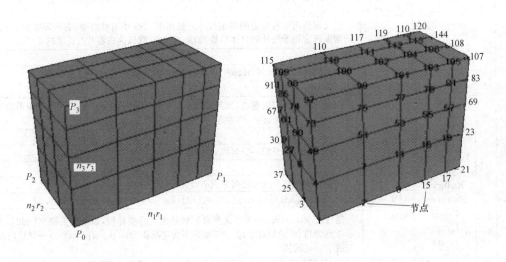

图 10.2-3　立方体网格生成

（3）联合网格生成

图 10.2-3 右侧基本单元体，也可采用同样方法生成。对于立方体内有圆柱形（radial

cylinder）或者矩形隧洞（radial tunnel）的网格，生成命令流如下：

Gen zone radcylinder p0 p1 p2 p3 p4 p5 p6 p7 dim d1 d2 d3 d4 & size n1 n2 n3 n4 ratio r1 r2 r3 r4 group name1 fill group name2。

Gen zone radtunnel p0 p1 p2 p3 p4 p5 dim d1 d2 d3 d4 size n1 n2 n3 n4 & Ratio r1 r2 r3 r4 group name1 fill group name2。

例如：Gen zone radcylinder p0 0 0 0 p1 10 0 0 p2 0 10 0 p3 0 0 10 dim 5 5 5 5 & Size 6 7 6 5 group 1；圆柱形开挖

Gen zone radtunnel p0 0 0 0 p1 10 0 0 p2 0 10 0 p3 0 0 10 dim 5 5 5 5 & Size 6 7 6 5 group 1；矩形开挖

Gen zone radcylinder p0 0 0 0 p1 10 0 0 p2 0 10 0 p3 0 0 10 dim 5 5 5 5 & Size 6 7 6 5 group 1 fill group 2；圆柱填充

还可以利用表 10.2-1 中 Reflect 关键字镜像生成更为复杂的模型（图 10.2-4）。

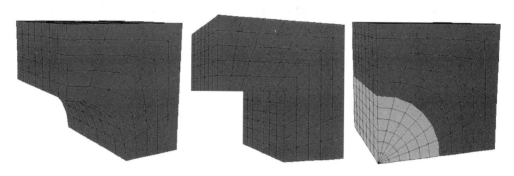

图 10.2-4　联合网格生成实例

（4）复杂网格生成

对于岩土工程中较为规则的模型，可以采用联合网格生成或者利用简单的 fish 语言建立。但是，FLAC3D 的网格与几何模型是同时生成的，不利于复杂形状网格单元的连接、匹配和修改。而复杂的地层构造如：复杂的地下洞室、边坡、坝基模型往往需要进行精细的材料分层与地层处理，所需要的网格数目较多，这需要建模者有较高的编程能力，采用以上联合网格生成方法很不方便。

而 Ansys、Hypermesh 等软件在网格建立方面有较大的优势，它们先通过布尔操作实现复杂模型的建立，然后再进行模型离散化并建立网格，建模能力更强。如果能将这些模型建立的数据格式输出，写成 FLAC3D 的点（GRIDPOINT）、单元（zone）和组（group），无疑可大大扩展 FLAC3D 的应用。

例：一个 FLAC3D 网格模型的格式，可通过一个简单模型导出文件进行观察。

N；开始一个新的分析

Gen zone brick size 1 1 2；生成一个网格，x y z 方向均为 1

Group name1 range z 0 1；定义一个生成名称为 name1 的组

Group name2 range z 1 2；定义一个生成名称为 name2 的组

Expgrid　example. flac3d；输出网格单元数据

运行以上命令后，程序会在命令文件夹内生成 examplt. flac3d 文件。用文本打开后，观察其基本格式如下：

　　* GRIDPOINTS

　　G 1 0.000000000e+000 0.000000000e+000 0.000000000e+000

　　G 2 1.000000000e+000 0.000000000e+000 0.000000000e+000

　　G 3 0.000000000e+000 1.000000000e+000 0.000000000e+000

　　G 4 0.000000000e+000 0.000000000e+000 1.000000000e+000

　　G 5 1.000000000e+000 1.000000000e+000 0.000000000e+000

　　G 6 0.000000000e+000 1.000000000e+000 1.000000000e+000

　　G 7 1.000000000e+000 0.000000000e+000 1.000000000e+000

　　G 8 1.000000000e+000 1.000000000e+000 1.000000000e+000

　　G 9 0.000000000e+000 0.000000000e+000 2.000000000e+000

　　G 10 0.000000000e+000 1.000000000e+000 2.000000000e+000

　　G 11 1.000000000e+000 0.000000000e+000 2.000000000e+000

　　G 12 1.000000000e+000 1.000000000e+000 2.000000000e+000

　　* ZONES

Z B8 1 1 2 3 4 5 6 7 8

Z B8 2 4 7 6 9 8 10 11 12

　　* GROUPS

ZGROUP name1

1

ZGROUP name2

2

　　以上数据中 *gridpoints 下面是节点坐标（G 表示网格点＋节点编号＋节点 x 坐标＋节点 y 坐标＋节点 z 坐标）；* ZONES 后面为单元构成（Z 表示为单元，B8 为长方体单元，单元编号，构成长方体单元的 8 个有顺序节点编号）；除了 B8、W6 表示 wedge 单元，T4 代表 Tetrahedral 单元，P5 代表 pyramid 单元；* groups 后面为组名及属于该组的单元编号。

　　这样，无论是何软件生成的模型，只要写成如上格式的数据格式，则可直接被FLAC3D 识别。采用如下命令可将网格模型重新导入 FLAC3D，图 10.2-5 为导入实例。

　　Impgrid example. flac3d

　　（5）范围控制命令

　　在生成模型，定义模型、材料、属性设置中，经常需要用到范围控制语句（range 短语）。FLAC3D 中 range 短语组合如表 10.2-2 所示。熟练的应用该短语，可以很方便地对网格、单元进行操作。

　　例：model mohr range group 1；定义 group1 为摩尔库伦模型

　　Model mohr range group 1 any group 2 any；定义 group 1 与 2 为摩尔库伦模型

　　值得注意的是，如果第二个语句改成如下：

　　Model mohr range group 1 group 2 any；

　　则只有 group 2 定义为摩尔库伦模型，group 1 由于缺少 any 语句而被忽略。

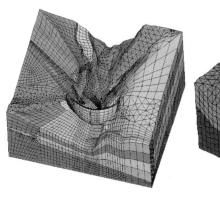 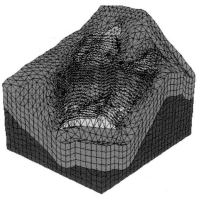

(a) Ansys建立模型导入FLAC3D　　　　(b) 采用手工编程建模导入FLAC3D的数值模型

图 10.2-5　其他软件模型导入 FLAC3D 实例

range 短语元素　　　　　　　　　　　　　　　表 10.2-2

Range	关键字短语及说明
	Annulus center xc yc zc radius r1 r2
	范围是半径 r1～r2,中心为(xc yc zc)的球环
	cid imin imax
	构建识别号从 imin 开始,至 imax 结束的范围
	Cylinder end1 x1 y1 z1 end2 x2 y2 z2 radius r
	柱体范围,一个端面圆心坐标为(x1 y1 z1),另一端圆心(x2 y2 z2),半径 r
	Dirction v1 v2 v3　〔tolerange angle〕
	范围是单元体面向向量(v1 v2 v3)外法线所定义,默认容差是 90°,也可由 tolerange 定义容差。
	Group name
	范围是组 name 内所有的单元体和结构体
	id il〔iu〕
	所有单元体、网格节点、结构单元、界面元素或节点的识别号从起始点 il、终点 iu 范围内
	Model keyword
	本构模型为 keyword 的所有单元体
	Name
	由 range 命令命名的变量 name 中的范围
	Plane
	Above 平面上半空间;below 平面下半空间 　　　Dd dd0 平面倾向,以正 y 轴为基准 0°,顺时针为正 　　　Dip dip0 平面倾角,以 xy 平面为基准 0°,负 z 轴方向为正 　　　Distance d 距离平面的距离 d 　　　Normal xn yn zn 平面的单位法向量 　　　Origin x y z 平面上通过一点(x y z) 　　　通常,平面定位由 origin 和 dd、dip(或 normal)所确定
	Seltype

Range	关键字短语及说明
	Beam 梁结构类;cable 锚索结构类 Geogrid 土工格栅结构类;liner 衬砌结构类; Pile 桩结构类;shell 壳结构类
Sphere center x y z radius r	
	球心坐标(x y z),半径 r 的球体范围内
Volume n	
	由 generate surface 所产生的范围内
x xl xu;y yl yu ;z zl zu	
	x 在区间[xl xu]内,y 在区间[yl yu]内,z 在区间[zl zu]内,可单独用,也可联合用
Not	
	如果范围关键字短语后加 not,表示范围以外的范围
Any	
	如果范围关键字后面加上 any,表示范围以内所有的东西,不管其他范围关键字定义的范围

10.2.4　材料参数与本构

默认情况下,FLAC3D 计算都是在静态计算模式下。如果采用其他模式,需要在模型定义前先启动计算模型,调用命令如下:

config creep;蠕变计算模式

config dynamic;动力计算模式

config fluid;流体计算模式

config thermal;热传导模式

而在对模型赋予力学参数前,必需先选择本构模型(不同计算模式下本构模型并不相同)。定义材料的本构模型采用 model 命令,其格式如下:

Model ＜关键字＞ [overlay n] [range …]

对自定义本构调用格式如下:

Model ＜load 文件名＞ [overlay n] [range …]

其中参数赋值语句后面可跟赋值范围 range,缺省时默认为整个模型。为了减少出错,各参数最好采用国际单位制,即采用长度（m）、力（N）和时间（s）来定义。

FLAC3D 本构模型与应用范围（静态计算模式）　　　　表 10.2-3

本构模型	代表的材料类型	应用范围	调用命令流
空模型	空	洞穴、开挖及回填	Model null
各向同性弹性模型	均质、各向同性连续介质,具有线性应力应变行为的材料	低于强度极限的材料力学行为研究,安全系数的计算等	Model elas
正交各向异性弹性模型	具有三个相互垂直弹性对称面的材料	低于强度极限的柱状玄武岩力学行为研究	Model orth
横观各向同性弹性模型	具有各向异性力学行为的薄板层装材料,如板岩	低于强度极限的层状材料力学行为研究	Model anis
德鲁克-普拉格塑性模型	极限分析,低摩擦角的软黏土	用于和隐式有限元软件比较的一般模型	Model druc

304

本构模型	代表的材料类型	应用范围	调用命令流
摩尔-库伦塑性模型	松散或者胶结的粒状材料,土体、岩石、混凝土	岩土力学通用模型,用于边坡开挖、隧洞开挖、基础开挖等	Model mohr
应变强化/软化摩尔库伦塑性模型	具有非线性强化和软化行为的层状材料	材料破坏后力学行为(失稳过程、屈服过程、顶板崩塌等)	Model ssof
遍布节理塑性模型	具有强度各向异性的薄层状材料,如板岩	薄层状岩层开挖模拟	model ubiq
双线性应变强化/软化摩尔库仑模型	具有非线性强化和软化行为的层状材料	层状材料破坏后的力学行为研究	Model subi
双屈服塑性模型	压应力引起体积永久缩减的低胶结粒状散体材料	注浆或水力充填裂隙模拟	Model doub
修正剑桥模型	变形和抗剪强度是体变函数的材料	位于黏土中的岩土工程研究	Model cam
Hoek-Brown 模型	各向异性的岩质材料	位于岩体中的岩土工程研究	Model hoek

分析一个问题应该首先从最简单的材料模型开始。多数情况下,应该先使用各向同性弹性材料模型计算。该模型运行速度快,所需要参数少,它可提供对 FLAC3D 网格应力应变的简单观察,指明应力集中的位置,从而对网格单元体大小或者疏密进行定义。

同时,如果在弹塑性分析之前先用弹性计算获得初始应力场,则弹塑性分析收敛速度加快。

在 FLAC3D 中,除了横观各向同性弹性和正交各向同性弹性模型外,都是采用体积模量 K 和剪切模量 G 作为计算参数,而不是杨氏模量和泊松比。因此需要利用弹性公式进行转换。转换关系如下:

$$K = \frac{E}{3(1-2\mu)}, G = \frac{E}{2(1+\mu)} \tag{10.2.1}$$

然后,在 FLAC3D 帮助文件中查阅不同本构模型所需要的参数含义,进行设置后计算。

算例 1:摩尔-库伦材料三轴压缩,其应力应变曲线如图 10.2-6 所示。

New

Gen zone cyl p0 0 0 0 p1 1 0 0   p2 0 2 0 p3 0 0 1 size 8 10 8

Gen zone reflect norm 1 0 0

Gen zone reflect norm 0 0 1;半径 1,高 2 的圆柱试样生成

Model mohr

Prop bulk 11.9e9 shear 8e9 coh 2.75e5   fric 45 ten 2e5;体积模量、剪切模量、黏聚力、摩擦角和抗拉强度

Fix x y z range y—0.1 0.1

Fix x y z range y 1.9 2.1

Ini yvel 1e—7 range y—0.1 0.1

Ini yve—1e—7 range y 1.9 2.1

Ini pp 1e5;初始孔隙水压力

Hist gp ydis 0 0 0;(0 0 0)处节点 y 向位移

Hist zone syy 0 1 0；（0 1 0）单元体 yy 向应力

Hist zone syy 1 1 0；（1 1 0）单元体 yy 向应力

Step 2000

Plot hist－2－3 vs 1

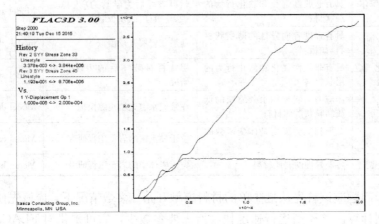

图 10.2-6　M-C 准则下应力应变曲线

算例 2：应变硬化/软化模型三轴压缩，其应力应变曲线如图 10.2-7 所示。

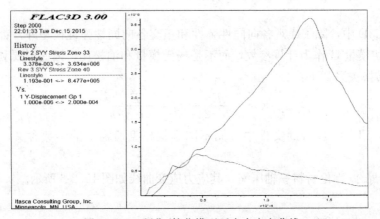

图 10.2-7　硬化/软化模型下应力应变曲线

New

Gen zone cyl p0 0 0 0 p1 1 0 0　p2 0 2 0 p3 0 0 1 size 8 10 8

Gen zone reflect norm 1 0 0

Gen zone reflect norm 0 0 1；半径 1，高 2 的圆柱试样生成

Model ss；应变硬化/软化模型

Prop bulk 11.9e9 shear 8e9 coh 2.75e5　fric 45 ten 2e5

Prop ctab 1 ftab 2；硬化软化曲线表编号

Table 1 0，2.72e5 1e－4 2e5 2e－4 1.5e5 3e－4 1.03e5 1 1.03e5；定义硬化曲线

Table 2 0 44 1e－4 42 2e－4 40 3e－4 38 1 38；软化曲线

Fix x y z range y －0.1 0.1

Fix x y z range y 1.9 2.1

Ini yvel 1e−7 range y −0.1 0.1

Ini yvel −1e−7 range y 1.9 2.1

Ini pp 1e5；初始孔隙水压力

Hist gp ydis 0 0 0；（0 0 0）处节点 y 向位移

Hist zone syy 0 1 0；（0 1 0）单元体 yy 向应力

Hist zone syy 1 1 0；（1 1 0）单元体 yy 向应力

Step 2000

10.2.5 边界条件

图 10.2-8，在 FLAC3D 中，边界条件分为人工边界与真实边界。真实边界存在于模型中的真实物理对象，如开挖面（隧道、边坡地表等）；人工边界是由于人为截断模型进行的假定，如应力边界、位移边界等。施加于边界的力学条件可以是指定位移和指定应力，通过 Fix 与 Apply 命令来施加。

（1）固定边界条件

Fix ＜关键字＞ … ［range …］

该命令使所选节点的速率固定不变或者使孔隙压力、温度不变。如果需要定义位移不变，则在速率定义前先定义初始速度为零即可。range 为可选，如果不指定，则默认整个模型。

Ini xvel 0 yvel 0 zvel 0；定义网格点初始速率为 0

Fix x range x a−0.1 a+0.1

Fix y range y b−0.1 b+0.1

Fix z range z c−0.1 c+0.1

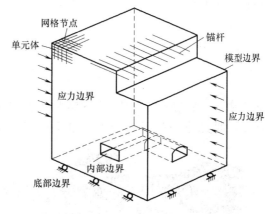

图 10.2-8　一个 FLAC3D 模型具有的边界条件

上述语句中，0.1 为根据单元大小设置的一个较小的数值，a、b、c 分别代表某个边界坐标值。相应的可以采用 free ＜关键字＞ … ［range …］命令释放由 Fix 对节点设置的约束。

（2）施加边界力或应力边界条件

Apply ＜关键字＞ … ［range …］

Apply remove ＜关键字＞ … ［range …］

该命令对模型网格内外边界或对内部节点施加力学、流体和热边界条件，也可以对模型单元体施加力、流体源或热源。如果用 Apply remove 则把对应的边界去除。range 为可选，如果不指定，则默认整个模型。

例如：Apply yf　−10 range ＊ ＊ ＊ 或者 apply syy −10 range ＊ ＊ ＊

Apply xf　−5 range ＊ ＊ ＊ 或者 apply sxx −5　range ＊ ＊ ＊

赋单元初始应力命令如下：

Ini sxx −10 range ＊ ＊ ＊

Ini syy −5 range　＊ ＊ ＊

说明：apply yf 用于施加力荷载

Apply syy 用于施加应力

Ini sxx 用于岩土体内初始化应力，如地应力

Range 为赋值范围，缺省则默认为全局

内部边界力种类非常多，可以是水压力、水力边界、等效力等。在 FLAC3D 中处理复杂内部边界时，如果需要施加边界的点难以用 range 来定义，则较为麻烦。此时熟练地地使用 fish 语言或者利用编程语言辅助实现往往更为方便。

如图所示某水电站，在计算分析时需要考虑其水位的影响。此时如果采用 water table 施加，容易导致下部基岩全部采用浮容重，这与实际情况不符。可以考虑如下方法处理：

（1）只考虑水压力

此时可以先通过 10.2-9（a）图所示模型，首先把模型的表面找出来，然后根据空间面的坐标与水位的相对关系，计算出每个三角形表面上的水压荷载，并将该荷载等效分配到各表面节点上，写成如下命令流格式：

apply xforce − 57040.4062 yforce − 97657.7188 zforce   − 23462.3281 range id 11312

apply xforce 56193.3281yforce − 97521.8906 zforce   − 24738.1289   range id 11316

…

命令中，id 后为网格点编号，这样水压力直接施加到网格点上。施加示意图如图 10.2-9（b）所示，即实现了在复杂节点上施加水压荷载，而不改变岩土介质的容重等性质。

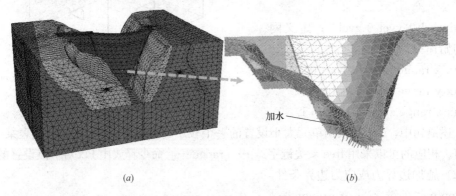

（a）   （b）

图 10.2-9　复杂数值模型加水荷载示意图

（2）考虑渗流边界

对处于水位以下的各网格点，除了要施加水压力外，还要施加渗流边界（孔压边界）。其格式可如下：

fix pp   15000.0000   range id   28505；孔压边界施加到节点上

fix pp   15000.0000   range id   28508

…

由于 pp 只能施加到网格点上，并不会错误地施加到单元体采用。所以采用 range id id0 来限制施加的范围为节点或单元体 id。同时，对节点、面、单元体施加条件是相互独立的，如果对一个面上施加应力，并不会影响该面上节点的条件。除了在新值之前有 add

或新值之后有 hist 关键字之外，这种赋值都是新值替换旧值。如对一个节点，有一个恒定力（无 history）和一个时间变化力（有 history），二者是可以叠加的。一个条件只能用 remove 才能移除。

10.2.6 结构单元

在岩土工程分析中，各类支撑与加固构件的使用是非常重要的。FLAC3D 可用不同材料和材料参数各异的结构单元来模拟真实的构建。包括梁单元（beam）、锚索单元（cables）、桩单元（piles）、壳单元（shell）、土工格栅（geogrids）和衬砌（liners）。

结构单元节点有 6 个自由度、3 个平移分量和 3 个旋转分量。节点与结构单元相连，全部集中在节点。在分析时，结构单元可以采用两种方法进行创建。结构单元与实体单元或其他结构单元发生作用都是通过结构节点的连接（link）来实现的。结构节点的连接有两种，一种是 node-zone 连接，表示节点与所属实体单元之间的连接；另一种是 node-node 连接，表示节点与另一结构节点之间的连接。这两种连接可以通过 sel link 命令进行设置。如果采用 sel delete 命令删除某个结构单元，则与之相关的结构单元信息，包括构件、节点、连接都将删除。

（1）先创建节点，再创建结构单元（自下而上）

有关创建节点和设置节点参数的命令汇总如表 10.2-4 所示。

创建结构单元的节点和设置参数汇总表　　　　　　表 10.2-4

Sel 关键字				说明
Node［id id0］x y z				在位置(x y z)处创建一个节点,指定节点编号 id0,如果［］项未给出,则新产生的节点编号自动分配
Node＜如下关键字＞［range］				
	Apply 关键字			在指定范围内设置所有节点的一般点荷载
		Force fx fy fz		指定力矢量
		Moment mx my mz		指定力矩矢量
		Remove［force,moment］		移除施加的条件
	Fix 关键字［关键字］…			
		Lsys		约束自动更新构件节点局部坐标系统,默认是自由
		X(或者 y,或者 z)		约束 x 轴(y 轴,或 z 轴)方向位移速度(局部坐标系统)
		Xrot(或者 yrot,或者 zrot)		约束绕 x 轴(y 轴,或 z 轴)的旋转速度(局部坐标系统)
	Free 关键字［关键字］…			
		Lsys		允许自动更新构件节点局部坐标系统,这是默认设置
		X(或者 y,或者 z)		释放 x 轴(y 轴,或 z 轴)方向位移速度(局部坐标系统)限制
		Xrot(或者 yrot,或者 zrot)		释放绕 x 轴(y 轴,或 z 轴)的旋转速度(局部坐标系统)限制
	Init 关键字［关键字］…			初始化节点速度、位移、位置,所有标量为全局坐标
		Add　v		指定范围节点的原有值加上 v
		Grad gx gy gz		指定范围内每个节点的值为 $V_f = v + gx*x + gy*y + gz*z$
		Multiply v		指定范围内所有节点在原值基础上乘以 v
		Xdis(ydis 或 zdisp)		X(y,z)方向位移,全局坐标系
		Xpos(ypos 或 zpos)		定位结构单元网格的节点 x(y 或 z)坐标。必须在创建节点后,计算开始前使用,节点置入单元体
		Xvel(yvel 或 zvel)		X(y,z)方向速度,全局坐标系
		Xrdis(yrdis 或 zrdis)		X(y 或 z)向旋转位移,全局坐标系
		Xrvel(yrvel 或 zrvel)		绕 x(y,或 z)轴旋转速度,全局坐标系
	Idamp dfac			设置范围内所有节点衰减系数为 dfac

如创建单一节点可采用下面命令流：

Sel node［id id0］x y z；在 x y z 处创建一个节点，［ ］内为可选项，指定节点标号为 id0。

在已建立节点基础上，将建好的节点通过相应结构单元构成规则连接成结构单元。如果两个或者多个结构单元共同一个结构节点，则所有的力和力矩将共享该节点的构件中传递。通过修改节点的属性（如刚性 rigid，柔性 free），可以将设置连接部位是柔性还是刚性。

如空间先建立三个节点，然后连接成 shell 单元。

sel node id＝ 100001　　1.68　133.24　112.1700；定义 3 个节点

sel node id＝ 100002　　1.66　131.90　112.1700

sel node id＝ 100003　　0.00　131.97　112.1700

sel shellsel id＝ 50 node　100001　　　100003　　100002；创建一个 shell 单元

sel node init xpos　1.68　ypos 133.24　zpos　112.17 ran id＝100001

sel node init xpos　1.66　ypos 131.90　zpos　112.17 ran id＝100002

sel node init xpos　0.00　ypos 131.97　zpos　112.17 ran id＝100003；将结构单元节点与实体单元相应作为位置相对应。

需要注意的是，每个结构构件有其局部坐标系，指定参数和外加荷载时应分清其坐标系是全局坐标还是局部坐标，以防止加错方向。如上 shell 单元，其节点顺序按照右手定则，法向量为局部坐标的 z 方向。

（2）直接创建单元，自动生成节点（自上而下）

这种方法直接建立结构单元，将结构单元分成若干个段（segment，每个 segment 有单独的 cid 号），节点则自动生成。在实体单元内部或表面创建结构单元时，程序自动对所有的节点创建 node-zone 连接。

如建立一个锚杆，命令可采用：

sel cable id＝1 beg 0 0 0 end 10 0 0 nseg 10

它表明在（0 0 0）至（10 0 0）之间建立一个锚杆，分 10 个段，编号为 1，同时产生了 11 个节点。

不同结构单元段之间可以采用 link 建立连接。从而模拟更为复杂的结构单元。如模拟一个有预应力的黏结式（黏结程度 10m，自由段长 5m）锚杆单元。可以采用如下命令：

Sel cable id＝1 beg 0 0 0 end 5 0 0 nseg 5；建立锚杆自由段

Sel cable id＝1 beg 10 0 0 end 15 0 0 nseg 10；建立锚杆锚固段

Sel cable id 1 prop emod 2e11 ytension 310e3 xcarea 0.00049 gr＿coh 1 gr＿k 1 &
gr＿per 0.08 range cid 1 5；自由段参数

Sel cable id 1 prop emod 2e11 ytension 310e3 xcarea 0.00049 gr＿coh 10e5　　&
gr＿k 2e7 range cid 6 15；锚固段参数

此时两端 cable 并没有连接，自由段产生的末端节点与锚固段首点并未建立联系。此时采用重建 link 建立连接，使两段 cable 共用节点，产生正确的力传递。

Sel delete link range id 1；删除所有的 link

Sel link id ＝100　1 target zone；建立新连接

Sel link attach xdir＝rigid ydir＝rigid zdir＝rigid xrdir＝rigid yrdir＝rigid zrdir＝rigid & range id 100；把新连接设置为刚性连接

Sel cable id＝1 pretension 60e3 range cid 1 5；自由段施加预应力

利用支护单元可以模拟岩土开挖工程中的支护效应，如采用梁单元支护某明挖沟槽，命令流可编写如下：

New

Gen zone brick size 6 8 8

Model mohr

Prop bulk 1e8 shear 3e7 fric 35 coh 1e10 tens 1e10

Ini dens 2000

Set grav 0 0－9.8

Fix x range x－0.1 0.1

Fix x range x 5.9 6.1

Fix y range y－0.1 0.1

Fix y range y 7.9 8.1

Fix z range z－0.1 0.1

Solve

Save ini_state.sav；土体初始状态计算，将抗拉强度与黏聚力设的很高，防止破坏

Prop coh 1e3 ten 1e3；黏聚力改回正常值

Model null range x 2 4 y 2 6 z 5 10

Set large；大变形选项打开

Ini xdis 0 ydis 0 zdis 0 xvel 0 yvel 0 zvel 0

Sel beam begin（2，4，8）end＝（4，4，8）nseg＝5；直接定义由5段构成的梁单元

Sel beam prop xcarea 6e－3 xciz 200e－6 xciy 200e－6 xcj＝0.0；参数

Hist gp zdis 4 4 8

Solve

Save beam_brace.sav；添加支架模型

计算后结果显示如图10.2-10所示。

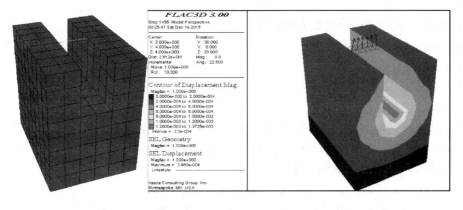

图10.2-10　采用beam模拟支架实例

结构单元是 FLAC3D 软件的一大特色，利用这些结构面可以模拟众多在岩土工程出现的结构类型。在学习结构单元的使用时需要首先学会结构单元的的建模方法，其次是结构单元的参数选择上。因为 FLAC3D 中结构单元都有很多参数和方向的限制，这些参数有些有精确的取值方法，有些则需要经验、试算、反算才能确定。因此需要对这些参数的取值规律进行积累，才能使计算结果更好的指导工程实践。

10.2.7 计算控制语句

（1）自动求解

Solve ＜关键字＞ ＜关键字的值＞ …

该命令自动控制时间步来求解模型，直到最大不平衡力满足要求（默认为 1e−5）或者达到所指定的条件。不平衡的要求，可以采用如下语句修改：

Set mech ratio 1e−5；设置不平衡力计算收敛条件

求解命令后面关键字可以如下：

1）Solve age t

在 config creep 模式下 t 是蠕变时间；在 config dynamic 模型下 t 是动力时间；在 config fluid 模式下 t 是流体时间；在 config thermal 模式下 t 是热力时间；在默认的静力模式下一般不用该命令来求解。

2）Solve clock t

t 指定计算机系统对计算过程时间的限制，默认没有限制。

3）Slove elastic

首先假定为弹性，然后再采用实际材料强度值计算。

4）Solve force value

平衡力达到 value 时退出（默认＝0）。

（2）按步求解

Step n

Cycle n

以上两个命令执行 n 次时间步来求解模型，计算期间可以按＜Esc＞停止计算，返回控制。Cycle 还可以通过空格键停止计算。注意在计算前必须设置好监控信息，大变形设置等。

例：res aaa. sav

Set grav 0 0−9.8；设置重力加速度

Set large；启用大变形模型

Step n；设置运行步数

Save name. sav；存储计算文件

10.2.8 记录采样

在求解计算过程中，节点、单元体、用户采用 fish 函数定义的有关数据，随着荷载外部条件的变化，每一个时间步都在发生变化，这就必须跟踪这些变量的变化过程。FLAC3D 中采用 History 命令进行。

格式：History ［id *id*0］［nstep *n*］关键字… x y z （或 id＝n）

该命令用来在模型运算过程中采样一个变量，并储存该变量的值。

每一个 History 命令一次只能定义一个采样变量，任何时间都可以增加采样变量，但不能单独删除一个变量（可以全部删除），每个采样变量可以设置一个 id 号。默认采样频率为 10 个时间步，可以用 nstep 指定。关键字可以是节点、单元、结构单元的坐标，也可以是 id 号。

History 命令常用节点与单元变量关键字（结构单元略）　　　　　表 10.2-5

History 关键字		说明
gp		采样节点变量
	Displacement	位移大小
	Force	力大小
	Ppressure	节点孔隙压力
	Temperature	温度（热力模型下可用）
	Velocity	速度大小
	Xdisplacement	X 方向位移
	Ydisplacement	Y 方向位移
	Zdisplacement	Z 方向位移
	Xforce	X 方向力
	Yforce	Y 方向力
	Zforce	Z 方向力
	Xvelocity	X 方向速度
	Yvelocity	Y 方向速度
	Zvelocity	Z 方向速度
Zone		采样单元体变量
	Pp	孔隙压力
	Smax	最大主应力（压负、拉正）
	Smid	中间主应力
	Smin	最小主应力
	Ssi	切应变增量
	Ssr	切应变率
	Sxx	Xx 应力
	Sxy	Xy 应力
	Sxz	Xz 应力
	Syy	Yy 应力
	Syz	Yz 应力
	Szz	Zz 应力
	Vsi	体积应变增量
	Vsr	体积应变率
Unbalance		采样最大不平衡力
Interface		
	Ndisplacement	法向位移
	Nstress	法向应力
	Sdisplacement	切向位移
	Sstress	切向力
Crtime		记录蠕变问题实际时间
Dytime		记录动力分析实际时间
Fltime		记录流体力学分析实际时间
Thtime		记录热力问题实际时间
Dt		记录实际进行的时间步

采样变量可以与时间步数绘图输出，也可以与其他变量绘图输出。

如：plot hist 1 2 3 4　意思是将 id 号为 1 2 3 4 的记录在同一图中绘制。

Plot hist 1 vs 2　意思是横坐标为 id 号为 2 的记录，纵坐标为 id 号为 1 的记录。

Plot hist 1 3 4 vs−2　与上一条相比，横坐标为 id 号 2 的负值，纵坐标为 3 条记录。

10.2.9　结果显示

FLAC3D 初始化时，首先出现一个默认的视图。它的视图识别号为 0，视图名为"Base"。可以同时创建多个视图，并激活某一个为当前视图。利用 creat 关键字来创建视图，current 关键字可以设置当前视图。一个视图中可以绘制多个图形条目，用 add 关键字来增加条目，用 subtract 来移除。用 move 来改变图形条目的顺序，在屏幕上显示用 show 关键字。

例如，如下为一个视图的基本设置：

Plot show；设置窗口消息，进入图形窗口

Plot creat szz _ contour；图形窗口名字

Plot set cent 4 4 5；设置视图中心

Plot set rot 20 0 30；视图旋转一定角度

Plot set mag 1.0；模型放大或者缩小

Plot bl gr；显示模型分组

Plot cont szz/syy/sxx/sxy/syz/sxz/smax/smin/disp；绘制云图

Plot block state now；模型塑性状态

Plot axes；显示轴

在对图形进行交互式管理时，如下快捷键可以帮助对图形进行快速操作：

Ctrl+c 设置窗口消息

Ctrl+g 在灰色与彩色间转换

Ctrl+r 恢复到窗口默认状态

Ctrl+z 用矩形窗口栏选

m 模型放大

shift+m　模型缩小

↑↓←→　使模型上下左右移动

shift+x（y 或 z）模型绕 x 轴（y 轴、z 轴）旋转

注意：FLAC3D 能够显示云图、矢量图，但是不能显示等值线图。而实践中工程师更希望有等值线分布方面的对比。此时可以将 FLAC3D 结果利用其自带的 fish 函数进行编程实现，如将应力、变形结果导出为 tecplot 文件的命令流可编制如下：

```
;; Initialization
def ini_mesh2tec
    IO_READ  = 0
    IO_WRITE = 1
    IO_FISH  = 0
    IO_ASCII = 1
  N_RECORD = 5
  ZONE_NGP = z_numgp(zone_head)
```

```
        array buf(1)
        tec_file = 'tec10. dat'      ;;;输出的文件名
        command
            ;group haitang range group 6 any group 7 any
            ;model null range group haitang not
            ran name tec_range
        endcommand
end
ini_mesh2tec
;; If plotit = 1, plot the zone
def plot_test
    plotit = 1
    if z_model(p_z) = 'NULL' then
        plotit = 0
    endif
    if inrange('tec_range',p_z) = 0 then
        plotit = 0
    endif
end
;; Get number of zones to plot
def get_nzone
    n_zone = 0
numzones = 0
    p_z = zone_head
    loop while p_z # null
        numzones = numzones + 1
        plot_test
        if plotit = 1 then
        n_zone = n_zone + 1
        endif
        p_z = z_next(p_z)
endloop
end
get_nzone
;; Write Tecplot File Head
def write_head
    buf(1) = 'TITLE      = "FLAC3D to Tecplot 10"\n'
buf(1) = buf(1) + 'VARIABLES = "X(m)" \n"Y(m)" \n"Z(m)" \n'
  buf(1) = buf(1) + '"DISP(mm)" \n"XDISP(mm)" \n"YDISP(mm)" \n"ZDISP
```

(mm)" \n'
```
          buf(1) = buf(1) + '"SIG1(Pa)" \n"SIG2(Pa)" \n"SIG3(Pa)" \n'
          buf(1) = buf(1) + '"SXX(Pa)" \n"SYY(Pa)" \n"SZZ(Pa)" \n'
          buf(1) = buf(1) + 'ZONE T="GLOBAL" \n'
          buf(1) = buf(1) + ' N=' + string(ngp) + ','
          buf(1) = buf(1) + ' E=' + string(n_zone) + ','
          buf(1) = buf(1) + ' ZONETYPE=FEBrick \n'
          buf(1) = buf(1) + ' DATAPACKING=BLOCK \n'
          buf(1) = buf(1) + ' VARLOCATION=([8-13]=CELLCENTERED) \n'
          buf(1) = buf(1) + ' DT=(SINGLE SINGLE SINGLE'
          buf(1) = buf(1) + ' SINGLE SINGLE SINGLE SINGLE'
          buf(1) = buf(1) + ' SINGLE SINGLE SINGLE'
          buf(1) = buf(1) + ' SINGLE SINGLE SINGLE )'
          status = write(buf,1)
     end
     ;; Calculate displacement magnitude
     def get_gp_disp
          gp_disp = gp_xdisp(p_gp) * gp_xdisp(p_gp)
          gp_disp = gp_disp + gp_ydisp(p_gp) * gp_ydisp(p_gp)
          gp_disp = gp_disp + gp_zdisp(p_gp) * gp_zdisp(p_gp)
          gp_disp = sqrt(gp_disp)
     end
     ;; Write gp-related data,such as Coordinates and Displacements
     def write_gp_info
          p_gp = gp_head
          loop while p_gp # null
               buf(1) = ''
               loop i(1,N_RECORD)
     if p_gp # null then
          caseof  info_flag
               case 0
                    buf(1) = buf(1) + string(gp_xpos(p_gp) * 1000) + ''
               case 1
                    buf(1) = buf(1) + string(gp_ypos(p_gp) * 1000) + ''
               case 2
                    buf(1) = buf(1) + string(gp_zpos(p_gp) * 1000) + ''
               case 4
                    get_gp_disp
                    buf(1) = buf(1) + string(gp_disp * 1000) + ''
```

```
                case 8
                                buf(1) = buf(1) + string(gp_xdisp(p_gp) * 1000) + ''
                case 16
                                buf(1) = buf(1) + string(gp_ydisp(p_gp) * 1000) + ''
                case 32
                                buf(1) = buf(1) + string(gp_zdisp(p_gp) * 1000) + ''
        endcase
                p_gp = gp_next(p_gp)
        endif
                endloop
                status = write(buf,1)
            endloop
end
;; Write zone-related data, such as Stresses
def write_zone_info
p_z = zone_head
loop while p_z # null
                buf(1) = ''
                loop i(1,N_RECORD)
if p_z # null then
                        plot_test
                        if plotit = 1 then
            caseof   info_flag
                case 0
                                buf(1) = buf(1) + string(z_sig1(p_z)) + ''
                case 1
                                buf(1) = buf(1) + string(z_sig2(p_z)) + ''
                case 2
                                buf(1) = buf(1) + string(z_sig3(p_z)) + ''
                case 4
                                buf(1) = buf(1) + string(z_sxx(p_z)) + ''
                case 8
                                buf(1) = buf(1) + string(z_syy(p_z)) + ''
                case 16
                                buf(1) = buf(1) + string(z_szz(p_z)) + ''

            endcase
                        endif
                p_z = z_next(p_z)
```

```
            endif
                    endloop
                    status = write(buf,1)
            endloop
            end
            ;; Write Zone Connectivity
            def write_zone
                p_z = zone_head
                tetranum = 0
                bricknum = 0
                wedgenum = 0
                pyramidnum = 0
                loop while p_z # null
        buf(1) = ''
                    Z1_code    =z_code(p_z)
        if   Z1_code = 4 then
        tetranum = tetranum + 1
                            buf(1) = buf(1) + string(gp_id(z_gp(p_z, 1))) + ''
                            buf(1) = buf(1) + string(gp_id(z_gp(p_z, 2))) + ''
                            buf(1) = buf(1) + string(gp_id(z_gp(p_z, 3))) + ''
                            buf(1) = buf(1) + string(gp_id(z_gp(p_z, 3))) + ''
                            buf(1) = buf(1) + string(gp_id(z_gp(p_z, 4))) + ''
                            buf(1) = buf(1) + string(gp_id(z_gp(p_z, 4))) + ''
                            buf(1) = buf(1) + string(gp_id(z_gp(p_z, 4))) + ''
                            buf(1) = buf(1) + string(gp_id(z_gp(p_z, 4))) + ''
                    else
                    if   Z1_code = 0 then
                    bricknum = bricknum + 1
                        buf(1) = buf(1) + string(gp_id(z_gp(p_z, 1))) + ''
                        buf(1) = buf(1) + string(gp_id(z_gp(p_z, 2))) + ''
                        buf(1) = buf(1) + string(gp_id(z_gp(p_z, 5))) + ''
                        buf(1) = buf(1) + string(gp_id(z_gp(p_z, 3))) + ''
                        buf(1) = buf(1) + string(gp_id(z_gp(p_z, 4))) + ''
                        buf(1) = buf(1) + string(gp_id(z_gp(p_z, 7))) + ''
                        buf(1) = buf(1) + string(gp_id(z_gp(p_z, 8))) + ''
                        buf(1) = buf(1) + string(gp_id(z_gp(p_z, 6))) + ''
                    else
                        if   Z1_code = 1 then
                            wedgenum = wedgenum + 1
```

```
                buf(1) = buf(1) + string(gp_id(z_gp(p_z, 1))) + ''
                buf(1) = buf(1) + string(gp_id(z_gp(p_z, 2))) + ''
                buf(1) = buf(1) + string(gp_id(z_gp(p_z, 4))) + ''
                buf(1) = buf(1) + string(gp_id(z_gp(p_z, 4))) + ''
                buf(1) = buf(1) + string(gp_id(z_gp(p_z, 3))) + ''
                buf(1) = buf(1) + string(gp_id(z_gp(p_z, 5))) + ''
                buf(1) = buf(1) + string(gp_id(z_gp(p_z, 6))) + ''
                buf(1) = buf(1) + string(gp_id(z_gp(p_z, 6))) + ''
            else
            if   Z1_code = 2 then
                pyramidnum = pyramidnum + 1
                buf(1) = buf(1) + string(gp_id(z_gp(p_z, 1))) + ''
                buf(1) = buf(1) + string(gp_id(z_gp(p_z, 2))) + ''
                buf(1) = buf(1) + string(gp_id(z_gp(p_z, 5))) + ''
                buf(1) = buf(1) + string(gp_id(z_gp(p_z, 3))) + ''
                buf(1) = buf(1) + string(gp_id(z_gp(p_z, 4))) + ''
                buf(1) = buf(1) + string(gp_id(z_gp(p_z, 4))) + ''
                buf(1) = buf(1) + string(gp_id(z_gp(p_z, 4))) + ''
                buf(1) = buf(1) + string(gp_id(z_gp(p_z, 4))) + ''
            endif
            endif
        endif
    endif
        plot_test
        if plotit = 1 then
            status = write(buf,1)
        endif
        p_z = z_next(p_z)
    endloop
end
;; Main Function
def Wait
    status = close
status = open(tec_file,IO_WRITE,IO_ASCII)
if status = 0 then
    write_head
    info_flag = 0
    write_gp_info
    info_flag = 1
```

```
            write_gp_info
            info_flag = 2
            write_gp_info
            info_flag = 4
            write_gp_info
            info_flag = 8
            write_gp_info
            info_flag = 16
            write_gp_info
            info_flag = 32
            write_gp_info
            info_flag = 0
            write_zone_info
            info_flag = 1
            write_zone_info
            info_flag = 2
            write_zone_info
            info_flag = 4
            write_zone_info
            info_flag = 8
            write_zone_info
            info_flag = 16
        write_zone_info
        write_zone
        status = close
        ii = out('Successfully Write Zone Data Into Tecplot Format File：' + tec_file)
        dipzonenum = numzones-bricknum-tetranum-wedgenum-pyramidnum
        ii = out('The numbers of  Model   Zones：' + string(numzones) )
        ii = out('The numbers of  Ouput   Zones：' + string(n_zone) )
        ii = out('The numbers of  Dipped Zones：' + string(dipzonenum) )
        ii = out('The numbers of  Brick   Zones：' + string(bricknum) )
        ii = out('The numbers of  Tetra   Zones：' + string(tetranum) )
        ii = out('The numbers of  Wedge   Zones：' + string(wedgenum) )
        ii = out('The numbers of Pyramid  Zones：' + string(pyramidnum) )
            else
                ii=out('Open File Error! Status = ' + string(status))
            endif
        end
```

在采用 FLAC3D 计算完毕时，通过文本运行以上命令，即可生成 tec10. dat 文件，利用 Tecplot 软件打开即可进行结果的展示，包括切面、剖面路径上规律变化等。以下 10.3 节、10.4 节实例均为利用 flac3d 计算，Tecplot 结果进行图形显示的结果。

10.3 边坡分析实例

10.3.1 工程概况

某水电站滑坡堆积体分布高程为 2180m～3220m，宽近 1300m，地貌及分区如图 10.3-1 所示。高程 2250m 以上地形完整，地形坡度一般为 20°～30°；高程 2250m 以下地形完整性差，溯源冲沟发育，岸坡较陡，地形坡度一般为 40°；高程 2100m 以下基岩出露。长期以来，经多次滑动变形，堆积体处于相对稳定状态，为一个多期次、复合型滑坡，从老到新共经历过三次以上滑动变形的堆积体。

2008 年 10 月，由于坝址区普降暴雨，受暴雨影响，该滑坡体重新启动，变形明显。至 2009 年 7 月，整体处于蠕滑状态，滑坡堆积体平面形态呈舌形，后缘呈圈椅状，可见约 1～3m 的错台，后缘拉裂带总宽约 2～4m，已贯穿Ⅱ区后缘坡面，后缘上部呈圈椅状的地貌。前缘剪出口总体形态基本上为一前凸的弧形，出露高程为 2200～2210m。2009 年 7 月后，整体变形逐渐减小，2012 年现场勘查发现原有的滑坡裂隙多数已经闭合，如图 10.3-2 所示，表明其再次进入基本稳定状态。

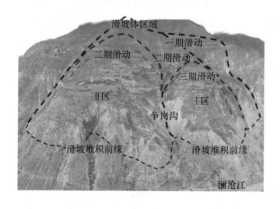

图 10.3-1 堆积体地貌及分区

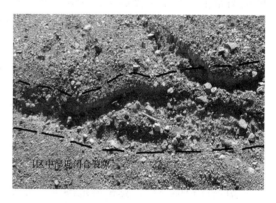

图 10.3-2 堆积体中部近闭合裂隙

滑坡堆积体典型剖面如图 10.3-3 所示，堆积体滑坡地段出露的地层主要为残、坡积层（Q^{dl}），冰水堆积层（Q^{fgl}），崩、冲积层（Q^{al}）和地滑堆积层（Q^{del}）。按结构大致分为上下两大部分，即上部松散块碎石土堆积体、下部滑坡破碎岩体。其下伏基岩为三叠系上统红坡组（T3hn）、二叠系下统吉东龙组（P1j）。

堆积体底滑面已知，如图 10.3-3 所示的堆积体边界条件，其底滑面的倾角随高程变化。调查结果发现，高程 2150～2350m 为一级平台，堆积体底滑面平均倾角约为 27.9°；高程 2400～2700m 为二级平台，堆积体底滑面平均倾角约为 28.4°；高程 2700m 以上为三级平台，堆积体底滑面平均倾角约为 25.3°。

堆积体在三个区域的交界部分附近有底滑面倾角的急剧增大，具体在高程 2710m～2730m 处、2376m 处、2120～2170m 处（前缘），并且这些位置的底滑面倾角都超过了 40°。

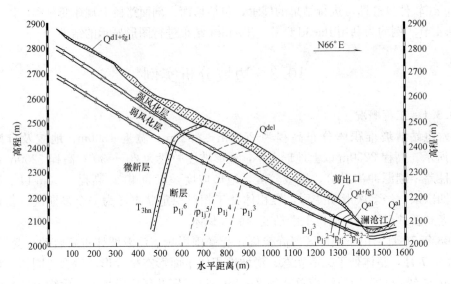

图 10.3-3　堆积体典型地质剖面图

堆积体下部 2300～2500m 高程部位堆积体最厚达 110m，争岗沟由于雨水冲刷厚度较浅，仅 15m 左右。平硐、钻孔资料揭示滑坡堆积体底部分布有一层厚度在 20～200cm 之间的滑带土。滑带土覆盖Ⅰ、Ⅱ区，并基本形成了贯穿的底滑面，是稳定性分析控制性滑面。深层滑带主要位于破碎岩体与基岩接触面附近，为老滑坡形成时期的产物。其物质成分以黏土夹碎石为主，岩屑及含泥量较大、一般大于 35%。角砾粒径细小，一般小于1cm，极少量 2～3cm，结构混杂、排列紊乱、局部发育挤压性结构面。局部有明显挤压镜面、擦痕。浅层滑动土主要位于堆积体内部，为老滑坡堆积体后期改造时期形成的产物，其物质成分主要为钻孔中揭露的黏土含砾石，含泥量较大，砾石颗粒一般很小。

在滑带土潜在滑面控制下，结合地质力学分析，通过数值计算探讨该堆积的变形破坏机理，有助于对该堆积体工程措施的确定提供依据。

10.3.2　数值模型

滑坡堆积体三维计算模型范围为：X 方向 1900m，Y 方向 1230m，Z 方向 1855m。模型底高程取▽1500m，共划分单元数目 8080 个。滑坡堆积体模型材料分区如图 10.3-4（a）所示，滑坡体如图 10.3-4（b）所示。

岩土体物理力学参数取值表　　　　　　　　　　　　　　　　表 10.3-1

岩体分类	内摩擦角 $\varphi(°)$	凝聚力 (kPa)	变形模量 E(GPa)	泊松比	天然容重 (kN/m³)	饱和容重(kN/m³)
滑体	34.0	50.0	0.1	0.32	21.0	23.0
滑带土	26.5	27.0	0.05	0.35	20.5	22.0
基岩	34.0	180.0	6.3	0.29	23.0	23.5

岩土体均采用 mohr-coulomb 弹塑性本构模型。

10.3.3　初始状态

天然条件下，该堆积体地下水位很低，处于滑带土以下，可考虑为无水条件。上部堆积体破碎，可考虑堆积体仅受自重作用。

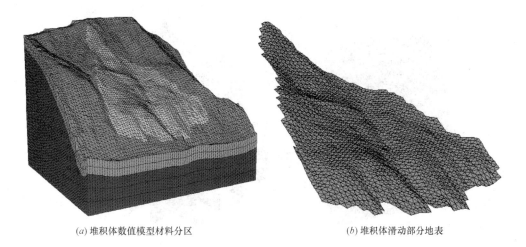

(a) 堆积体数值模型材料分区　　　　　　　　(b) 堆积体滑动部分地表

图 10.3-4　堆积体三维计算数值模型

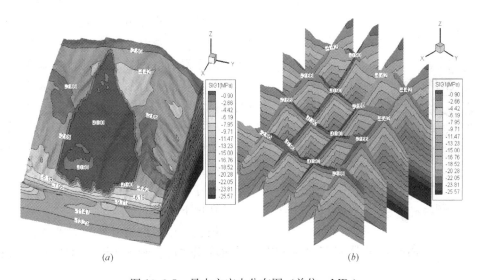

(a)　　　　　　　　　　　　　　(b)

图 10.3-5　最大主应力分布图（单位：MPa）

采用 FLAC3D 计算后，滑坡堆积体最大主应力和最小主应力分布情况（以拉应力为正）如图 10.3-5 和图 10.3-6 所示。最大主应力范围为−25.57～−0.90MPa，最小主应力范围为−7.97～0.23MPa。塑性区主要分布于滑带土、一期滑坡体后缘，三期滑坡前缘剪出口区域且在堆积体边界局部出现拉应力区。

从持久工况大主应力分布看出，滑坡体内以压应力为主，破坏模式以"压-剪"破坏为主；两侧缘及后缘部位，压应力转化为拉应力，特别在后缘附近这种现象尤为明显，可能导致滑坡体发生"拉-剪"破坏，对稳定性起着至关重要的作用，尤其对地表拉裂缝的形成具有控制性作用；前缘可见明显的收口效应，最大主应力从滑体侧缘向内部过渡时，应力逐渐向内部发生偏转，而基岩内最大主应力方向保持不变，易产生"剪切屈服"破坏。

持久工况下，Ⅱ区滑坡体对应的主应力较Ⅰ区大，即Ⅱ区胶结度较高，但剪应变增量却小于Ⅰ区。结合两区最危险滑坡体对应的安全系数Ⅰ区明显小于Ⅱ区，表明Ⅰ区稳定性

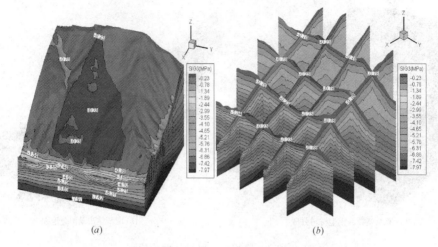

(a)　　　　　　　　　　　　(b)

图 10.3-6　最小主应力分布图（单位：MPa）

图 10.3-7　持久工况下滑坡体塑性区分布图

较Ⅱ区稍差，与现场地质判断结果一致。

10.3.4　暴雨计算结果

由于滑坡堆积体上层滞水主要受大气降水补给，其运移途径均较短，地表出露泉水的流量和钻孔中的水位随季节变化大。2008年 10 月底～11 月初由于降雨量大，随后泉水的流量明显增大，降雨量变小和降雨停止后，泉水流量明显减小。此外，由于勘探平硐的施工揭穿相对隔水层，导致泉水流量的减小和钻孔地下水位的下降。

根据钻孔水位统计资料，2008 年暴雨后滑坡堆积体自上而下在滑体内形成 1～9m 不

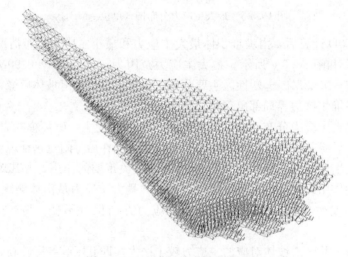

图 10.3-8　短暂工况加水头示意图

等滞水层，滞水层靠近底滑面，减小了上覆滑体的抗滑力。而滑带土不透水，浸水作用对力学参数影响不大。故考虑在滑带土与堆积体交界面，按照堆积体厚度比例施加1～9m水头模拟暴雨的影响，如图10.3-8所示。按照水压力与接触面的面积等效成力，施加到相应的网格点上。然后弹塑性计算至平衡。

滑坡体最大主应力和最小主应力分布情况（以拉应力为正）如图10.3-9和图10.3.10所示。最大主应力范围为−32.24～−0.26MPa，最小主应力范围为−11.97～0.23MPa。最大位移为950.00mm，主要位于滑坡体Ⅰ区三期滑坡体剪出口处、Ⅱ区一期滑坡体及厚度较大的三期滑坡体处，见图10.3-11。塑性区急剧增加，滑带土塑性区基本贯通（图10.3-12），但在滑坡体表面，Ⅰ区三期及Ⅱ区一期滑体处尤为明显（图10.3-13），且在堆积体边界处出现大面积拉应力区。

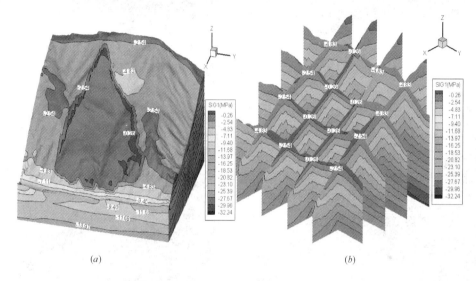

(a)   (b)

图 10.3-9 短暂工况最大主应力分布图

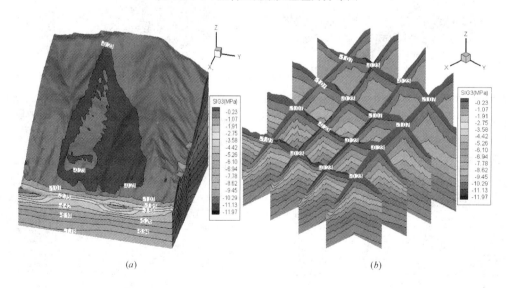

(a)   (b)

图 10.3-10 短暂工况最小主应力分布图

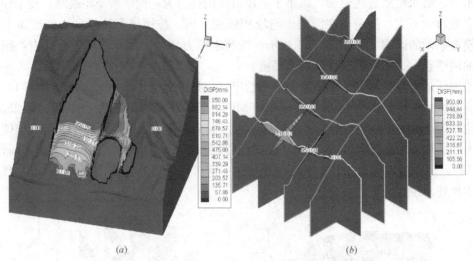

(a)   (b)

图 10.3-11　短暂工况位移分布图

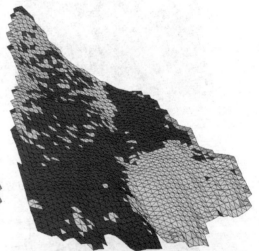

图 10.3-12　短暂工况滑带土塑性区分布图　　　　图 10.3-13　短暂工况滑体塑性区分布图

图 10.3-14　前缘垮塌区（图 10.3-13 　　　　　图 10.3-15　边坡后缘错动 1.7m
Ⅰ区坡脚塑性区位置）

326

滑坡体Ⅰ区自河谷部位向上安全系数逐步提高，其破坏模式以牵引式的逐步坍塌为主，自三期至一期滑坡面裂隙数量逐渐减少。滑坡体Ⅱ区除剪出口部位出现多条拉裂隙，在Ⅰ期滑坡体后缘附近的裂隙已形成近10m的拉裂带。但Ⅱ区滑坡体属推移式滑坡类型，在三期滑坡体上裂隙较少，其前缘剪出口部位应为整体滑坡体处于极限平衡状态所致。

2008年强降雨后滑坡启动，在此基础上勘察发现边坡表面裂隙如图10.3-14所示。与滑坡堆积体表层拉裂隙分布图（图10.3-15和图10.3-16）

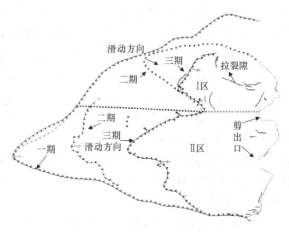

图 10.3-16　堆积体表层拉裂隙分布（2009年裂隙调查）

相比，数值计算稳定性成果与现场勘查成果完全吻合。表明对该边坡的变形破坏模式的判断有很大可信性。

10.3.5　结论

持久工况下滑坡体塑性区主要分布于滑带土，一期后缘，三期前缘剪出口区域。滑坡体整体以自重应力场为主，受地层材料性质控制。滑体内以压应力为主，破坏模式为"压-剪"破坏。前缘部位存在应力收口效应，破坏模式为"剪切屈服"破坏。两侧缘及后缘部位，压应力转化为拉应力，发生"拉-剪"破坏模式，对地表拉裂缝形成起着至关重要的作用。

短暂工况平均5m水头作用下Ⅰ区三期滑坡体、Ⅱ区一期滑坡体塑性区急剧增加，底滑面呈现贯通趋势。Ⅰ区的变形模式主要由滑坡体整体蠕滑变形发展为前缘逐渐解体而产生多级牵引式滑动破坏，变形方向为河床略微斜向争岗沟。Ⅱ区变形模式主要是一期滑坡挤压下部滑坡体造成滑坡体整体蠕滑变形，变形方向为河床方向，但随着变形发展，存在牵引式滑动转变的趋势。

10.4　隧洞分析实例

10.4.1　工程概况

某水电站尾水调压室地下洞群规模宏大，采用"三机一室一洞"的布置方式。调压室后接尾水隧洞，共三条尾水隧洞，尾水隧洞由调压室后渐变段（方变圆）、标准圆段（平面转弯段及直段）、出口渐变段（圆变方）三部分组成。三个圆筒按"一"字形布置，间距为102.0m，中心连线与主厂房轴线平行，方位角为NE76°。三条尾水支洞汇入一个调压室，每个调压室接一条尾水隧洞。尾水系统1号调压井开挖直径为$\phi29.3\sim\phi34.3$m，2号、3号调压井开挖直径为$\phi31.3\sim\phi34.3$m。尾水调压井之间在625.5m高程设连通上室，断面为城门洞型，开挖断面尺寸为14.3m×17.5m（宽×高），2号、3号调压井间连通洞上室长为70.7m，1号、2号调压井间连通洞上室长为71.7m。尾水调压室下部

EL580.45～EL561.0 高程为五洞交叉形结构（三条尾水支洞、一条尾水隧洞和调压室大井），尾水调压室 EL580.45 高程以上为圆筒结构，顶拱为球面。

尾水调压室以 EL625.5 为界，分两大部分进行开挖支护，EL625.5 以上开挖分为Ⅲ层，Ⅰ层开挖高程为 EL653.0～EL640.0，高为 13m；Ⅱ层开挖高程为 EL640.0～EL634.0，高为 6.0m；Ⅲ层开挖高程为 EL634.0～EL625.5，高为 8.5m；EL625.5～EL580.45 段开挖分 14 段从上至下开挖；EL580.45～EL561.0 段为五洞交叉结构，共分三层开挖，分别为 EL580.45～EL572.5、EL572.5～EL570.5 和 EL570.5～EL561.0，其中 EL572.5～EL570.5 段由预先开挖导洞，然后扩挖二层；连通洞上室分为两层开挖支护，第一层开挖高程为 EL643.0～EL634.0，高为 9.0m；第二层开挖高程为 EL634.0～EL625.5，高为 8.5m。

尾水支洞主要由 9 条尾水支洞构成，采用"三机一室一洞"的布置方式，在调压室内 3 条尾水支洞沿径向交汇为一条尾水隧洞。9 条尾水支洞每 3 条为一组平行布置，分别交汇于 3 个尾调室，相邻两条尾水支洞中心间距 34.0m，岩壁厚度 18.1～19.1m。每组尾水支洞长度：两侧 105.42m，中间 92.75m，底坡坡度 0。尾水支洞开挖断面尺寸为 14.9m×18.75m（宽×高），衬砌后断面尺寸为 11.0m×15.0m（宽×高）的城门洞形，混凝土衬砌厚度 1.8m。初期支护型式为砂浆锚杆、预应力锚杆、挂网喷混凝土，局部采用注浆管棚、喷钢纤维混凝土支护。尾水支洞以 EL571.5 为界，分两层进行开挖支护，EL580.45～EL571.5 段为Ⅰ层，EL571.5～EL561.7 段为Ⅱ层。

尾水隧洞 0+017.000～0+047.000 为尾水隧洞渐变段，长度 30m，三条尾水隧洞均有平面转弯段，转弯半径 $R=100$m；标准圆段开挖直径为 19.40～21.70m，衬砌后直径为 18m，混凝土衬砌厚度 0.60～1.6m。1 号尾水隧洞非改造段长 125.859m，2 号尾水隧洞长 473.353m，3 号尾水隧洞长 464.505m。尾水隧洞上层开挖施工通道主要为 6 号、7 号施工支洞，下层开挖主要施工通道为 7 号施工支洞，6 号施工支洞从尾水隧洞 0+038.00 桩号通过，底板高程为 EL566.73。

尾水隧洞在调压室后渐变段以 EL572.5 为界，分两层进行开挖支护，其余洞段均以该分界面延伸，分上半圆和下半圆开挖支护。

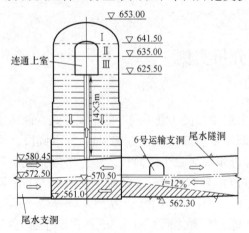

图 10.4-1 调压井工程地下洞室群
开挖示意图（⟹为掘进方向）

调压井工程地下洞室群典型开挖剖面示意图见图 10.4-1。

10.4.2 三维数值模型

（1）岩土数值模型

三维计算模型研究范围为：X 坐标方向（尾水支洞纵向，指向下游为正）长度为 246m（X＝－349～－103m）；Y 坐标方向（调压井纵向，1 号调压井指向 3 号调压井方向为正）长度为 450m（Y＝0～450m）；Z 坐标方向（竖直方向，向上为正）底面高程为 501m（Z＝501～865m），向上延伸至高程 865m，最大高度为 364m。

洞室共分 38 步开挖，分初期支护施工

和二次衬砌施工两次支护。初期支护施工采用开挖及时支护的方式，初期支护施工完全稳定后，释放的围岩压力为100%，才施作二次衬砌。调压井研究区地下洞室群分步开挖示意图分别见图10.4-2。

调压井工程区三维地质可视化模型如图10.4-3所示。有限元模型坐标系与大地坐标系关系如图10.4-4所示，计算模型共划分单元184336个，节点38954个。为保证计算精度，在开挖边界附近范围取较密的单元分格，远离开挖边界范围的单元尺寸逐渐变大。计算模型采用位移边界条件，采用实体单元模拟，衬砌用弹性材料来模拟。通过尾水调压井地带的Ⅲ级断层有F20、F21、F22，三条断层切割洞室的有限元模型如图10.4-5所示，围岩包括强风化岩体、弱风化上层岩体（简称弱上岩体）、弱风化下层岩体（简称弱下岩体）、微新岩体，调压井地下洞室群处于微新岩体中，岩性较好。工程区三维地质模型见图10.4-6。岩体建议参数汇总表见表10.4-1和表10.4-2。

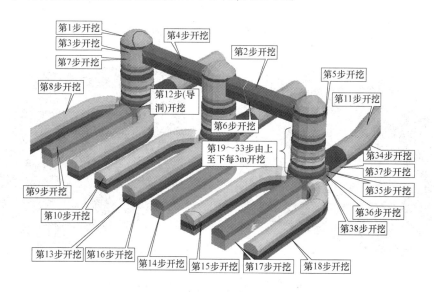

图 10.4-2　调压井研究区地下洞室群分步开挖示意图

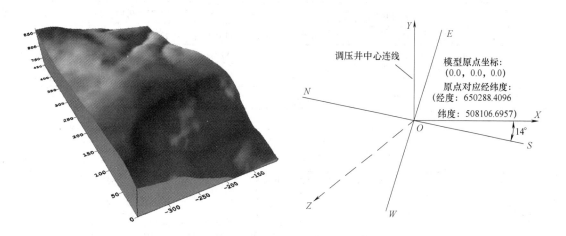

图 10.4-3　调压井工程区三维可视化模型　　图 10.4-4　有限元模型坐标与大地坐标系的关系

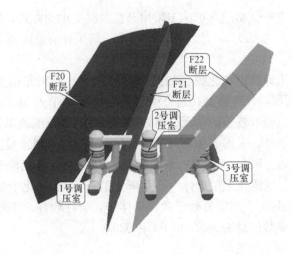

图 10.4-5　断层切割洞室有限元计算模型

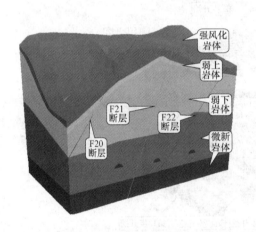
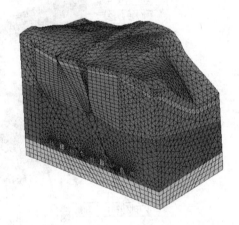

图 10.4-6　调压井工程区三维地质模型

岩体建议参数汇总表　　　　　　　　　　　　　　　　　　　表 10.4-1

岩体质量分类		岩体质量指标	岩石饱和单轴抗压强度	变形模量	建议岩体物理力学指标				
					混凝土/岩抗剪断峰值强度		岩体抗剪断峰值强度		承载力
		$RQ(\%)$	$R_b(\text{MPa})$	$E_0(\text{GPa})$	f'	$C'(\text{MPa})$	f'	$C'(\text{MPa})$	$[R](\text{MPa})$
I		>90	>100	25~30	1.3	1.3	1.4~1.6	2.0	10~15
II		>75	>80	15~25	1.15~1.3	1.1~1.3	1.25~1.4	1.5~2.0	8~10
IIIa		60~80	55~80	10~15	1.05~1.2	0.8~1.0	1.1~1.25	1.0~1.5	6~8
IIIb		40~60	40~60	4~8	0.9~1.05	0.6~0.8	1.0~1.1	0.8~1.0	4~6
IVa		20~40	15~45	2~4	0.8~0.9	0.4~0.7	0.8~0.9	0.4~0.7	2~4
IVb	非饱和	<25	<15	1~1.5	0.75~0.8	0.3~0.4	0.75~0.8	0.3~0.4	0.8~1
	饱和				0.7~0.75	0.2~0.4	0.7~0.75	0.2~0.4	
V	非饱和			0.2~0.5	0.6~0.7	0.15~0.2	0.6~0.7	0.15~0.2	0.2~0.4
	饱和				0.5~0.6	0.1~0.15	0.5~0.6	0.1~0.15	

待反演参数	侧压系数1	侧压系数2	微新层弹模	弱风化下层弹模	弱风化上层弹模	强风化层弹模	断层弹模
反演结果	Kx	Ky	$E1/\text{GPa}$	$E2/\text{GPa}$	$E3/\text{GPa}$	$E4/\text{GPa}$	$E5/\text{GPa}$
	2.26	2.03	24.00	10.12	3.15	0.20	0.62

岩体及断层均采用摩尔库伦准则。

（2）支护（结构单元）

数值模型支护的范围包括调压井拱顶、井身、五洞交叉部位、连通上室、尾水支洞、尾水隧洞等部位。施工期主要采用喷射混凝土、系统锚杆、预应力锚杆、锚索等支护措施。从已有经验看，五洞交叉部位与井身相交锁口、五洞交叉口边墙处可能拉应力较集中，位移较大、塑性区也较多。所以这些部位的锚杆参数应适当增大。

根据该水电站调压井地下洞室设计支护参数，锚索主要布置于井身上半部分和1号调压井拱顶，锚索预应力均采用1000kN级，间距5.00～13.50m。预应力锁口锚杆长度9.00m，直径$\phi32$，间距1m×1m～2m×2m；系统锚杆长度为4.50～9.00m，间距1m×1m～2.5m×2.5m，锚杆直径$\phi25$、$\phi28$、$\phi32$、$\phi36$四个等级，喷层厚度0.1～0.25m，水电站调压井地下洞室群设计支护情况示意图见图10.4-7。

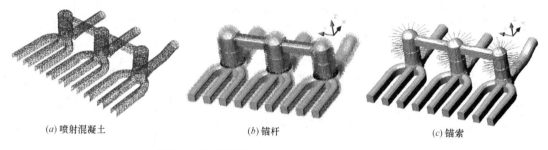

(a) 喷射混凝土　　　　　　　　(b) 锚杆　　　　　　　　(c) 锚索

图 10.4-7　调压井地下洞室群设计支护示意图

研究区域内锚喷支护参数如表10.4-3所示，其他如混凝土参数按照规范选取，在此忽略不作介绍。

研究区域地下洞室锚喷支护参数表　　　　　表 10.4-3

位置	尺寸(m)	部位	支护参数			
			锚杆	预应力锚索	钢纤维(钢筋网)混凝土	衬砌混凝土
调压井	$\phi29.3$～$\phi30.3$	顶拱	$\phi28@2\text{m}×2\text{m},L=6\text{m}$ $\phi36@2\text{m}×2\text{m},L=9\text{m}$	1000kN 无黏结	C30,t=0.2m（钢纤维）	
		边墙	$\phi25@2\text{m}×2\text{m},L=4.5\text{m}$ $\phi32@2\text{m}×2\text{m},L=9\text{m}$	1000kN 无黏结	C20,t=0.15m（钢筋网）	
		井底	$\phi25@2\text{m}×2\text{m},L=4.5\text{m}$			
	1#	锁口	预应力:125kN $\phi32@1\text{m}×1\text{m},L=9\text{m}$ $\phi32@1.5\text{m}×1\text{m},L=9\text{m}$			

位置	尺寸(m)	部位	支护参数 锚杆	预应力锚索	钢纤维(钢筋网)混凝土	衬砌混凝土
调压井	2# φ31.3~ 3# φ32.3	顶拱	φ28@2m×2m,L=6m φ36@2m×2m,L=9m		C30,t=0.2m (钢纤维)	
		边墙	φ25@2m×2m,L=4.5m φ32@2m×2m,L=9m	1000kN 无黏结	C20,t=0.15m (钢筋网)	
		井底	φ25@2m×2m,L=4.5m			
		锁口	预应力:125kN φ32@1m×1m,L=9m φ32@1.5m×1m,L=9m			
连通上室	14.3×17.5 (宽×高)	顶拱及边墙	φ25@2m×2m,L=4.5m		C20,t=0.15m (钢筋网)	C25,t=2m
		底板	φ25@2m×2m,L=3m			
		锁口	预应力:125kN φ32@1.5m×1m,L=9m			
尾水支洞	14.2×17.6 (宽×高)	Ⅱ、Ⅲ类围岩 顶拱及边墙	φ25@2m×2m,L=4.5m		C20,t=0.1m	
		底板	φ25@2m×2m,L=3m			
		锁口	预应力:125kN φ32@1.5m×1m,L=9m			
尾水隧洞		尾调室后渐变段 顶拱及边墙	φ28@2m×2m,L=6m, 9m,交错布置		C20,t=0.2m (钢筋网)	
		底拱(底板)	φ25@2m×2m,L=4.5m			
		锁口	预应力:125kN φ32@1m×1m,L=9m			
		Ⅱ、Ⅲ类围岩	φ28@2m×2m,L=6m φ25@2m×2m,L=3m		C20,t=0.15m (钢筋网)	

注意：尾调井的锁口锚杆部位包括：与连通上室交叉处、边墙渐变处、与下部尾水支洞和尾水隧洞交叉处。

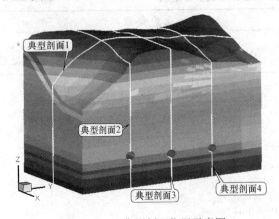

图 10.4-8 典型剖面位置示意图

10.4.3 毛洞开挖数值模拟

毛洞开挖是在无支护情况下，根据提供的地质资料、岩体力学参数进行无任何支护的洞室开挖，以初步获得洞室开挖变形规律。选择四个典型剖面进行分析，剖面位置见图 10.4-8。经过数值计算，各典型剖面位移计算结果见图 10.4-9～图 10.4-12，典型剖面 1 小主应力和塑性区分布计算结果见图 10.4-13 和图 10.4-14。

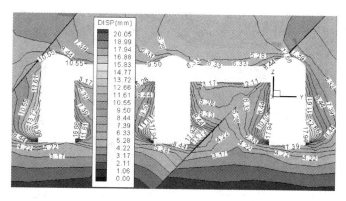

图 10.4-9　典型剖面 1 位移计算结果

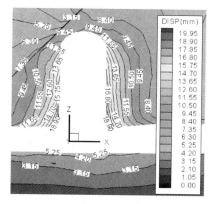

图 10.4-10　典型剖面 2 位移计算结果

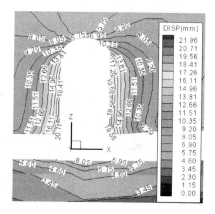

图 10.4-11　典型剖面 3 位移计算结果

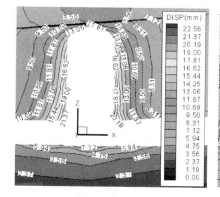

10.4-12　典型剖面 4 位移计算结果

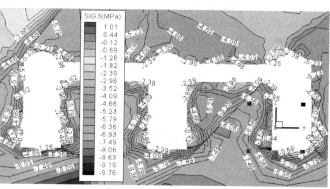

图 10.4-13　典型剖面 1 小主应力计算结果

　　毛洞开挖是为了说明调压井地下洞室群在极端情况下开挖后的围岩稳定性情况。从位移计算结果可知，即使在极端情况下，围岩最大位移也较小，为 22.56mm，发生在五洞交叉口与井身交叉部位。毛洞开挖后，围岩应力主要在五洞交叉口边墙较大，最大拉应力为 1.01MPa，远小于微新岩体抗拉强度，塑性区分布主要在洞室边墙部位，其中五洞交叉口边墙塑性区分布连续，但总体塑性区较少。从毛洞数值计算结果来看，该调压井地下洞室群围岩整体稳定性较好，大型洞室开挖对其稳定性影响较小。

图 10.4-14　典型剖面 1 塑性区分布计算结果

10.4.4　设计支护措施下数值模拟分析

设计支护措施下的数值模拟分析是指采用毛洞开挖数值模拟分析的围岩力学参数、初始地应力场，采用设计院设计的支护参数分期开挖支护计算，计算中，锁口锚杆采用预应力锚杆单元，系统锚杆采用锚杆单元，喷层采用壳单元。计算后各典型剖面位移计算结果见图 10.4-15～图 10.4-18，典型剖面 1 小主应力计算结果见图 10.4-19。

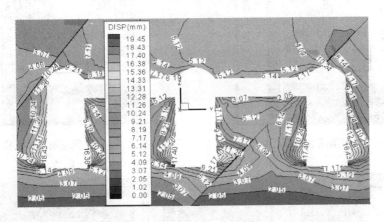

图 10.4-15　设计支护典型剖面 1 位移计算结果

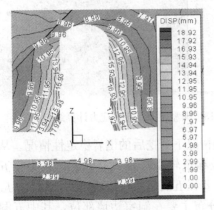

图 10.4-16　设计支护典型剖
面 2 位移计算结果

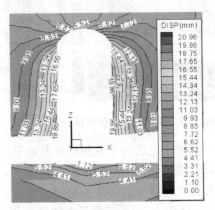

图 10.4-17　设计支护典型剖
面 3 位移计算结果

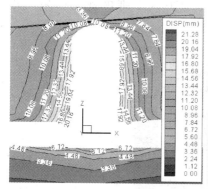
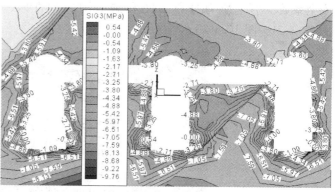

图 10.4-18　设计支护典型剖
面 4 位移计算结果

图 10.4-19　设计支护典型剖面 1 小主应力计算结果

计算结果表明，设计支护措施下，围岩最大拉应力和位移值与毛洞开挖相比均有所降低，最大位移从 22.56mm 降至 21.28mm，最大拉应力从 1.01MPa 降至 0.54MPa。设计支护措施下，典型剖面 1 塑性区分布计算结果见图 10.4-20，从塑性区分布来看，支护作用下塑性区比毛洞开挖分布要少，特别是五洞交叉口边墙塑性区由连续分布减少为非连续分布。说明支护对洞室的稳定性有明显的改观，支护作用下应力位移分布规律与毛洞开挖时分布规律一致。

图 10.4-20　设计支护措施下典型剖面 1 塑性区分布计算结果

从以上分析可知，由于洞室处于微新岩体中，岩石硬度较大，采用设计的施工支护方法施工，围岩较稳定。但大型地下洞室群施工工程浩大，工程地质和洞室结构都比较复杂，不确定因素较多，需要解决的问题也较多。其中围岩力学参数、初始地应力场、经济合理的支护措施如何获取一直困扰研究和施工单位，基于监测信息的分析和反馈是解决这些问题的科学手段，能给科学合理的施工带来保障，给施工和研究提供指导参考。

10.4.5　优化支护方案后数值模拟

经过多方案对比优化，结果表明锁口锚杆间距为 1m×1m，预应力为 100kN，井身 EL580.45～EL586.5 段锚杆直径为 ϕ36mm，井身 EL580.45～EL586.5 段锚杆长度为 4.5m，井身 EL580.45～EL586.5 段锚杆间距为 1.5m×2.5m，五洞交叉部位边墙锚杆直径为 ϕ25mm，五洞交叉部位边墙锚杆长度为 7.5m，五洞交叉部位边墙锚杆间距为 1m× 1.5m，喷层厚度为 0.15m 时，支护优化的经济和稳定性最佳。

采用此锚固参数导入三维数值计算模型参与计算，得到典型剖面 1 洞室围岩位移、点安全系数、小主应力分布云图和洞室围岩塑性区、拉应力区三维可视化结果，见图10.4-21～图10.4-25。

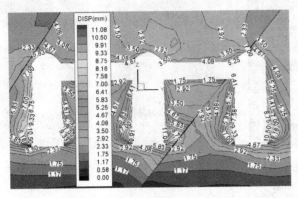

图10.4-21　地下洞室典型剖面1围岩位移分布云图

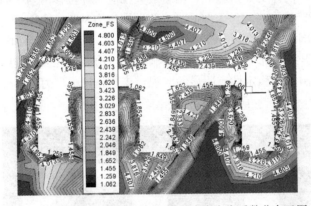

图10.4-22　地下洞室典型剖面1围岩点安全系数分布云图

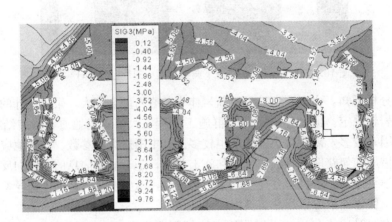

图10.4-23　地下洞室典型剖面1围岩小主应力分布云图

由以上应力、位移、塑性区和点安全系数分布图可知，最优支护方案正演计算得到的点安全系数能够满足规范规定的最小要求；洞室收敛位移较小，最大值为11.08mm；地下洞室群围岩的拉应力最大值0.12MPa，小于岩石的抗拉强度，无拉裂区，拱顶几乎无拉应力区，洞室交叉处易造成应力集中，但总体拉应力较小，对洞室稳定影响很小；塑性区主要分布于洞室交叉部位以及断层附近，总体塑性区不大。总之，地下洞室群开挖过后，地下洞室总体上是稳定的，优化得到的最佳锚固参数支护方案经济合理，可以为其他类似工程的施工，设计提供指导。

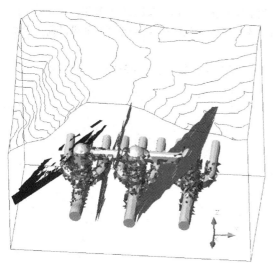 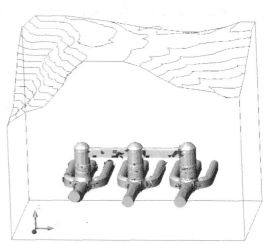

图 10.4-24　地下洞室群围岩塑性
区分布三维可视化图

图 10.4-25　地下洞室群围岩拉应力
区分布三维可视化图

10.5　FLAC3D 使用总结

本章仅介绍了 FLAC3D3.1 静态计算模式下的使用，动力、热传导、渗流、蠕变等模式下的计算，需要读者自己深入研究帮助文件。

FLAC3D 软件具有很强的解决复杂力学问题的能力，其应用范围目前已涉及土木、交通、建筑、水利、地质、核废料处理等领域，成为工科领域进行计算分析和设计不可或缺的工具。尤其在以下几个方面，采用该软件进行分析较为合适：

（1）岩土体的渐进破坏和崩塌现象研究。

（2）岩体中断层结构影响和加固系统影响，如喷锚支护等的模拟研究。

（3）岩土体材料固结过程、流变现象的模拟。

（4）岩土体材料的变形局部化剪切带的演化模型研究。

（5）岩土体动力分析、岩土-结构共同作用分析、液化现象等。

虽然 FLAC3D 的前处理工作较弱，在处理复杂三维模型的建立时十分困难。但是如果在了解 FLAC3D 程序使用规则与基本原理基础上，利用其他软件予以弥补和完善，则可大大拓展 FLAC3D 的应用范围。

另外，ITASCA 公司开发的几个软件，如：FLAC/FLAC3D、UDEC、3DEC、PFC2D/3D 等，很多功能都是基于 fish 函数进行功能实现。命令流书写格式、数据调用等规则在不同软件内虽有不同，在熟练掌握 FLAC3D 命令规则及 fish 编程的前提下，使用者很容易理解其变化，从而快速地掌握新软件的功能。因此在熟悉了 FLAC3D 软件后，根据使用者的需求，可以进一步学习离散元软件（UDEC/3DEC）和颗粒流分析软件

(PFC2D/3D)。

习题与思考题

1. 设计一挡土墙，指定参数与模型，预测其自上到下变形分布规律，塑性区分布规律？

2. 设计一混凝土重力坝，指定上下游水位，分析坝体与岩基间的扬压力分布形式？如果设置止水帷幕，其对扬压力有何影响？

3. 如果一坝体，考虑采用渗流分析模拟水位影响，那么上下游水体各有什么影响，如果采用FLAC3D计算，其计算条件应该如何设置？

第11章 计算成果集成方法与常见撰写格式

在上述计算软件与方法的帮助下，需要将计算分析成果集结成册，作为设计或研究的基本资料。其常见的表达方法为研究报告、设计报告、科研论文等形式。

而研究报告或科研论文撰写要求语句通顺、逻辑分明、条理清楚、图表规范，这需要撰写者具备较强的文字组织与编写能力。因此本章介绍常见报告撰写的基本流程及各组成部分的作用，以提高成果的展示与表达水平。

11.1 科研报告、论文的基本格式

一篇完整的项目报告或科研论文，虽然其表达语气与文字长短不同，在表达与撰写过程因人、因事、因内容而异，但从结构上划分主要由引言（前言）、摘要、正文、结论、参考文献等几部分构成。

各部分内容撰写规则介绍如下：

11.1.1 摘要

摘要又称概要、内容提要。摘要是以提供文献内容梗概为目的，不加评论和补充解释，简明、确切地记述文献重要内容的短文。其基本要素包括研究目的、方法、结果和结论。具体地讲就是研究工作的主要对象和范围，采用的手段和方法，得出的结果和重要的结论，有时也包括具有情报价值的其他重要的信息。

凡自然科学的立项研究成果、实验研究报告、调查结果报告等原创性论著的摘要应具备四要素：目的、材料与方法、结果、结论。其他论文的摘要也应确切反映论文的主要观点，概括其结果和结论。摘要的撰写应精心构思，往往是论文评稿、审稿的第一筛。在写作过程中注意事项：

（1）摘要中应排除本学科领域已成为常识的内容。切忌把应用在引言中出现的内容写入摘要。一般也不要对论文内容作诠释和评论（尤其是自我评价）。

（2）不得简单重复题名中已有的信息。

（3）结构严谨，表达简明，语义确切。摘要先写什么，后写什么，要按逻辑顺序来安排。句子之间要上下连贯，互相呼应。摘要慎用长句，句型应力求简单。每句话要表意明白，无空泛、笼统、含混之词，但摘要毕竟是一篇完整的短文，电报式的写法亦不足取，同时摘要不分段。

（4）用第三人称。建议采用"对......进行了研究"、"报告了...... 现状"、"进行了...... 调查"等记述方法标明一次文献的性质和文献主题，不必使用"本文"、"作者"等作为主语。

（5）要使用规范化的名词术语，不用非公知公用的符号和术语。新术语或尚无合适汉文术语的，可用原文或译出后加括号注明原文。

（6）除了实在无法变通以外，一般不用数学公式和化学结构式，不出现插图、表格。

（7）不用引文，除非该文献证实或否定了他人已出版的著作。

（8）缩略语、略称、代号，除了相邻专业的读者也能清楚理解的以外，在首次出现时必须加以说明。科技论文写作时应注意的其他事项，如采用法定计量单位、正确使用语言文字和标点符号等，也同样适用于摘要的编写。摘要编写中的主要问题有：要素不全，或缺目的，或缺方法；出现引文，无独立性与自明性；繁简失当。

11.1.2 关键词

关键词源于英文"keywords"，特指单个媒体在制作使用索引时所用到的词汇，是图书馆学中的词汇。关键词搜索是网络搜索索引主要方法之一，就是希望访问者了解的产品、服务和公司等的具体名称用语。关键词是用于表达文献主题内容，不仅用于科技论文，还用于科技报告和学术论文。

无论是直接从题目中抽取的名词，还是从小标题、正文或摘要里抽取的部分词汇，要适度，都必须标注单一的概念，切忌复合概念。因此，在选取关键词时，一定要对所选的词或词组进行界定。在论文写作过程中，关键词是作者介绍本文予读者而设定，读者只需要搜索该词即可查阅到该篇文献。

在国家课题（基金、课题）评审、期刊论文审稿过程中，关键词是组织人员（编辑等）查找、确定合适审稿专家常用的方法。组织人员可通过关键词查找，查阅了解该材料（论文等）、熟悉该领域的专家，以找到合适的评阅（审稿）专家。

11.1.3 引言

引言又称绪论，前言或导论。科技论文中引言主要由绪论、正文或本论（结果和讨论）、结论三部分组成。绪论提出问题，本论分析问题，结论解决问题。引言是开篇之作，写引言于前，始能疾书于后，正所谓万事开头难。古代文论中有"凤头、猪肚、豹尾"之称。虽然科技论文不强调文章开头像凤头那样俊美、精彩、引人入胜，但引言是给读者的第一印象，对全文有提纲挈领作用，不可等闲视之。

其作用如下：

（1）说明论文的主题、范围和目的。

（2）说明本研究的起因、背景及相关领域简要历史回顾（前人做了哪些工作？哪些尚未解决？进展到何种程度？）。

（3）预期结果或本研究意义。

（4）引言一般不分段，长短视论文内容而定，涉及基础研究的论文引言较长，临床病例分析宜短。国外大多论文引言较长，一般在千字左右，这可能与国内期刊严格限制论文字数有关。

所谓的引言就是为论文的写作立题，目的是引出下文。一篇论文只有"命题"成立，才有必要继续写下去，否则论文的写作就失去了意义。一般的引言包括这样两层意思：一是"立题"的背景，说明论文选题在本学科领域的地位、作用以及研究的现状，特别是研究中存在的或没有解决的问题。二是针对现有研究的状况，确立本文拟要解决的问题，从而引出下文。

在写作中应注意以下几个问题：

（1）开门见山，不绕圈子。避免大篇幅地讲述历史渊源和立题研究过程。

（2）言简意赅，突出重点。不应过多叙述同行熟知的及教科书中的常识性内容，确有必要提及他人的研究成果和基本原理时，只需以参考引文的形式标出即可。在引言中提示本文的工作和观点时，意思应明确，语言应简练。

（3）回顾历史要有重点，内容要紧扣文章标题，围绕标题介绍背景，用几句话概括即可；在提示所用的方法时，不要求写出方法、结果，不要展开讨论；虽可适当引用过去的文献内容，但不要长篇罗列，不能把前言写成该研究的历史发展；不要把前言写成文献小综述，更不要去重复说明那些教科书上已有，或本领域研究人员所共知的常识性内容。

（4）尊重科学，实事求是。在前言中，评价论文的价值要恰如其分、实事求是，用词要科学，对本文的创新性最好不要使用"本研究国内首创、首次报道"、"填补了国内空白"、"有很高的学术价值"、"本研究内容国内未见报道"或"本研究处于国内外领先水平"等不适当的自我评语。

（5）引言的内容不应与摘要雷同，注意不用客套话，如"才疏学浅"、"水平有限"、"恳请指正"、"抛砖引玉"之类的语言；前言最好不分段论述，不要插图、列表，不进行公式的推导与证明。

（6）引言的篇幅一般不要太长，太长可致读者乏味，太短则不易交代清楚，一篇3000～5000字的论文，引言字数一般掌握在200～250字为宜。

在科研报告或科技论文中，每一章节都应该在开始时有一段章节引言，讲述本章的研究目的与研究工作，可以起到承上启下的介绍作用，增加整篇论文或报告的可读性。

11.1.4　结论

对于科研论文或者科研报告中，结论是收尾部分，是围绕本论文所作的结束语。其基本的要点就是总结全文，加深题意。

对采用"结论"作结的论文及结论本身内容进行具体分析，发现它具有如下特征：

（1）研究报告类、试验研究类、理论推导类等论文以"结论"作结束部分的居多。

（2）"结论"之前的章节内容通常是"结果分析或讨论"。

（3）较多地采用分条编序号的格式表述，语句严谨，概括简明，传达信息具体而确定，或定性或定量。

（4）主要是客观地表述重要的创新性研究成果所揭示的原理及其普遍性，语气表达的客观性较强。

除了论文整体需要总结，在每一章的最后还需要章节小结，以与本章的引言部分相呼应，对本章研究成果进行归纳，同样有助于论文或报告的可读性。

11.1.5　参考文献

参考文献是在学术研究过程中，对某一著作或论文的整体的参考或借鉴。征引过的文献在注释中已注明，不再出现于文后参考文献中。

按照字面的意思，参考文献是文章或著作等写作过程中参考过的文献。然而，按照《文后参考文献著录规则》GB/T 7714—2005 的定义，文后参考文献是指："为撰写或编辑论文和著作而引用的有关文献信息资源"。根据《中国学术期刊（光盘版）检索与评价数据规范（试行）》和《中国高等学校社会科学学报编排规范（修订版）》的要求，很多刊物对参考文献和注释作出区分，将注释规定为"对正文中某一内容作进一步解释或补充说明的文字"，列于文末并与参考文献分列或置于当页脚地。

参考文献类型及文献类型，根据《文献类型与文献载体代码》GB 3469—83 规定，以单字母方式标识。主要有：专著 M、报纸 N、期刊 J、专利文献 P、汇编 G、古籍 O、技术标准 S、学位论文 D、科技报告 R、参考工具 K、检索工具 W、档案 B、录音带 A、图表 Q、唱片 L、产品样本 X、录像带 V、会议录 C、中译文 T、乐谱 I、电影片 Y、手稿 H、微缩胶卷 U、幻灯片 Z、微缩平片 F 和其他 E。

各类文献标注格式及实例对照如下：

（1）专著、论文集、学位论文、报告

［序号］主要责任者．文献题名［文献类型标识］．出版地：出版者，出版年．起止页码（可选），如：

［1］刘国钧，陈绍业．图书馆目录［M］．北京：高等教育出版社，1957.15-18.

（2）期刊文章

［序号］主要责任者．文献题名［J］．刊名，年，卷（期）：起止页码

［1］何龄修．读南明史［J］．中国史研究，1998，（3）：167-173.

［2］OU J P，SOONG T T，et al. Recent advance in research on applications of passive energy dissipation systems［J］．Earthquack Eng，1997，38（3）：358-361.

（3）论文集中的析出文献

［序号］析出文献主要责任者．析出文献题名［A］．原文献主要责任者（可选）．原文献题名［C］．出版地：出版者，出版年．起止页码

［7］钟文发．非线性规划在可燃毒物配置中的应用［A］．赵炜．运筹学的理论与应用——中国运筹学会第五届大会论文集［C］．西安：西安电子科技大学出版社，1996.468.

（4）报纸文章

［序号］主要责任者．文献题名［N］．报纸名，出版日期（版次）

［8］谢希德．创造学习的新思路［N］．人民日报，1998-12-25（10）．

（5）电子文献

［文献类型/载体类型标识］：［J/OL］网上期刊、［EB/OL］网上电子公告、［M/CD］光盘图书、［DB/OL］网上数据库、［DB/MT］磁带数据库

［序号］主要责任者．电子文献题名［电子文献及载体类型标识］．电子文献的出版或获得地址，发表更新日期/引用日期

［12］王明亮．关于中国学术期刊标准化数据库系统工程的进展［EB/OL］．

［8］万锦．中国大学学报文摘（1983-1993）．英文版［DB/CD］．北京：中国大百科全书出版社，1996.

11.2　如何利用计算结果撰写报告或论文

要系统完整地写好一篇科研报告或科技论文，除了了解上节介绍的各部分内容与原则外，还需要良好的文字组织与编写能力。还要充分考虑以下几个方面：

（1）论文的章法可以看出做人做事的条理，论文主题要清。敷衍了事、假大空虚不行。

在论文的引言或绪论中，必须交代好全篇论文或报告的主题，各章节的研究内容必须与题目（主题）能够贴合，不能出现与主题偏差较大的内容。要规划好全篇论文的研究思路、各章节之间的逻辑组织关系。

例如：主题是研究某边坡的稳定性评价方法，那么研究内容各章可以是降雨稳定性评价方法、地震评价方法、三维极限平衡分析方法。各章都能贴合论文题目"稳定性评价方法"，研究内容各章节可以并列。最后补充一章"某边坡稳定性综合评价"将内容统一起来。

（2）研究、分析，总结、概括要从宏观上论述。

论文写作需要突出创新，创新点可以是方法的创新、也可以是问题上的创新。可以是用旧的方法解决新问题，也可以是用新方法研究旧的问题。如果是新的方法，必须借助典型算例首先证明该方法与已有方法的差异性，才能用于研究内容的分析。

（3）言之有物，要有分析、概括、总结的能力。写作过程中分清主、次。任何时候都不要认为自己做得非常对，因此结论不可太力求把每一件事都做得尽善尽美。另外，不能夸大自己的成果，尽量不要用"首次提出、首次发现"等夸大性的语言，研究结论必须有依据，而依据最好是多方面的相互验证，"孤证"往往说服力比较差。

（4）研究结论要符合工程概念

岩土工程中不确定性因素众多，任何岩土计算结果都要经受住实践的验证，因此计算结果必须符合工程概念。

例如：某边坡稳定计算，采用设计参数计算出安全系数小于1.0。但是现场勘察边坡表面无裂隙、变形迹象，地质判断安全系数应在1.0以上。此时如果得出边坡不稳定的结论，则不符合工程概念。此时应对参数取值进行复核、检查计算条件是否合适。

（5）图表精雕细琢

好的研究报告，对文字、图表都要精细加工，每张图上都应有大量的信息，可以注释、可以组合，共同来说明问题。直接从软件计算所得的图片拷贝进报告，往往令阅读者厌烦。

11.3　计算软件学习应遵循的原则

大量计算软件的存在，客观上为解决工程问题提供了重要工具。但是，任何软件的计算结果均依赖于计算条件，理论方法上存在大量的假设，一旦实际工程条件与假设存在差异，就可能导致结果存在较大误差。因此在学习计算软件的时候，必需遵循以下几个原则：

（1）读者对所用工具的优缺点和局限性要有清醒的认识，要根据问题的本质选择合适的方法与工具，而非膜拜和迷信某种方法，机械地去套用工程。要知道任何软件都不是万能的，不要希望软件能完全的吻合工程实践。要充分尊重计算条件与假定条件，一切计算都是依托于既定的假设条件。

（2）要遵循由"简单到复杂，循序渐进"的学习方法，切忌贪多求全，学习时可以先采用简单的模型来验证软件的功能和特点，积累一定经验后在进行复杂的模拟计算与分析。

（3）充分利用手册，理解每一个操作、每一个命令的功能，但手册的例子都是为了说明如何使用，而不能说明该模型的选择、参数选取是正确的。本教材是在各软件教程基础上进行缩编而成，使用者在对软件有所了解基础上，深入研究手册，则更有利于软件的使用。

（4）且忌单一采用数值计算说明问题，数值计算的作用是在假定条件、已知参数与荷载条件下反映外力变化下的力学响应。其中的参数确定、变形、内力变化必需借助室内试验、现场监测、工程类比等因素方能给出。因此将试验＋数值模拟＋监测的综合分析方法更应受计算者重视。

（5）针对同一工程问题，应尽量采用多种方法、多个角度开展研究，以相互验证结论的正确性。

（6）如果是自定义开发的模型、方法，必须先利用典型案例或公认的成果进行验证，分析所提出方法与已有方法的差异，方可用于课题研究与分析。

（7）有时候，数值计算结果并不合理，读者应该具有足够的专业和数学知识去解释与判断。因此使用软件水平的高低在于使用者的专业基础素养、工程经验和数学物理知识，加强专业、数学与力学的学习，夯实知识基础非常重要。

（8）当前网络信息非常发达，限于个人知识水平的限制，对软件的学习必然存在不理解、或理解错误的地方，因此加强交流、与他人共享学习经验是学好岩土计算软件的捷径。通过相互交流，可以取长补短，共同提高，降低软件不合理使用的概率。

参 考 文 献

［1］ 王金安，王树仁，冯锦艳. 岩土工程数值计算方法实用教程［M］. 北京：科学出版社，2010.

［2］ 卢廷浩，刘军. 岩土工程数值方法与应用［M］. 南京：河海大学出版社，2012.

［3］ 刘汉东，姜彤，刘海宁，杨继红. 岩土工程数值计算方法［M］. 郑州：黄河水利出版社，2010.

［4］ （美）C. S. 德赛. J. T. 克里斯琴. 岩土工程数值方法［M］. 卢世深，潘善德，王钟琦译. 北京：中国建筑工业出版社，1981.

［5］ 钱家欢. 土工原理与计算［M］. 北京：水利水电出版社，1987.

［6］ 谷德振. 岩体工程地质力学基础［M］. 北京：科学出版社，1979.

［7］ 建设部综合勘察研究设计院. 岩土工程勘察规范 GB 50021— 2001［S］. 北京：中国建筑工业出版社，2004.

［8］ 王泳嘉，邢纪波. 离散单元法及其在岩土力学中的应用［M］. 沈阳：东北工业大学出版社，1991.

［9］ 龚晓南. 对岩土工程数值分析的几点思考［J］. 岩土力学，2011，32（2）：321-325.

［10］ 石崇，徐卫亚. 颗粒流数值模拟技巧与实践［M］. 北京：中国建筑工业出版社，2015.

［11］ 杨林德. 岩土工程问题的反演理论与工程实践［M］. 北京：科学出版社，1996.

［12］ Rocscience Inc. Dips Plotting, Analysis and Presentation of Structural Data Using Spherical Projection Techniques，User's Guide，2002.

［13］ Rocscience Inc.，2D finite element program for calculating stresses and estimating support around underground excavations，User's Guide，2006.

［14］ Rocscience Inc.，2D limit equilibrium slope stability for soil and rock slopes User's Guide，2003.

［15］ Rocscience Inc.，RocData User's Guide，2004.

［16］ Rocscience Inc.，Probabilistic analysis of the geometry and stability of surface wedges（Swedge User's Guide），2002.

［17］ Rocscience Inc.，Unwedge Tutorials. 2004.

［18］ Itasca Consulting Group，Inc.. Fast Language Analysis of continua in 3 dimensions，Version 3. 0，user's manual. Itasca Consulting Group，Inc. 2006.

［19］ 彭文斌. FLAC3D 实用教程［M］. 北京：机械工业出版社，2009.

［20］ 陈育民，徐鼎平. FLAC/FLAC3D 基础与工程实例［M］. 北京：中国水利水电出版社，2009.